西门子工业自动化系列教材

# 工业自动化技术

陈瑞阳　编著

机械工业出版社

本书内容涵盖了工业自动化的核心技术，即可编程序控制器技术、现场总线网络通信技术和人机界面监控技术。在编写形式上，将理论讲授与解决生产实际问题相联系，书中以自动化工程项目设计为依托，采用项目驱动式教学模式，按照项目设计的流程，详细阐述了 PLC 硬件选型与组态、程序设计与调试、网络配置与通信、HMI 组态与设计以及故障诊断的方法。

本书可作为应用型、技能型人才培养的专业教材，也可供相关工程技术人员参考。

## 图书在版编目（CIP）数据

工业自动化技术 / 陈瑞阳编著. —北京：机械工业出版社，2011.7（2023.7 重印）
西门子工业自动化系列教材
ISBN 978-7-111-35042-2

Ⅰ. ①工⋯　Ⅱ. ①陈⋯　Ⅲ. ①可编程序控制器－教材②计算机通信网－总线－控制系统－教材③人机界面－工业监控系统－教材　Ⅳ. ①TM571.6②TP336③TP11

中国版本图书馆 CIP 数据核字（2011）第 112953 号

机械工业出版社（北京市百万庄大街 22 号　邮政编码 100037）
策划编辑：时　静
责任编辑：时　静
责任印制：郜　敏
北京富资园科技发展有限公司印刷
2023 年 7 月第 1 版 · 第 4 次印刷
184mm×260mm · 17.5 印张 · 432 千字
标准书号：ISBN 978-7-111-35042-2
　　　　　　ISBN 978-7-89433-032-1（光盘）
定价：49.00 元（含 1DVD）

# 前　言

传统的自动化系统大多是以单元生产设备为核心进行检测与控制，生产设备之间易形成"自动化孤岛效应"。这种"自动化孤岛效应"式的单机自动化缺乏信息资源的共享和生产过程的统一管理，已无法满足现代工业生产的要求。

随着计算机和网络通信技术的发展，企业对生产过程的自动控制和信息通信提出了更高的要求。工业自动化系统已经由单机的可编程序控制器（Programmable Controller，PLC）控制发展到多 PLC 以及包含人机界面（Human Machine Interface，HMI）的网络控制。目前 PLC 技术、网络通信技术和 HMI 监控技术已广泛应用于现代工业的各个方面，涵盖了产品制造与过程控制的各个领域。

本书内容涵盖了工业自动化的核心技术，即可编程序控制器技术、现场总线网络通信技术和人机界面监控技术。在编写形式上，将理论讲授与解决生产实际问题相联系，书中以自动化工程项目设计为依托，采用项目驱动式教学模式，按照项目设计的流程，详细阐述了 PLC 硬件选型与组态、PLC 程序设计与调试、网络配置与通信、HMI 组态与设计以及故障诊断的方法。

为了使读者能够由简单到复杂、由易到难、循序渐进地掌握工业自动化技术，本书将工程项目分为 3 个层次进行描述，即可编程序控制器单机控制系统、PROFIBUS-DP 现场总线网络控制系统和 PC 上位监控系统。内容讲述由浅入深，由表及里，层层展开，语言简练，通俗易懂，使读者能够在很短的时间内轻松自如地掌握复杂的工业自动化技术。

全书共分为 7 章，内容分别如下：

第 1 章概述了工业自动化系统的构成及应用领域。

第 2 章介绍了可编程序控制器基础知识，包括可编程序控制器的由来、特点、分类、硬件组成和工作原理。

第 3 章以制造业自动生产线模型"物料灌装自动生产线"为例，介绍工业自动化项目设计方法，该设计任务将贯穿本书始终。

第 4 章以西门子 SIMATIC S7-300/400 产品为例详细讲述了 PLC 硬件的选型、安装及组态方法。

第 5 章以 STEP 7 软件为例详细讲述了 PLC 程序设计、调试及故障诊断的方法，包括 STEP 7 的指令系统、程序调试方法、数据块的应用、编写带形参的函数、组织块与中断系统、模拟量的处理方法以及故障诊断方法。

第 6 章是 PROFIBUS-DP 总线应用技术，将自动生产线工程项目扩展到 PROFIBUS-DP 现场总线网络控制系统，介绍如何建立一个分布式现场总线网络以及 PROFIBUS-DP 网络的故障诊断方法。

第 7 章介绍了如何应用 WinCC 软件组态监控系统，包括组态通信连接、创建过程画面、过程值归档、报警消息系统、报表系统、用户管理以及 OPC 技术。

最后在附录中对工程项目设计任务中的重点问题进行了分析和讨论。

为方便读者上机操作，本书中配有信息丰富的 DVD 光盘，内容包括 SIMATIC 编程与组态软件、SIMATIC 技术手册和电子课件。

　　本书在编写过程中得到了西门子（中国）有限公司自动化与驱动集团自动化系统部西门子自动化教育合作项目部的大力支持，在此表示衷心的感谢!

　　由于编者的水平有限，错误和疏漏在所难免，恳请读者批评指正，对此深表谢意。编者的 E-mail 地址：jdtruiyang@buu.edu.cn。

陈瑞阳

# 目　　录

# 第1章 工业自动化系统概述

传统的自动化系统大多是以单元生产设备为核心进行检测与控制，生产设备之间易形成"自动化孤岛效应"。这种"自动化孤岛效应"式的单机自动化缺乏信息资源的共享和生产过程的统一管理，已无法满足现代工业生产的要求。

随着计算机和网络通信技术的发展，企业对生产过程的自动控制和信息通信提出了更高的要求。工业自动化系统已经从单机的可编程序控制器（Programmable Controller，PLC）控制发展到多 PLC 以及包含人机界面（Human Machine Interface，HMI）的网络控制。目前 PLC 技术、网络通信技术和 HMI 监控技术已广泛应用于现代工业的各个方面，涵盖了"产品制造"与"过程控制"领域，包括钢铁、机械、冶金、石化、玻璃、水泥、水处理、垃圾处理、食品和饮料业、包装、港口、纺织、石油和天然气、电力、汽车等各个行业。

以西门子公司的自动化技术为例，图 1-1 展示了其工业自动化控制系统的组成。图中 SIMATIC 是 SIEMENS AUTOMATIC 的缩写。在一个全集成自动化（Totally Integrated Automation，TIA）平台中，以控制器 PLC 为核心，通过网络技术向下可以连接远程 I/O 从站，向上可以与 HMI 设备进行信息传输，实现了高度一致的数据管理，统一的编程和组态环境以及标准化的网络通信体系结构，为从现场级到控制级的生产及过程控制提供了统一的全集成系统平台。

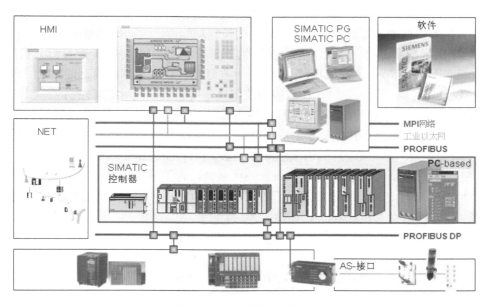

图 1-1 西门子工业自动化系统

本书基于 SIMATIC 自动化技术的应用，通过工程项目设计实例使读者快速掌握自动化系统的核心技术及其设计方法。

# 第2章 可编程序控制器基础

可编程序控制器是工业自动化的基础平台。在工业现场用于对大量的数字量和模拟量进行检测与控制，例如电磁阀的开/闭，电动机的启/停，温度、压力、流量等参数的 PID 控制等。在学习自动化系统设计之前，首先了解自动化系统的核心部件可编程序控制器的基础知识。

## 2.1 可编程序控制器的产生和定义

可编程序控制器是将计算机技术、自动化技术和通信技术融为一体，专为工业环境下应用而设计的新型工业控制装置。

20 世纪 60 年代，生产过程及各种设备的控制主要是继电器控制系统。继电器控制简单、实用，但存在着明显的缺点：控制设备体积大，动作速度慢，可靠性低，特别是由于它靠硬连线逻辑构成的系统，接线复杂，一旦动作顺序或生产工艺发生变化时，就必须进行重新设计、布线、装配和调试，所以通用性和灵活性都较差。生产企业迫切需要一种使用方便灵活、性能完善、工作可靠的新一代生产过程自动控制系统。

1968 年美国最大的汽车制造商通用汽车公司（GM），为了适应汽车型号不断更新的需要，想寻找一种方法，尽可能减少重新设计系统和接线的工作量，降低成本。为此，美国通用汽车公司公开招标，提出需要一种新型的工业控制装置，既保留继电器控制系统的简单易懂、操作方便和价格便宜等优点，又具有较强的控制功能性、灵活性和通用性。

1969 年美国数字公司（DEC）根据招标的要求研制出了世界上第一台可编程序逻辑控制器（Programmable Logic Controller，PLC），并在通用公司汽车生产线上首次应用成功。初期的 PLC 仅具备逻辑控制、定时、计数等功能，只是用它来取代继电器控制。

20 世纪 70 年代中期，由于计算机技术的迅猛发展，PLC 采用通用微处理器为核心，不再局限于逻辑控制，具有了函数运算、高速计数、中断技术和 PID 控制等功能，并可与上位机通信、实现远程控制，故改称为可编程序控制器（Programmable Controller，PC）。但由于 PC 已成为个人计算机（Personal Computer）的代名词，为了不与之混淆，人们习惯上仍将可编程序控制器简称为 PLC。经过短短几十年的发展，可编程序控制器已经成为自动化技术的三大支柱（PLC、机器人和 CAD / CAM）之一。

1982 年 11 月国际电工委员会（IEC）制定了 PLC 的标准，在 1987 年 2 月颁布的第三稿中，对可编程序控制器的定义是：

"可编程序控制器是一种数字运算操作的电子系统，专为在工业环境下应用而设计，它采用可编程序的存储器，用来在其内部存储执行逻辑运算、顺序控制、定时、计数和算术运算等操作命令，并通过数字式或模拟式的输入和输出，控制各种类型的机械或生产过程。可编程序控制器及其有关的设备，都应按照易于与工业控制系统联成一个整体，易于扩充功能的原则而设计。"

由 PLC 的定义可以看出：PLC 具有与计算机相似的结构，是一种工业通用计算机；PLC 为适应各种较为恶劣的工业环境而设计，具有很强的抗干扰能力，这也是 PLC 区别于一般微机控制系统的一个重要特征；PLC 必须经过用户二次开发编程才能使用。

## 2.2　可编程序控制器的特点

可编程序控制器的特点如下：

### 1．可靠性高，抗干扰能力强

微型计算机虽然具有很强的功能，但抗干扰能力差，工业现场的电磁干扰、电源波动、机械振动、温度和湿度的变化等都可以使一般通用微机不能正常工作。而 PLC 是专为工业环境应用而设计的，已在 PLC 硬件和软件的设计上采取了措施，使 PLC 具有很高的可靠性。

在硬件方面，采用严格的生产工艺制造，内部电路采取了先进的抗干扰技术，对易受干扰影响工作的部件采取了电和磁的屏蔽，对 I/O 口采用了光电隔离。因此，对于可能受到的电磁干扰、高低温及电源波动等影响，PLC 具有很强的抗干扰能力。

在软件方面，采用故障检测、诊断、信息保护和恢复等手段，一旦发生异常 CPU 立即采取有效措施，防止故障扩大，使 PLC 的可靠性大大提高。

### 2．结构简单，应用灵活

PLC 发展到今天，已经形成了大、中、小各种规模的系列化产品，并且已经标准化、系列化、模块化，配备各种输入输出信号模块、通信模块及一些特殊功能模块。针对不同的控制对象，用户能灵活方便地进行系统配置，组成不同功能、不同规模的控制系统。当生产工艺要求发生变化时，不需要重新接线，通过编写应用软件，就可以实现新工艺要求的控制功能。

### 3．编程方便，易于使用

PLC 采用了与继电器控制电路有许多相似之处的梯形图作为主要的编程语言，程序形象直观，指令简单易学，编程步骤和方法容易理解和掌握，不需要具备专门的计算机知识，只要具有一定的电工和电气控制工艺知识的人员都可在短时间内学会。

### 4．功能完善，适用性强

PLC 具有对数字量和模拟量很强的处理功能，如逻辑运算、算术运算、特殊函数运算等。PLC 具有常用的控制功能，如 PID 闭环回路控制、中断控制等。PLC 可以扩展特殊功能，如高速计数、电子凸轮控制、伺服电动机定位、多轴运动插补控制等。PLC 可以组成多种工业网络，实现数据传送、HMI 监控等功能。

## 2.3　可编程序控制器的应用

由于 PLC 自身的特点和优势，在工业控制中已得到广泛应用，包括机械、冶金、化工、电力、运输、建筑等众多行业。PLC 主要的应用领域包括以下几个方面：

### 1．逻辑控制

逻辑控制是 PLC 最基本的应用，它可以取代传统的继电器控制装置，如机床电气控制、各种电动机控制等，可实现组合逻辑控制、定时控制和顺序逻辑控制等功能。PLC 的逻辑控制功能既可以用于单机控制，也可以用于多机群控制以及自动生产线控制，其应用领域已遍及各行各业。

### 2．运动控制

PLC 使用专用的运动控制模块，可对直线运动或圆周运动的位置、速度和加速度进行控制，实现单轴、双轴和多轴联动控制。PLC 的运动控制功能可用于各种机械，如金属切削机床、金属成型机械、机器人、电梯等，可方便地实现机械设备的自动化控制。

### 3．闭环过程控制

过程控制是指对温度、压力、流量等连续变化的模拟量的闭环控制。PLC 通过其模拟量 I/O 模块以及数据处理和数据运算等功能，实现对模拟量的闭环控制。

### 4．工业网络通信

PLC 的通信包括主机与远程 I/O 之间的通信、多台 PLC 之间的通信和 PLC 与其他智能设备（如计算机、HMI 设备、变频器、数控装置等）之间的通信。PLC 与其他智能控制设备一起，可以组成"集中管理、分散控制"式的分布式控制系统。

## 2.4　可编程序控制器的分类

为满足工业控制要求，PLC 的生产制造商不断推出具有不同性能和内部资源的 PLC，形式多样。在对 PLC 进行分类时，通常采用以下三种方法。

### 2.4.1　按照 I/O 点数容量分类

按照 PLC 的输入/输出点数、存储器容量和功能分类，可将 PLC 分为小型机、中型机和大型机。

#### 1．小型机

小型 PLC 的功能一般以开关量控制为主，其输入/输出总点数一般在 256 点以下，用户存储器容量在 4KB 以下。现在的高性能小型 PLC 还具有一定的通信能力和少量的模拟量处理能力。这类 PLC 的特点是价格低廉，体积小巧，适用于单机或小规模生产过程的控制。例如，西门子的 S7-200 系列和新型的 S7-1200 系列 PLC 属于小型机。

#### 2．中型机

中型 PLC 的输入/输出总点数在 256～1024 点之间，用户存储器容量为 2～64KB。中型 PLC 不仅具有开关量和模拟量的控制功能，还具有更强的数字计算能力，它的网络通信功能和模拟量处理能力更强大。中型机的指令比小型机更丰富，适用于复杂的逻辑控制系统以及连续生产过程的过程控制场合。例如，西门子的 S7-300 系列 PLC 属于中型机。

#### 3．大型机

大型 PLC 的输入/输出总点数在 1024 点以上，用户存储器容量为 32KB ～ 几 MB。大型 PLC 的性能已经与工业控制计算机相当，它具有非常完善的指令系统，具有齐全的中断控制、过程控制、智能控制和远程控制功能，网络通信功能十分强大，向上可与上位监控机通信，向下可与下位计算机、PLC、数控机床、机器人等通信。适用于大规模过程控制、分布式控制系统和工厂自动化网络。例如，西门子的 S7-400 系列 PLC 属于大型机。

以上划分没有一个十分严格的界限，随着 PLC 技术的飞速发展，某些小型 PLC 也具有中型或大型 PLC 的功能，这也是 PLC 的发展趋势。

### 2.4.2　按照结构形式分类

根据 PLC 结构形式的不同，PLC 主要可分为整体式和模块式两类。

## 1．整体式结构

整体式结构的特点是将 PLC 的基本部件，如 CPU、输入/输出部件、电源等集中于一体，装在一个标准机壳内，构成 PLC 的一个基本单元（主机）。为了扩展输入输出点数，主机上设有标准端口，通过扩展电缆可与扩展模块相连，以构成 PLC 不同的配置。

整体式结构的 PLC 体积小、成本低、安装方便。一般小型 PLC 为整体式结构。

## 2．模块式结构

模块式结构的 PLC 由一些独立的标准模块构成，如 CPU 模块、输入模块、输出模块、电源模块、通信模块和各种功能模块等。用户可根据控制要求选用不同档次的 CPU 和各种模块，将这些模块插在机架或基板上，构成需要的 PLC 系统。

模块式结构的 PLC 配置灵活、装配和维修方便、便于功能扩展。大中型 PLC 通常采用这种结构。

## 2.4.3 按照使用情况分类

按照使用情况分类，PLC 可分为通用型和专用型。

### 1．通用型

通用型 PLC 可供各工业控制系统选用，通过不同的配置和应用软件的编写可满足不同的需要。

### 2．专用型

专用型 PLC 是为某类控制系统专门设计的 PLC，如数控机床专用型 PLC。

# 2.5 可编程序控制器的组成

PLC 是一种以微处理器为核心的专用于工业控制的特殊计算机，其硬件配置与一般微型微计算机类似，虽然 PLC 的具体结构多种多样，但其基本结构相同，即主要由中央处理单元（CPU）、存储单元、输入单元、输出单元、电源、通信接口、I/O 扩展接口及编程器等部分构成。整体式 PLC 的结构组成如图 2-1 所示。模块式 PLC 的结构组成如图 2-2 所示。

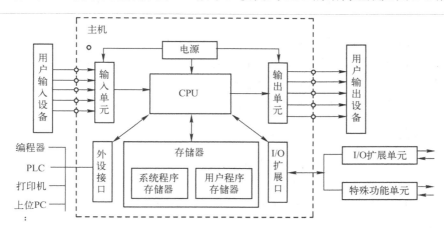

图 2-1　整体式 PLC 的结构组成

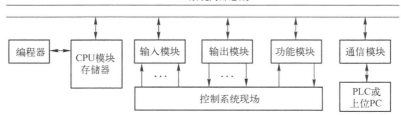

图 2-2 模块式 PLC 的结构组成

### 2.5.1 中央处理单元

与一般的计算机控制系统相同，中央处理单元（CPU）是 PLC 的控制中枢。PLC 在 CPU 的控制下有条不紊地协调工作，实现对现场各个设备的控制。CPU 的主要任务如下：

① 接收与存储用户程序和数据。

② 以扫描的方式通过输入单元接收现场的状态或数据，并存入相应的数据区。

③ 诊断 PLC 的硬件故障和编程中的语法错误等。

④ 执行用户程序，完成各种数据的处理、传送和存储等功能。

⑤ 根据数据处理的结果，通过输出单元实现输出控制、制表打印或数据通信等功能。

### 2.5.2 存储器

PLC 的存储空间一般可分为 3 个区域：系统程序存储区、系统 RAM 存储区和用户程序存储区。

系统程序存储区用来存放由 PLC 生产厂家编写的操作系统，包括监控程序、功能子程序、管理程序、系统诊断程序等，并固化在 ROM 内。它使 PLC 具有基本的智能，能够完成 PLC 设计者规定的各项工作。

系统 RAM 存储区包括 I/O 映像区、计数器、定时器、数据存储器等，用于存储输入/输出状态、逻辑运算结果、数据处理结果等。

用户程序存储区用于存放用户自行编制的用户程序。该区一般采用 EPROM、$E^2PROM$ 或 Flash Memory（闪存）等存储器，也可以用有备用电池支持的 RAM。

系统 RAM 存储区和用户程序存储区容量的大小关系到 PLC 内部可使用的存储资源的多少和用户程序容量的大小，是反映 PLC 性能的重要指标之一。

### 2.5.3 输入/输出单元

输入/输出单元是 PLC 与外部设备连接的接口。根据处理信号类型的不同，分为数字量（开关量）输入/输出单元和模拟量的输入/输出单元。数字量信号只有"接通"（"1"信号）和"断开"（"0"信号）两种状态，而模拟量信号的值则是随时间连续变化的量。

#### 1. 数字量输入/输出单元

数字量输入单元用来接收按钮、选择开关、行程开关、限位开关、接近开关、光电开关、压力继电器等开关量传感器的输入信号。

数字量输出单元用来控制接触器、继电器、电磁阀、指示灯、数字显示装置和报警装置等输出设备。

常见的开关量输入单元有直流输入单元和交流输入单元。图 2-3 为开关量直流输入单元的典型电路，图 2-4 为开关量交流输入单元的典型电路。图中点画线框中的部分为 PLC 内部电路，框外为用户接线。从图中可以看到直流和交流输入电路中均采用光耦合器件将现场与 PLC 内部在电气上隔离开。当输入开关闭合时，光耦合器中的发光二极管发光，光耦合三极管从截止状态变为饱和导通状态，从而使 PLC 的输入数据发生改变，同时输入指示灯 LED 亮。

图中电路是对应于一个输入点的电路，同类的各点电路内部结构相同，每点分输入端和公共端（COM），输入端接输入设备，公共端接电源一极。

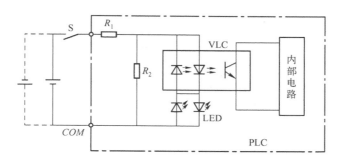

图 2-3　开关量直流输入单元

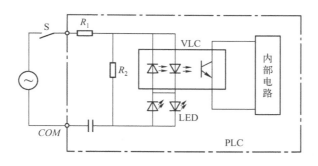

图 2-4　开关量交流输入单元

常见的开关量输出单元有晶体管输出型、双向晶闸管输出型和继电器输出型。图 2-5 为晶体管输出型的典型电路，图 2-6 为双向晶闸管输出型的典型电路，图 2-7 为继电器输出型的典型电路。图中点画线框中的电路是 PLC 的内部电路，框外是 PLC 输出点的驱动负载电路，各种输出电路均带有输出指示灯 LED。晶体管型和双向晶闸管型为无触点输出方式，它们的可靠性高，响应速度快，寿命长，但是负载能力有限。晶体管型适用于高频小功率直流负载，双向晶闸管型适用于高速大功率交流负载。继电器型为有触点输出方式，既可带直流负载又可带交流负载，电压适用范围宽，导通压降小，承受瞬时过电压和过电流的能力较强，但动作速度较慢，寿命较短，适用于低频大功率直流或交流负载。

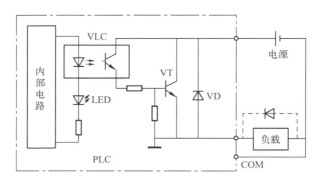

图 2-5　开关量晶体管输出单元

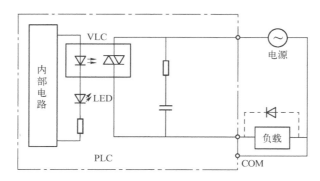

图 2-6　开关量双向晶闸管输出单元

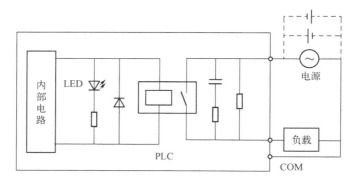

图 2-7　开关量继电器输出输出单元

**2. 模拟量输入/输出单元**

模拟量输入单元用来接收压力、流量、液位、温度、转速等各种模拟量传感器提供的连续变化的输入信号。常见的模拟量输入信号有电压型、电流型、热电阻型和热电偶型等。

模拟量输出单元用来控制电动调节阀、变频器等执行设备，进行温度、流量、压力、速度等 PID 回路调节，可实现闭环控制。常见的模拟量输出信号有电压型和电流型。

### 2.5.4 电源

PLC 配有一个专用的开关式稳压电源,将交流电源转换为 PLC 内部电路所需的直流电源,使 PLC 能正常工作。对于整体式 PLC,电源部件封装在主机内部,对于模块式 PLC,电源部件一般采用单独的电源模块。

此外,传送现场信号或驱动现场执行机构的负载电源需另外配置。

### 2.5.5 I/O 扩展接口

I/O 扩展接口用于将扩展单元与主机或 CPU 模块相连,以增加 I/O 点数或增加特殊功能,使 PLC 的配置更加灵活。

### 2.5.6 通信接口

PLC 配有多种通信接口,通过这些通信接口,它可以与编程器、监控设备或其他的 PLC 相连接。当与编程器相连时,可以编辑和下载程序;当与监控设备相连时,可以实现对现场运行情况的上位监控;当与其他 PLC 相连时,可以组成多机系统或联成网络,实现更大规模的控制。

### 2.5.7 智能单元

为了增强 PLC 的功能,扩大其应用领域,减轻 CPU 的数据处理负担,PLC 厂家开发了各种各样的功能模块,以满足更加复杂的控制功能的需要。这些功能模块一般都内置了 CPU,具有自己的系统软件,能独立完成一项专门的工作。功能模块主要用于时间要求苛刻、存储器容量要求较大、数据运算复杂的过程信号处理任务,例如用于位置调节需要的位置闭环控制模块,对高速脉冲进行计数和处理的高速计数模块等。

### 2.5.8 外部设备

PLC 还可配有编程器、可编程终端(触摸屏等)、打印机、EPROM 写入器等其他外部设备。其中编程器是供用户进行程序的编写、调试和监视功能使用,现在许多 PLC 厂家为自己的产品设计了计算机辅助编程软件,安装在 PC 上,再配备相应的接口和电缆,则该 PC 就可以作为编程器使用。

## 2.6 可编程序控制器的工作特点

尽管可编程序控制器是在继电器控制系统基础上产生的,其基本结构又与微型计算机大致相同,但是其工作过程却与二者有较大差异。PLC 的工作特点是采用循环扫描方式,理解和掌握 PLC 的循环扫描工作方式对于学习 PLC 是十分重要的。

### 2.6.1 PLC 循环扫描工作过程

PLC 的一个循环扫描工作过程主要包括 CPU 自检、通信处理、读取输入、执行程序和刷新输出 5 个阶段,如图 2-8 所示。整个过程扫描一次所需的时间称为扫描周期。

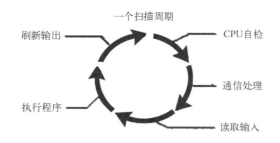

图 2-8　PLC 的循环扫描工作过程

### 1. CPU 自检阶段

CPU 自检阶段包括 CPU 自诊断测试和复位监视定时器。

在自诊断测试阶段，CPU 检测 PLC 各模块的状态，如出现异常立即进行诊断和处理，同时给出故障信号，点亮 CPU 面板上的 LED 指示灯。当出现致命错误时，CPU 被强制为 STOP 方式，停止执行程序。CPU 的自诊断测试将有助于及时发现或提前预报系统的故障，提高系统的可靠性。

监视定时器又称看门狗定时器（Watch Dog Timer，WDT），它是 CPU 内部的一个硬件时钟，是为了监视 PLC 的每次扫描时间而设置的。CPU 运行前设定好规定的扫描时间，每个扫描周期都要监视扫描时间是否超过规定值。这样可以避免由于 PLC 在执行程序的过程中进入死循环，或者由于 PLC 执行非预定的程序造成系统故障，从而导致系统瘫痪。如果程序运行正常，则在每次扫描周期的内部处理阶段对 WDT 进行复位（清零）。如果程序运行失常进入死循环，则 WDT 得不到按时清零而触发超时溢出，CPU 将给出报警信号或停止工作。采用 WDT 技术也是提高系统可靠性的一个有效措施。

### 2. 通信处理阶段

在通信处理阶段，CPU 检查有无通信任务，如有则调用相应进程，完成与其他设备（例如：带微处理器的智能模块、远程 I/O 接口、编程器、HMI 装置等）的通信处理，并对通信数据作相应处理。

### 3. 读取输入阶段

在读取输入阶段，PLC 扫描所有输入端子，并将各输入端的"通"/"断"状态存入相对应的输入映像寄存器中，刷新输入映像寄存器的值。此后，输入映像寄存器与外界隔离，无论外设输入情况如何变化，输入映像寄存器的内容也不会改变。输入端状态的变化只能在下一个循环扫描周期的读取输入阶段才被拾取。这样可以保证在一个循环扫描周期内使用相同的输入信号状态。由此，要注意输入信号的宽度要大于一个扫描周期，否则很可能造成信号的丢失。

### 4. 执行程序阶段

可编程序控制器的用户程序由若干条指令组成，指令在存储器中按顺序排列。当 PLC 处于运行模式执行程序时，CPU 对用户程序按顺序进行扫描。如果程序用梯形图表示，则按先上后下，从左至右的顺序逐条执行程序指令。每扫描到一条指令，所需要的输入信号的状态均从输入映像寄存器中去读取，而不是直接使用现场输入端子的"通"/"断"状态。在执行用户程序过程中，根据指令做相应的运算或处理，每一次运算的结果不是直接送到输出端子立即驱动外部负载,而是将结果先写入输出映像寄存器中。输出映像寄存器中的值可以被后面的读指令所使用。

### 5．刷新输出阶段

执行完用户程序后,进入刷新输出阶段。可编程序控制器将输出映像寄存器中的"通"/"断"状态送到输出锁存器中,通过输出端子驱动用户输出设备或负载,实现控制功能。输出锁存器的值一直保持到下次刷新输出。

在刷新输出阶段结束后,CPU 进入下一个循环扫描周期。

## 2.6.2　PLC 的扫描周期

PLC 每一次循环扫描所用的时间称为扫描周期或工作周期。PLC 的扫描周期是一个较为重要的指标,它决定了 PLC 对外部变化的响应时间,直接影响控制信号的实时性和正确性。在 PLC 的一个扫描周期中,读取输入和刷新输出的时间是固定的,一般只需要 1～2ms,通信任务的作业时间必须被控制在一定范围内,而程序执行时间则因程序的长度不同而不同,所以扫描周期主要取决于用户程序的长短和扫描速度。一般 PLC 的扫描周期在10～100ms 之间。

## 2.6.3　输入/输出映像寄存器

可编程序控制器对输入和输出信号的处理采用了将信号状态暂存在输入/输出映像寄存器中的方式。由 PLC 的工作过程可知,在 PLC 的程序执行阶段,即使输入信号的状态发生了变化,输入映像寄存器的状态值也不会变化,要等到下一个扫描周期的读取输入阶段其状态值才能被刷新。同样,暂存在输出映像寄存器中的输出信号要等到一个扫描周期结束时,集中送给输出锁存器,这才成为实际的 CPU 输出。

PLC 采用输入/输出映像寄存器的好处如下:

① 在 CPU 一个扫描周期内,输入映像寄存器向用户程序提供的过程信号保持一致,这样保证 CPU 在执行用户程序过程中数据的一致性。

② 在 CPU 扫描周期结束时,将输出映像寄存器的最终结果送给外设,避免了输出信号的抖动。

③ 由于输入/输出映像寄存器区位于 CPU 的系统存储器区,访问速度比直接访问信号模块要快,缩短了程序执行时间。

## 2.6.4　PLC 的输入/输出滞后

PLC 以循环扫描的方式工作,从 PLC 的输入端信号发生变化到 PLC 输出端对该输入变化做出反应,需要一段时间,这种现象称为 PLC 输入/输出响应滞后。扫描周期越长,滞后现象就越严重。但是 PLC 的扫描周期一般为几十毫秒,对于一般的工业设备(状态变化的时间约为数秒以上)不会影响系统的响应速度。

在实际应用中,这种滞后现象可起到滤波的作用。对慢速控制系统来说,滞后现象反而增加了系统的抗干扰能力。这是因为输入采样阶段仅在输入刷新阶段进行,PLC 在一个工作周期的大部分时间是与外设隔离的,而工业现场的干扰常常是脉冲、短时间的,因此误动作将大大减小。即使在某个扫描周期干扰侵入并造成输出值错误,由于扫描周期时间远远小于执行器的机电时间常数，因此当它还没有来得及使执行器发生错误的动作，下一个扫描周期正确的输出就会将其纠正，使 PLC 的可靠性显得更高。

对于控制时间要求较严格、响应速度要求较快的系统，必须考虑滞后对系统性能的影响，在设计中应采取相应的处理措施，尽量缩短扫描周期。例如，选择高速 CPU 提高扫描速度，采用中断方式处理高速的任务请求，选择快速响应模块、高速计数模块等。对于用户来说，要提高编程能力，尽可能优化程序。例如，选择分支或跳转程序等，都可以减少用户程序执行时间。

# 第3章 自动化工程项目设计

## 3.1 物料灌装自动生产线

　　自动生产线控制系统设计涵盖 PLC 控制技术、网络通信技术和 HMI 监控技术。为了使读者能够从理论到实践融会贯通地掌握工业自动化技术，现在用一个简化的物料灌装生产线模型作为自动化控制项目，该模型将贯穿本书始终。通过由易到难循序渐进地解决物料灌装生产线的控制任务、网络通信任务和 HMI 监控任务，最终达到掌握工业自动化技术的能力。

　　物料灌装自动生产线示意图如图 3-1 所示。生产线由瓶子传送带和灌装罐组成。传送带由电动机驱动，电动机正转时传送带向右运动，输送瓶子依次通过空瓶检测位置、物料灌装位置和成品检测位置。物料灌装自动生产线的运行过程由可编程序控制器控制，控制信息通过现场总线网络传送到中央控制室内的 PC，应用组态软件可以在 PC 上对现场的运行状况进行实时监视和控制。

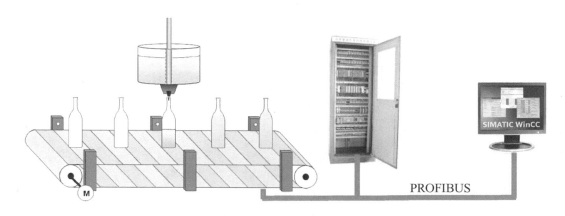

图 3-1　物料灌装自动生产线示意图

## 3.2 自动化控制系统设计流程

　　自动化控制系统的被控对象一般为机械加工设备、电气设备、生产线或生产过程。控制方案设计主要包括硬件设计、软件程序设计、施工设计及现场调试等几部分内容。自动化控制系统设计流程如图 3-2 所示。

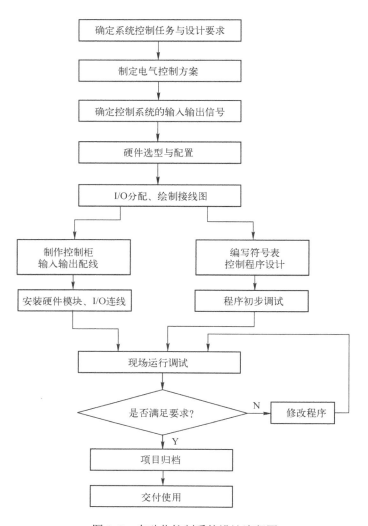

图 3-2　自动化控制系统设计流程图

### 3.2.1　确定系统控制任务与设计要求

首先要了解机械运动与电气执行元件之间的关系,仔细分析被控对象的控制过程和控制要求,熟悉工艺流程及设备性能,明确各项任务的要求、约束条件及控制方式。对于较复杂的控制系统,还可将控制任务分成几个独立的部分,这样可以化繁为简,有利于编程和调试。

### 3.2.2　制定电气控制方案

根据生产工艺和机械运动的控制要求,确定控制系统的工作方式,例如全自动、半自动、手动、单机运行、多机联线运行等。还要确定控制系统应有的其他功能,例如故障诊断与显示报警、紧急情况的处理、管理功能、网络通信等。

### 3.2.3 确定控制系统的输入/输出信号

根据被控对象对控制系统的功能要求，明确控制对象输入/输出信号的类型及信号数值范围。

**1. 控制对象的类型**

（1）数字（开关）量型

数字量输入对象：按钮、选择开关、行程开关、限位开关、光电开关等各种开关型传感器。

数字量输出对象：继电器、电磁阀、电动机启动器、指示灯、蜂鸣器等。

（2）模拟量型

模拟量输入对象：温度、压力、流量、液位、电动机电流等各种模拟量传感器。

模拟量输出对象：电动调节阀、变频器等执行机构。

**2. 控制对象的数值范围**

（1）数字（开关）量型

外部输入信号电压等级：DC24V、DC48～125V、AC120/230V。

外部负载电压等级：DC24/48V、DC48～125V、AC120/230V。

（2）模拟量型

外部输入传感器信号的类型（如电压、电流、电阻等）及测量的量程范围。

外部负载的类型（如电压或电流）及对应的输出值范围。

### 3.2.4 硬件选型与配置

硬件选型与配置的依据主要有以下几点：

① 输入输出信号。已经确定的输入输出信号的类型、信号数值范围以及点数。

② 特殊功能需求。例如现场有高速计数或高速脉冲输出要求、位置控制要求等。

③ 网络通信模式。控制系统要求的信号传输方式所需要的网络接口形式，例如现场总线网络、工业以太网络或点到点通信等。

考虑到生产规模的扩大、生产工艺的改进、控制任务的增加以及维护重接线的需要，在选择硬件模块时要留有适当的余量。例如选择 I/O 信号模块时预留 10% ～ 15% 的容量。

### 3.2.5 I/O 分配

通过对输入输出设备的分析、分类和整理，进行相应的 I/O 地址分配，应尽量将相同类型的信号、相同电压等级的信号地址安排在一起，以便施工和布线，并绘制 I/O 接线图。

### 3.2.6 控制程序设计

按照控制系统的要求进行 PLC 程序设计是工程项目设计的核心。程序设计时应将控制任务进行分解，编写完成不同功能的程序块，包括循环扫描主程序、急停处理子程序、手动运行子程序、自动运行子程序、故障报警子程序等。

编写的程序要在实验室进行模拟运行与调试，检查逻辑及语法错误，观察在各种可能的情况下各个输入量、输出量之间的变化关系是否符合设计要求，发现问题及时修改设计。

### 3.2.7 现场运行调试

在工业现场所有的设备都安装到位，所有的硬件连接都调试好以后，要进行程序的现场运行与调试。在调试过程中，不仅要进行正常控制过程的调试，还要进行故障情况的测试，应当尽量将可能出现的情况全部加以测试，避免程序存在缺陷，确保控制程序的可靠性。只有经过现场运行的检验，才能证明设计是否成功。

### 3.2.8 项目归档

在设计任务完成后，要编制工程项目的技术文件。技术文件是用户将来使用、操作和维护的依据，也是这个控制系统档案保存的重要材料，包括总体说明、电气原理图、电器布置图、硬件组态参数、符号表、软件程序清单及使用说明等。

## 3.3 自动生产线控制要求

物料灌装自动生产线的操作面板模型如图 3-3 所示。操作面板上有启动按钮、停止按钮、急停按钮、就地/远程选择开关、手动/自动选择开关、正向点动按钮、反向点动按钮、故障应答按钮、计数值清零按钮，以及设备启动指示灯、急停指示灯、就地/远程控制指示灯、手动/自动模式指示灯、故障报警指示灯和数码显示器等。

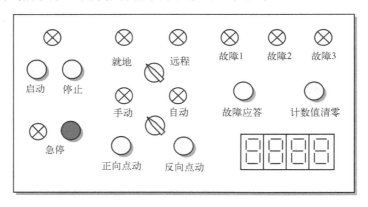

图 3-3　操作面板模型

控制系统技术要求以及各按钮和开关的操作功能如下：

1. 就地/远程选择开关

物料灌装自动生产线模型设计了就地和远程两种控制方式。就地控制是用操作面板上的按钮和开关来控制设备的运行。远程控制是通过网络用 HMI 的监控系统来控制设备的运行。

2. 手动/自动选择开关

物料灌装自动生产线模型设计了手动和自动两种工作模式。手动模式用于设备的调试和系统复位，包括：允许通过点动按钮使传送带正向或反向运行，用来调试设备；允许按下计数值清零按钮对计数统计值进行复位。自动模式下允许启动生产线运行。

只有在设备停止运行的状态下，才允许切换手动/自动模式。

### 3．启动按钮

在自动模式下，按下启动按钮，启动生产线运行。物料灌装工艺流程为：

1）按下启动按钮，电动机正转，传送带正向运行。

2）空瓶子到达灌装位置时电动机停止转动，灌装阀门打开，开始灌装物料。

3）灌装时间到，灌装阀门关闭，电动机正转，传送带继续运行，直到下一个空瓶子到达灌装位置。

### 4．停止按钮

在自动模式下，按下停止按钮，停止生产线运行，电动机停止转动，传送带停止运行，灌装阀门关闭。

### 5．急停按钮

当设备发生故障时，按下急停按钮停止生产线的一切运行。

### 6．正向点动/反向点动按钮

在手动模式下，正向点动/反向点动按钮用于调试设备。按下正向点动按钮，传送带正向运行，松手后传送带停止运行；按下反向点动按钮，传送带反向运行，松手后传送带停止运行。

### 7．工件计数统计

要求控制系统可以实现工件的计数统计，包括空瓶数、成品数和废品数。成品数显示在操作面板的数码管上。

### 8．模拟量检测

灌装液罐的液位由模拟量液位传感器进行监视。液位低于下限时要打开进料阀门，液位高于上限时要关闭进料阀门。

### 9．故障报警

当设备发生故障时，控制系统能够立即响应，操作面板上相应的故障报警灯会闪亮。按下故障应答按钮后，如果故障已经排除则故障报警灯不亮；如果故障依然存在则故障报警灯常亮。

### 10．PROFIBUS-DP 网络

构建现场总线 PROFIBUS-DP 网络，实现物料灌装自动生产线上的 I/O 信号通过 PROFIBUS-DP 网络与控制柜中的 CPU 进行通信。

### 11．HMI 监控系统

在计算机组态上位监控系统，能够实时监视与控制生产线的运行。

## 3.4　自动生产线信号分析

根据物料灌装自动生产线的控制要求，操作面板及罐装生产线上的数字量输入信号见表 3-1，数字量输出信号见表 3-2，模拟量输入信号见表 3-3。

表 3-1 数字量输入信号

| 序号 | 名 称 |
|---|---|
| 1 | 启动按钮 |
| 2 | 停止按钮 |
| 3 | 正向点动按钮 |
| 4 | 反向点动按钮 |
| 5 | 手动/自动模式选择开关 |
| 6 | 就地/远程控制选择开关 |
| 7 | 计数值清零按钮 |
| 8 | 故障 1 信号源 |
| 9 | 故障 2 信号源 |
| 10 | 故障 3 信号源 |
| 11 | 故障应答按钮 |
| 12 | 急停按钮 |
| 13 | 空瓶位置接近开关 |
| 14 | 灌装位置接近开关 |
| 15 | 成品位置接近开关 |

表 3-2 数字量输出信号

| 序号 | 名 称 |
|---|---|
| 1 | 生产线运行指示灯 |
| 2 | 手动模式指示灯 |
| 3 | 自动模式指示灯 |
| 4 | 就地控制指示灯 |
| 5 | 远程控制指示灯 |
| 6 | 故障 1 报警指示灯 |
| 7 | 故障 2 报警指示灯 |
| 8 | 故障 3 报警指示灯 |
| 9 | 急停指示灯 |
| 10 | 灌装罐进料阀门 |
| 11 | 灌装罐排料阀门 |
| 12 | 物料灌装阀门 |
| 13 | 终端指示灯 |
| 14 | 传送带正向运行 |
| 15 | 传送带反向运行 |
| 16 | 蜂鸣器 |
| 17 | 4 位数码显示（占 16 位） |

表 3-3 模拟量输入信号

| 序号 | 名 称 |
|---|---|
| 1 | 灌装罐液位传感器 |
| 2 | 灌装罐温度传感器 |

## 3.5 工程项目设计报告

本书是以工程项目为导向，在理论学习的同时，读者自己动手，完成项目规划、控制方案设计、硬件选型与组态、电气原理图绘制、控制程序编写、构建网络通信系统、组态 HMI 以及系统调试等一系列任务，读者在完成课程的学习后可制作一份工程项目设计报告。报告的格式如图 3-4 所示。

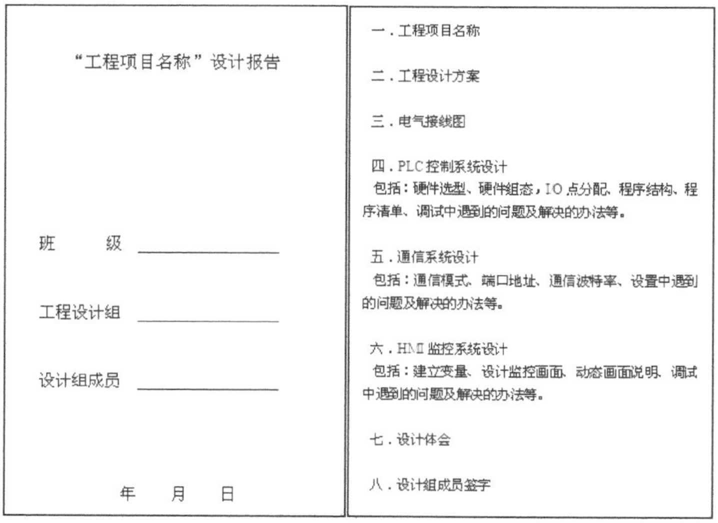
“工程项目名称”设计报告

班 级 ______

工程设计组 ______

设计组成员 ______

年 月 日

一．工程项目名称

二．工程设计方案

三．电气接线图

四．PLC 控制系统设计
包括：硬件选型、硬件组态，IO 点分配、程序结构、程序清单、调试中遇到的问题及解决的办法等。

五．通信系统设计
包括：通信模式、端口地址、通信波特率、设置中遇到的问题及解决的办法等。

六．HMI 监控系统设计
包括：建立变量、设计监控画面、动态画面说明、调试中遇到的问题及解决的办法等。

七．设计体会

八．设计组成员签字

图 3-4 工程项目报告格式

## 3.6 自动化项目设计软件 STEP7

SIMATIC STEP7 软件是对西门子的 S7-300/S7-400、M7-300/M7-400 以及 C7 等控制器进行组态和编程的标准工具。STEP7 软件可以安装在 PC 上，用于管理一个自动化项目的硬件和软件系统。其主要功能包括：硬件配置和参数设置、组态网络和通信连接、编写和调试控制程序、故障诊断、项目归档等。

### 3.6.1 SIMATIC 管理器

#### 1. 启动 SIMATIC 管理器

在 PC 上安装了 STEP7 软件以后，桌面上会有 STEP7 软件图标，双击图标打开 SIMATIC Manager。安装 STEP7 软件后，初次进入 SIMATIC Manager 是英文界面。

#### 2. 设置用户自定义选项

在 SIMATIC Manager 的"Options"下拉菜单中点击"Customize…"，弹出用户自定义对话框。在"General"选项卡下可以指定用户工程项目和库的存盘路径，如图 3-5 所示。在"Language"选项卡下可以选择 STEP7 软件和语句表助记符的语言，如图 3-6 所示，选择"中文（简体）"，点击 OK 按钮后，提示"更改语言需要关闭 STEP 7 软件，重新进入才有效"，点击确认后，自动退出 SIMATIC Manager。再次进入 SIMATIC Manager，STEP 7 变为中文界面。

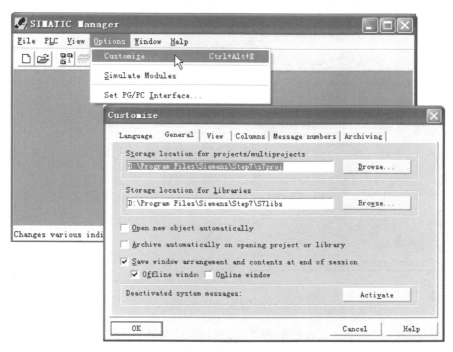

图 3-5　指定用户工程项目和库的存盘路径

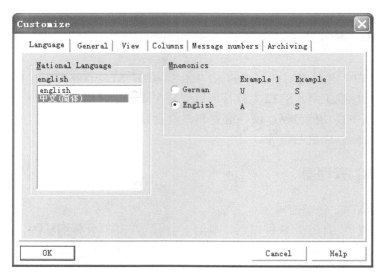

图 3-6　更改 STEP7 软件的语言

### 3. 设置编程器通信接口

用户可以选择不同的接口设备实现 PC 编程器与 PLC 之间的通信，如 PC/MPI 适配器、CP5613 网卡等。通信前需要在 SIMATIC Manager 中设置接口类型及参数。方法是在 SIMATIC Manager 的"选项"下拉菜单中点击"设置 PG/PC 接口"，在弹出的对话框中选择当前使用的接口设备，点击"属性"按钮可以设置通信地址及传输速率，如图 3-7 所示。

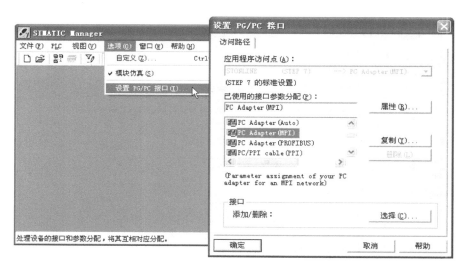

图 3-7　设置 PC/PG 接口

点击 SIMATIC Manager 工具栏中的"可访问节点"按钮，可以检查编程器与 PLC 之间的通信是否建立。如果设置正确，将显示 CPU 的 MPI 地址，如图 3-8 所示。

图 3-8　检查通信状态

## 3.6.2　创建用户项目

### 1．STEP7 项目结构

在 SIMATIC Manager 中，一个自动化工程项目包括 SIMATIC PLC 站点、通信网络和 HMI 组态等。每个 SIMATIC 站点配置了项目中使用的 CPU 模块，在 CPU 中又包含一个由符号表、源文件和程序块组成的用户程序，如图 3-9 所示。

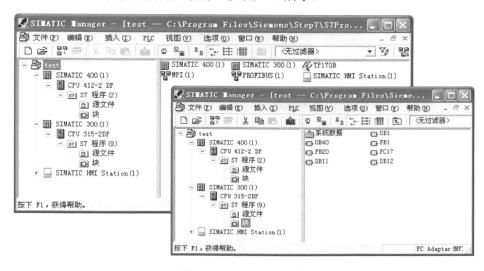

图 3-9　STEP7 项目结构

### 2．创建新项目

在 SIMATIC Manager 的"文件"下拉菜单中点击"新建"选项，或者点击工具栏中的"新建"按钮，弹出新建项目对话框，如图 3-10 所示。输入项目名称，选择项目存储路径。

在 SIMATIC Manager 中选中项目名，在"插入"下拉菜单中点击"站点"，选择与工程项目中所使用的 CPU 类型相匹配的站点，如图 3-11 所示。

### 3．项目属性设置

在 SIMATIC Manager 中选中项目名，按鼠标右键弹出下拉菜单，选择"对象属性"，打开项目属性设置窗口，如图 3-12 所示。

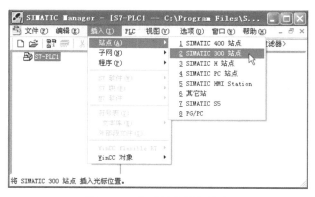

图 3-10　直接创建一个项目

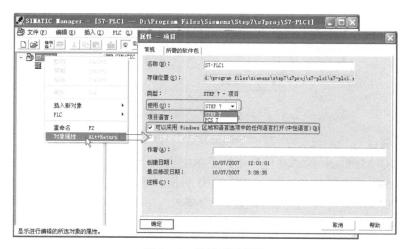

图 3-11　在项目中插入站点

图 3-12　设置项目属性

对于"使用"项目选项，如果选择 STEP7，则每个程序块都可以单独下载到 CPU 中；如果选择 PCS7，则不能将单个程序下载到 CPU，必须选中整个站一起下载，如图 3-13 所示。如果选中程序块时工具栏中的按钮"下载"无效，则需要检查一下项目的属性是否为PCS7。

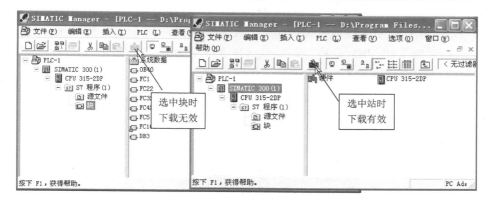

图 3-13　PCS7 项目下载

激活项目属性中的"可以采用 Windows 区域和语言选项中的任何语言打开（中性语言）"，在其他编程器上打开该项目时，不受编程器的 Windows 区域和语言选项设置的限制。

### 3.6.3　STEP7 帮助系统

STEP7 软件具有强大的帮助系统，当用户在使用中遇到问题时，可以方便地获得帮助。

#### 1. 帮助文档

在 SIMATIC Manager 的"帮助"下拉菜单中点击"目录"，打开帮助系统，可以获得 STEP7 软件详细的帮助文档，如图 3-14 所示。

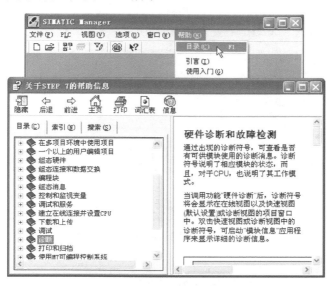

图 3-14　STEP7 的帮助系统

#### 2. 在线帮助

在应用 STEP7 软件遇到问题时，用鼠标选中有疑问的对象，按下键盘上的〈F1〉功能键，即可获得针对该对象的帮助信息。

例如，STEP7 软件提供了强大的库函数供用户调用，在 SIMATIC Manager 的"文件"下拉菜单中点击"打开"命令，或者点击工具栏中的"打开"按钮，弹出打开项目对话框，选择库选项卡可以看到 STEP7 软件提供的库函数，如图 3-15 所示。点击 Standard Library 打开标准库，如果想了解 PID 温度控制函数 FB58 的应用，鼠标选中 FB58，按键盘上的〈F1〉功能键，弹出关于 FB58 的帮助文档，如图 3-16 所示。

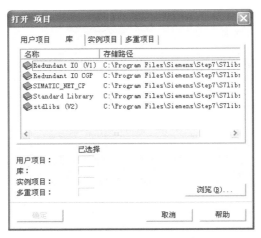

图 3-15　STEP7 软件提供的库函数

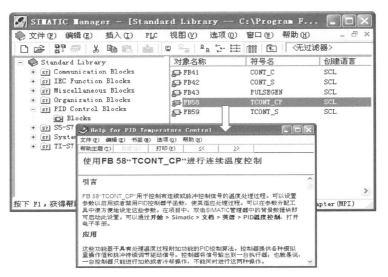

图 3-16　PID 温度控制函数 FB58 的在线帮助

## 任务 1　新建物料灌装自动生产线项目

1）启动 STEP7 软件，设置用户自定义选项。

2）设置 PC 与 CPU 通信的接口，检查通信状态。

3）新建物料灌装自动生产线项目 FILL，插入 SIMATIC 300 站点。

# 第4章 PLC的硬件设计

## 4.1 S7-300/400 硬件模块

S7-300/400 属于模块式 PLC，主要由机架、电源模块、CPU 模块、信号模块、通信模块、功能模块、接口模块等组成，所有模块均安装在机架上。

S7-300 系统 PLC 如图 4-1 所示，S7-400 系统 PLC 如图 4-2 所示。

图 4-1　S7-300 系列 PLC　　　　　　　图 4-2　S7-400 系列 PLC

1—电源　2—CPU　3—信号模块　4—机架

### 4.1.1 机架

机架（Rack）如图 4-3 所示，用于安装和连接 PLC 的所有模块。CPU 所在的机架称为中央机架，如果中央机架不能容纳控制系统的全部模块，可以增设一个或多个扩展机架。

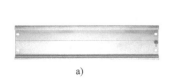　　　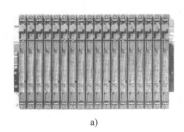

a)　　　　　　　　　　　　　　　　a)

图 4-3　机架

a) S7-300 机架　b) S7-400 机架

S7-300 系列 PLC 使用 DIN 导轨作为中央机架和扩展机架，机架上没有背板总线，CPU与其他模块之间通过 U 形总线连接器连接，模块不能带电插拔。

S7-400 系列 PLC 的机架带有背板总线，模块插在槽位上即可实现信号的通信。有 4 槽、9 槽和 18 槽等多种机架供用户选用。

### 4.1.2 电源模块

电源模块（Power Supply，PS）如图 4-4 所示，用于将 AC 或 DC 电网电压转换为 CPU 所需的 DC24V 和 DC5V 工作电压。

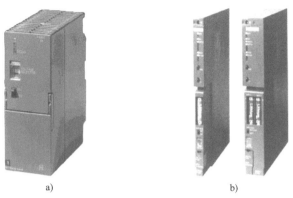

图 4-4 电源模块

a) S7-300 电源模块 b) S7-400 电源模块

S7-300 系列 PLC 的电源只提供 DC24V 电压，输出电流有 2A、5A 和 10A 三种型号。输出电压是隔离的，并具有短路保护，不带负载时输出稳定。模块上有一个 LED 用来指示电源是否正常，当输出电压过载时，LED 指示灯闪烁。选择开关可以选择不同的供电电压：120V 和 230V。背板总线所需的 DC5V 电压由 CPU 或接口模块将 DC24V 电压转换后供给。

S7-400 系列 PLC 的电源模块必须安装在机架上，直接通过背板总线向 S7-400 模块提供 DC24V 和 DC5V 电压，输出电流有 4A、10A 和 20A 三种型号。电源模块上可以安装备份电池，用于在电源断电的情况下保护 CPU 中的程序和过程数据。

### 4.1.3 CPU 模块

在 PLC 控制系统中，CPU 模块相当于人的大脑和心脏，它不断地采集输入信号，执行用户程序，刷新系统的输出；存储器用来储存程序和数据。CPU 的主要技术指标有内存空间、运算速度、内部资源（如计数器、定时器的个数）、中断处理能力和通信方式等。

#### 1. S7-300 系列的 CPU

SIMATIC S7-300 系列的 CPU 模块如图 4-5 所示，为了适应不同应用场合的需要，CPU 有多种规格型号：

① 标准型 S7-312～S7-319。通常序号越大功能越强。其中一些 CPU 集成了网络通信接口，如 CPU31x-2DP 集成了现场总线 PROFIBUS-DP 接口，CPU31x-2PN/DP 集成了工业以太网 PROFINET 接口。

② 紧凑型 S7-300C。紧凑型 CPU 在本机上集成了数字量和模拟量 I/O 点以及一些特殊功能，如高速计数、频率测量、定位和 PID 调节等，适合于中小型设备的控制。

③ 技术功能型 S7-300T。具有智能技术/运动控制功能，专门用于复杂的运动控制系统，其最终的控制对象是伺服电动机、步进电动机、感应电动机和液压比例阀等。

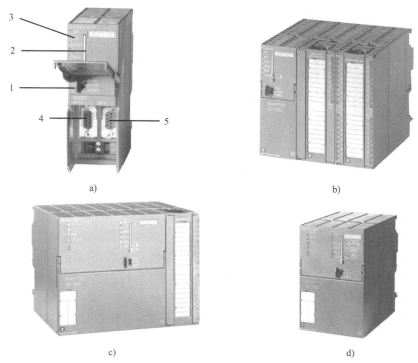

图 4-5　S7-300 CPU 模块

a) CPU315-2DP　b) CPU313C　c) CPU 315T -2DP　d) CPU 317F -2DP

1—模式选择器　2—存储器卡　3—指示灯　4—MPI 接口　5—DP 接口

④ 故障安全型 S7-300F。可组态成一个故障安全型自动化系统，以满足安全运行的需要。

⑤ 宽温型 S7-300SIPLUS。适合环境恶劣的场合，扩展温度范围从-25～70℃。

**2. S7-400 系列的 CPU**

SIMATIC S7-400 系列的 CPU 模块如图 4-6 所示，为了适应不同应用场合的需要，CPU 有多种规格型号：

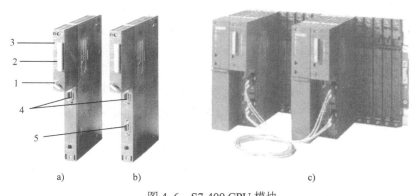

图 4-6　S7-400 CPU 模块

a) CPU412-1　b) CPU412-2DP　c) CPU400H

1—模式选择器　2—存储器卡　3—指示灯　4—MPI/DP 接口　5—DP 接口

① 通用型 CPU412～CPU417。功能强大的 PLC，用于中、高档性能范围的可编程序控制器。

② 冗余型 S7-400H。具有冗余结构的高可用性自动化系统，用于故障安全应用。

③ 故障安全型 S7-400F/FH。带冗余结构的故障安全自动化系统，也可组态为高可用性结构。

S7-400 系列的 CPU 除了在内存空间、运算速度、内部资源、中断处理能力、安全工程、通信资源等方面优于 S7-300 系列的 CPU 之外，S7-400 系列的 CPU 还具有以下技术亮点：

① 可在运行中更改组态。在操作过程中，可修改 S7-400 的分布式 I/O 组态。

② 支持热插拔。可带电连接和断开信号模块（热插拔）。这使得扩展系统非常容易，在发生故障时方便更换模块。

③ 冗余结构。S7-400H 是附带两个同类型 H-CPU 的控制器，所有的重要部件都是冗余配置。在发生故障时，可从主站系统切换至备用站。适用于要求高可用性的、具有热备份的控制过程（即切换时间不超过 100 ms 的过程）。

### 3. S7-300/400CPU 面板

（1）模式选择器

SIMATIC S7-300/400CPU 的模式选择器有两种形式：老型号 CPU 的模式选择器是旋转操作的钥匙开关，新型号 CPU 的模式选择器是上下操作的按钮开关。

STOP——停止模式，CPU 检测所有已经配置的模块或设置为默认地址的模块是否存在，并设置模块到预置的初始模式，停止模式下 CPU 不执行用户程序。

RUN——运行模式，CPU 执行用户程序，更新输入、输出信号，响应中断请求，对故障信息进行处理。旋转的钥匙开关处于 RUN 运行模式时，不能向 CPU 下载组态数据和程序。

MRES——模块复位（Module Reset），CPU 清除硬件组态信息和用户程序。

RUN-P——仅限于旋转的钥匙开关有此种模式，CPU 执行用户程序，并可以向 CPU 下载组态数据和程序。

（2）存储器卡

由于 S7-300CPU 内部没有集成装载存储器，因此 CPU 必须插入一个微型存储器卡（Micro Memory Card，MMC），其类型为 Flash Memory（非易失存储器），否则无法工作。

S7-400CPU 内部集成了装载存储器，其类型为 RAM（易失存储器）。CPU 为存储器卡提供一个插槽，在两种情况下可以插入存储卡：一是需要扩展 CPU 集成的装载存储器，可以选用 RAM 卡；二是需要保存用户程序在掉电的情况下不丢失，可以选用 Flash Memory 卡，当发生断电时利用存储器卡不需要备份电池就可以保存用户程序及过程数据。

（3）状态指示灯

SF（红色）——系统错误，CPU 内部错误或带诊断功能模块错误。

BF（红色）——总线错误，（带 DP 接口的 CPU）。

BATF（红色）——电池故障，备份电池电量不足或不存在。

DC5V（绿色）——内部 DC5V 电压指示。

FRCE（黄色）——强制有效，指示至少有一个输入或输出被强制。

RUN（绿色）——当 CPU 启动时闪烁，在运行模式下常亮。

STOP（黄色）——在停止模式下常亮；存储器复位时闪烁。

（4）MPI 接口

多点接口（Multipoint Interface，MPI）用于 CPU 与编程设备的连接，或用于 MPI 网络的通信。

（5）DP 接口

部分 CPU 集成了 DP 通信接口，CPU 型号为 CPU31X-2DP 或 CPU41X-2DP，表明该 CPU 有两个接口，除了 MPI 接口外，另一个为 DP 接口。DP 接口用于将分布式 I/O 通过现场总线 PROFIBUS-DP 网络连接到 CPU。

（6）PtP 接口

部分 CPU 集成了点到点（Point to Point，PtP）通信接口，CPU 型号为 CPU31X-2PtP，表明该 CPU 有两个接口，除了 MPI 接口外，另一个为 PtP 接口。PtP 接口用于两个设备之间的通信，通信方式简单，有多种专用的通信协议可供选用。

## 4.1.4 接口模块

接口模块（Interface Module，IM）用来实现中央机架与扩展机架之间的通信。在中央机架上安装的接口模块为 IMS（发送器），在扩展机架上安装的接口模块为 IMR（接收器）。

接口模块如图 4-7 所示。IM360 和 IM361 用于连接 S7-300 系列的中央机架和扩展机架，IM360 为 IMS 装在中央机架上，IM361 为 IMR 装在扩展机架上。IM460-0 和 IM461-0 用于连接 S7-400 系列的中央机架和扩展机架。IM460-0 为 IMS 装在中央机架上，IM461-0 为 IMR 装在扩展机架上。

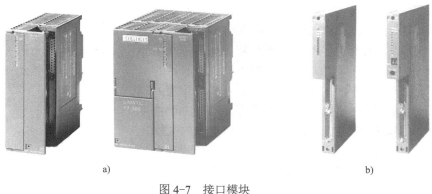

a)                                                                          b)

图 4-7　接口模块

a) IM360 和 IM361　b) IM460-0 和 IM461-0

### 1. S7-300 的扩展能力

S7-300 系列 PLC 的扩展能力如图 4-8 所示。SIMATIC S7-300 系列 PLC 每个机架最多允许安装 8 个 I/O 模块（不包括电源、CPU 和接口模块）。安装时电源必须安装在 1 号槽，CPU 必须安装在 2 号槽，接口模块必须安装在 3 号槽。对于信号模块、功能模块和通信处理器没有插槽限制，也就是说它们可以安装到除 1、2、3 号槽以外的任何一个槽位。

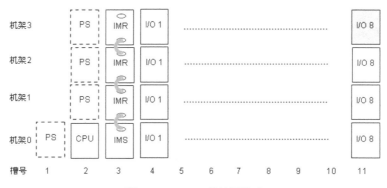

图 4-8　S7-300 的扩展能力

CPU312 和 CPU313 只支持单排机架，最大扩展能力为 8 个模块。CPU313C、CPU314及以上型号最多可以扩展 3 排机架，最大扩展能力为 32 个模块。对于紧凑型 CPU31xC，由于 3 号机架的最后一个槽位的地址已经分配给 CPU 集成的 I/O 端口，所以不能再安装 I/O 模块，因此 CPU31xC 的最大扩展能力为 31 个模块。

**2．S7-400 的扩展能力**

SIMATIC S7-400 系列 PLC 最多可以扩展 21 个机架。在中央机架最多可插入 6 个 IMS模块，每个 IMS 有 2 个接口，每个接口最多可支持 4 个 IMR 模块。S7-400CPU 的最大扩展能力为 300 多个模块。

### 4.1.5　信号模块

　　信号模块（Signal Module，SM）如图 4-9 所示，是控制系统的眼、耳、手、脚，是联系外部现场设备与CPU 模块的桥梁，通过输入模块将各类传感器的输入信号传送到 CPU 进行运算和处理，然后将逻辑运算结果和控制命令通过输出模块送出，达到控制生产过程的目的。

　　信号模块有电平转换与隔离的作用，在模块中用光耦合器、光敏晶闸管或小型继电器等器件隔离 PLC 的内部电路和外部的输入/输出电路，防止从外部引入的尖峰电压和干扰噪声对 CPU 模块的损坏。一些信号模块还有故障诊断和过程中断的功能，可以对信号采集出错或过程事件作出快速响应。

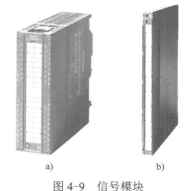

图 4-9　信号模块

a) S7-300 信号模块　b) S7-400 信号模块

S7-300 的信号模块都有一个 U 形总线连接器，总线连接器通过背板总线与 CPU 连接。S7-400 的信号模块直接通过机架上的背板总线与 CPU 连接。

根据输入或输出电信号的类型及范围不同，有各种类型的信号模块可供选择。

**1．数字量输入模块 DI**

数字量输入模块按输入点数分为 DI32、DI16 和 DI8 三种类型，按输入电压等级分为DC24V、DC48～125V、AC120/230V 等多种规格。

**2．数字量输出模块 DO**

数字量输出模块按输出点数分为 DO32、DO16 和 DOI8 三种类型，按输出电压等级分为

DC24V、DC48~125V、AC120/230V 等多种规格。

### 3. 数字量输入/输出模块 DI/DO

S7-300 系列 PLC 配有数字量输入/输出模块，即将输入/输出端子集成在同一个模块上。按输入/输出点数分为 DI16/DO16、DI8/DO8 和 DI8/DX8 几种类型，电压等级为 DC24V。

### 4. 模拟量输入模块 AI

模拟量输入模块按输入通道数分为 AI2、AI8、AI16 等几种类型，按传感器输入信号的性质分为测电压、测电流、测电阻、测温度等多种类型。

### 5. 模拟量输出模块 AO

模拟量输出模块按输出通道数分为 AO2、AO4、AO8 等几种类型，输出方式有电压和电流两种形式。

### 6. 模拟量输入/输出模块 AI/AO

S7-300 系列 PLC 配有模拟量输入/输出模块，即将输入/输出通道集成在同一个模块上。按输入/输出通道数分为 AI4/AO2 和 AI4/AO4 两种类型。

### 7. 前连接器

前连接器如图 4-10 所示。信号模块在使用前需要配备前连接器，传感器和执行器的信号通过前连接器接入模块。这样在更换模块时只需拆下前连接器而不需要重新接线。

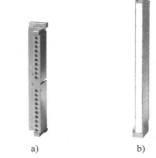

a)         b)

图 4-10 前连接器

a) S7-300 前连接器   b) S7-400 前连接器

## 4.1.6 通信模块

通信处理器（Communication Processor，CP）如图 4-11 所示，用于 PLC 之间、PLC 与远程 I/O 之间、PLC 与计算机和其他智能设备之间的通信，可以将 PLC 接入 MPI、PROFIBUS-DP、AS-i 和工业以太网，或者用于实现点对点通信。常用的通信处理器有用于分布式现场总线 PROFIBUS-DP 网络的 CP342-5 和 CP443-5 扩展型，用于工业以太网的 CP343-1 和 CP443-1，用于 AS-i 网络的 CP343-2 等。

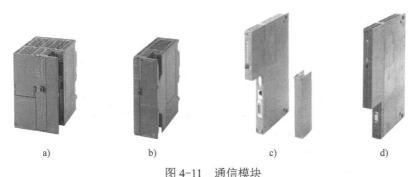

a)        b)        c)        d)

图 4-11 通信模块

a) CP343-1   b) CP342-5   c) CP443-1   d) CP443-5 扩展型

## 4.1.7 功能模块

功能模块（Function Module，FM）是"智能"信号处理模块。它们在不占用 CPU 资源的情况下对来自设备系统的信号进行运算与处理，并将此信号反送给控制过程，或者传送给

CPU 的内部接口。它们负责处理那些 CPU 通常无法以规定速度执行的任务，例如高速脉冲计数、定位控制、闭环控制或驱动控制等，从而释放 CPU 资源用于其他重要的过程控制任务。

S7-300/400 的功能模块主要有高速计数器模块、定位模块、电子凸轮控制模块，闭环控制模块等，如图 4-12 所示。

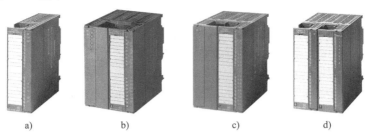

图 4-12　功能模块

a) FM350 计数器模块　b) FM351 定位模块　c) FM352 电子凸轮控制器　d) FM355 闭环控制模块

## 4.1.8　占位模块

占位模块 DM370 如图 4-13 所示，用于代替随后要使用的模块插入到插槽中。当使用另一个 S7-300 模块替换占位模块时，整个硬件的装配结构和组态的地址分配将保持不变。

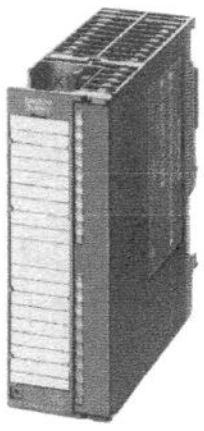

## 4.1.9　仿真器模块

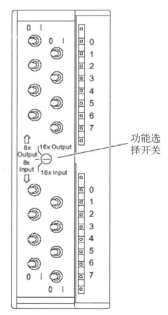

图 4-13　占位模块

有些场合调试程序时没有现场的 I/O 信号，可以使用仿真器模块替代现场的信号。西门子的仿真器模块 SM374 上有 16 个开关和 16 个 LED 灯，通过功能选择开关可以使其工作在三种模式下，如图 4-14 所示。

16×Output，此时 16 个开关有效。

16×Input，此时 16 个 LED 灯有效。

8×Output/8×Input，此时上半部分 8 个 LED 灯有效/下半部分 8 个开关有效。

注意：

请勿在 RUN 模式下操作功能选择开关！

在 STEP7 硬件组态时，模块目录中没有仿真器模块 SM374，因此 STEP7 无法识别 SM374 的订货号，应按以下方式"模拟"组态所需的仿真器模块。

● 如果使用具有 16 个输入点的 SM374，应在 STEP7 中定义具有 16 个输入点的数字输入模块的订货号，例如 6ES7 321-1BH02-0AA0。

● 如果使用具有 16 个输出点的 SM374，应在 STEP7 中定义具有 16 个输出点的数字输出模块的订货号，例如 6ES7 322-1BH01-0AA0。

图 4-14　仿真器模块

● 如果使用具有 8 个输入点和 8 个输出点的 SM374，应在 STEP7 中定义具有 8 个输入点和 8 个输出点的数字输入/输出模块的订货号，例如 6ES7 323-1BH01-0AA0。

## 4.2 硬件安装

### 4.2.1 S7-300 系列模块的安装规范

#### 1. S7-300 的部件
工业自动化控制系统需要的 S7-300 系列安装部件见表 4-1。

表 4-1 S7-300 的部件

| 部　件 | 功　能 |
|---|---|
| 导轨 | 是 S7-300 的机架 |
| 电源（PS） | 将电网电压（120/230 V）变换为 S7-300 所需的 DC 24V 工作电压 |
| 中央处理单元（CPU） | 执行用户程序<br>附件：备份电池，MMC 存储卡 |
| 接口模块（IM） | 连接两个机架的总线 |
| 信号模块（SM）<br>（数字量/模拟量） | 把不同的过程信号与 S7-300 相匹配<br>附件：总线连接器，前连接器 |
| 功能模块（FM） | 完成定位、闭环控制等功能 |
| 通信处理器（CP） | 连接可编程序控制器<br>附件：电缆、软件、接口模块 |

#### 2. S7-300 的安装位置
S7-300 模块在控制柜中即可以垂直安装也可以水平安装，如图 4-15 所示。对于水平安装，最左侧为 1 号槽安装电源，CPU 在电源的右面为 2 号槽，接口模块安装在 CPU 的右面为 3 号槽，其他信号模块、功能模块和通信处理器没有插槽限制，也就是说它们可以插到任何一个槽位。对于垂直安装，底部为 1 号槽安装电源，依次安装 CPU、接口模块和用户的 I/O 模块。

控制柜的环境温度要求：
　　垂直装配 0℃至40℃
　　水平装配 0℃至60℃

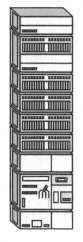

图 4-15　S7-300 的安装位置

机架在控制柜中的最小安装间距：左右为 20mm；上下单层组态安装时为 40mm，多层组态安装时为 80mm。

两层机架之间的电缆长度：采用 IM360/361 的多层组态之间最大长度为 10m。采用经济型的接口模块 IM365 支持扩展一层机架，两层之间最大长度为 1m，且扩展机架上不需要安装电源模块，由于 IM365 不提供 K 总线，所以扩展机架上只能安装信号模块（SM），不能安装功能模块（FM）和通信处理器（CP）。

### 4.2.2　S7-400 系列模块的安装规范

电源必须插在最左侧 1 号槽，扩展机架上的接口模块 IMR 必须插在最右侧槽位。最后一个扩展机架上的接口模块 IMR 需要接通终端电阻。通过 K 总线进行数据交换的模块只能安装在 0～6 号机架。

机架在控制柜中的最小安装间距：机架的左右为 20mm，机架上方为 40mm，机架下方为 22mm，机架之间为 110mm。

## 4.3　更换模块

### 4.3.1　更换 S7-300 的 SM 模块

需要更换 SM 模块时，首先将 CPU 处于"STOP"模式，并切断该模块的负载电源，然后先取下前连接器，再拧松模块的固定螺钉拆下模块。更换同型号的新模块，在插入原前连接器之前，要将前连接器上面的编码块拔下来，因为新模块上已经带有编码块，不拔下来会妨碍前连接器安插到位。

### 4.3.2　更换 S7-400 的 SM 模块

S7-400PLC 允许带电插拔 I/O 模块，但要确保用户程序允许在 RUN 模式下更换模块。更换模块时会产生插/拔模块中断，用户需要编写 OB83 处理中断，为新模块分配参数，使其投入运行。

## 4.4　硬件组态

S7 模块在出厂时带有预置参数，如果这些默认设置能够满足工程项目要求，就不需要对硬件进行组态。但是，在多数情况下需要配置硬件组态。例如：需要修改模块的参数或地址，系统中需要配置模拟量模块，系统中需要组态网络通信连接等。

硬件组态是 STEP7 软件的一项重要功能，是对 PLC 硬件模块的参数进行设置和修改。硬件组态包括两部分的内容——"组态硬件模块"和"配置模块参数"。

① 组态硬件模块。在 STEP7 软件的"硬件配置"工具中模拟真实的 PLC 硬件系统，将工程项目中选用的电源、CPU、信号模块（SM）、功能模块（FM）、通信处理器模块（CP）以及分布式 I/O 模块等硬件设备安装到表示机架的组态表中。

② 配置模块参数。对 PLC 硬件模块属性以及网络通信参数等进行设置。例如：设置CPU 的中断系统，设置 SM 模块的 I/O 地址，设置网络通信速率及各站地址等。

### 4.4.1 组态硬件模块

#### 1. 启动"硬件配置"编辑器

在 SIMATIC Manager 窗口中选中"站点",在右边窗口中双击"硬件"图标启动"硬件组态"应用程序,点击工具栏中的"目录"按钮,打开"硬件目录"窗口,如图 4-16 所示。硬件配置窗口的上半部分用于模拟安装硬件,在该窗口的下部显示硬件的详细信息以及附加信息,如订货号、MPI 地址以及 I/O 地址。

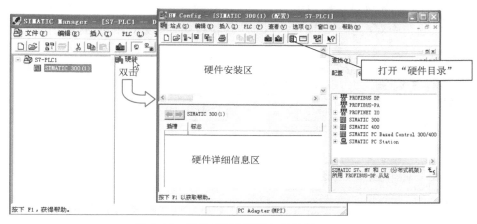

图 4-16 启动"硬件配置"编辑器

#### 2. 安装机架

如图 4-17 所示,从"硬件目录"窗口中,选择工程项目中实际配置的机架(Rack)拖到硬件安装区,机架以组态表的形式出现,每一行表示相应的槽位,用于安装硬件模块。

图 4-17 硬件配置安装机架

SIMATIC 300 的机架只有一种导轨，既可以用做中央机架，也可以用做扩展机架。SIMATIC 400 的机架种类比较多，有中央机架（CR）、扩展机架（ER）和通用机架（UR）等，插槽个数有 4 槽、9 槽和 18 槽等，要根据工程项目中配置的机架订货号选择。

3．安装模块

从"硬件目录"中选择硬件模块拖入相应的插槽，注意模块的订货号以及插槽位置要与工程项目的实际配置相一致。选中模块后，该模块可以安装的插槽以绿色高亮显示。将模块拖放到组态表（机架）的相应行中，如图 4-18 所示。也可以在组态表中选择一个或多个适当的行，并在"硬件目录"窗口中双击所需的模块。如果未选择机架中的任何行，并且在"硬件目录"窗口中双击了一个模块，则该模块将被安装在第一个可用插槽中。

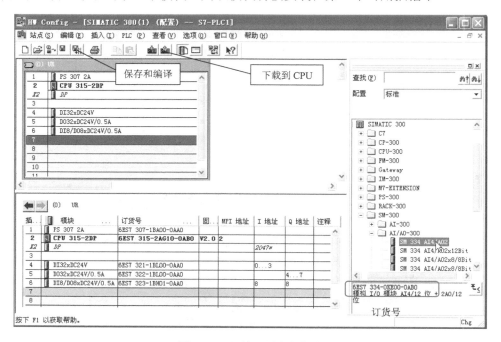

图 4-18　硬件配置安装模块

STEP7 会检查是否违反了模块安装槽位的规则（例如，S7-300CPU 必须装在 2 号槽）。

注意：

3 号槽预留给接口模块，用于多层组态。

### 4.4.2　配置模块参数

每个模块（CPU、SM 模块、FM 模块、CP 模块）出厂时都有默认属性，例如模拟量输入模块出厂时默认的测量信号的类型和范围。如果用户想改变这些设置，需要对模块的属性重新进行配置。方法是在组态表中双击要分配参数的模块，在打开的对话框中配置模块的属性。

1．CPU 的属性

CPU 属性配置对话框如图 4-19 所示。

图 4-19　CPU 属性配置对话框

（1）"常规"选项卡

"常规"选项卡提供了有关 CPU 的基本信息和 MPI 接口属性设置窗口，如图 4-19 所示。点击接口的"属性"按钮，可以修改 CPU 的 MPI 接口地址、建立 MPI 网络以及配置网络通信速率。

（2）"启动"选项卡

"启动"选项卡提供了 CPU 启动特性参数的设置，如图 4-20 所示。

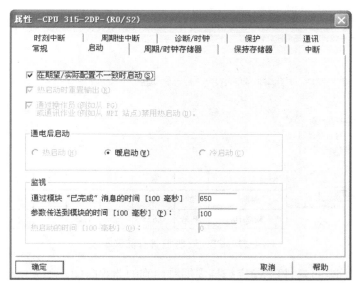

图 4-20　CPU 启动特性参数

如果选中了"在期望/实际配置不一致时启动"检查框，那么即使硬件配置的模块插槽位置或类型与实际配置不相符，CPU 也将启动。否则，CPU 将切换到 STOP 模式。

CPU 有三种启动方式：热启动、暖启动和冷启动。一般 S7-300CPU 只支持暖启动，S7-400CPU 还支持热启动，一些特殊型号的 CPU 支持冷启动。有关三种 CPU 启动方式将在 5.14 节 "组织块与中断系统" 中详细介绍。

"通过模块 '已完成' 消息的时间[100 毫秒]" 设定上电后所有模块向 CPU 传送准备就绪消息的最大允许时间。如果超出设定的监视时间，模块仍没有向 CPU 发送准备就绪的消息，那么实际配置与预置配置不相符。此时，CPU 是否运行取决于 "在期望/实际配置不一致时启动" 选项的设置。

"参数传送到模块的时间[100 毫秒]" 设定 CPU 将硬件配置的参数传送给模块的最大允许时间。对于带 PROFIBUS-DP 接口的 CPU，还可以使用该参数来设置监视 DP 从站的启动时间。也就是说，必须在指定的时间内启动 DP 从站并由 CPU（作为 DP 主站）分配参数。如果超出设定的监视时间，CPU 仍没有为所有模块或 DP 从站分配参数，那么实际组态与预置组态不同。此时，CPU 是否运行取决于 "在期望/实际配置不一致时启动" 选项的设置。

当监视时间设置为 "0" 时，表示不进行监视。

（3）"周期/时钟存储器" 选项卡

"周期/时钟存储器" 选项卡提供了 CPU 的循环特性和时钟存储器的设置，如图 4-21 所示。

图 4-21　CPU 周期/时钟存储器参数

"扫描周期监视时间[毫秒]" 指定扫描周期看门狗的监视时间。如果实际扫描周期超出设置的监视时间，那么 CPU 将进入 STOP 模式。

"来自通信的扫描周期负载[%]" 设定通信处理时间占整个扫描周期的百分比，默认值为 20%。

可设置 CPU 对 I/O 访问错误的响应。S7-300CPU 设置为在发生 I/O 访问错误的情况下不调用 OB85；S7-400CPU 设置为"仅限于进入和离开的错误"时调用 OB85，这样 CPU 的扫描周期就不会因为重复调用 OB85 而增加。

时钟存储器可向用户提供 8 个不同频率的占空比为 1：1 的时钟脉冲信号。如果要使用时钟信号，首先应激活"时钟存储器"选项，然后设置保存时钟信号的位存储器区字节地址，例如，图 4-21 所示将时钟信号保存在 MB10 中，则 M10.5 的时钟频率为 1Hz。

（4）"保存存储器"选项卡

"保存存储器"选项卡提供了 CPU 停机再重启动后保存系统存储器数据的设置，如图 4-22 所示。

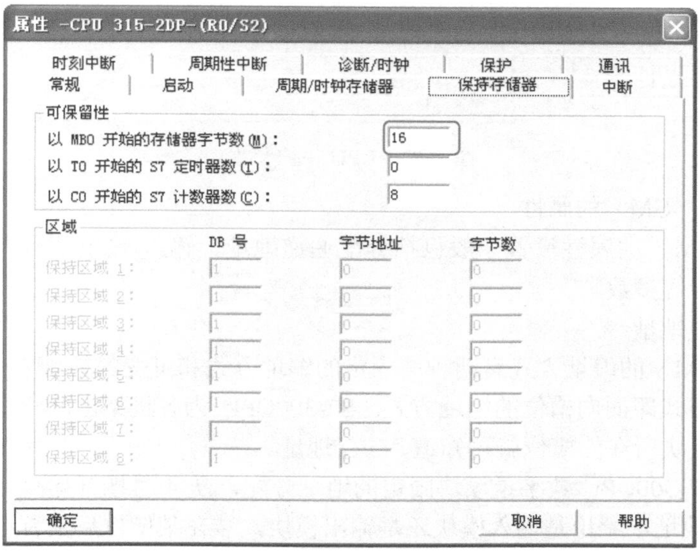

图 4-22　CPU 保存存储器参数

CPU 停机再重启动后，系统存储区中的数据会被清零。在"保持存储器"选项卡中，可以指定在 CPU 停机再重启动后，系统存储区中的位存储器 M、定时器 T 和计数器 C 的哪些存储单元要保留停机前的数据而不被清零，输入的数值为由 0 开始连续字节的个数。例如，在图 4-22 中设置的可保留位存储器区 M 为 16，表示 CPU 停机再重启动时，停机前位存储器区 MB0～MB15 共 16 个字节的内容被保留，启动后恢复为原值。

（5）"保护"选项卡

"保护"选项卡提供了 CPU 保护等级和运行模式的设置，如图 4-23 所示。

CPU 提供三种保护等级供用户选择，对于未授权的用户访问 CPU 时将受到限制。

1 级保护为默认设置（未设置口令）。对于带有钥匙开关的早期 S7-300/400CPU，钥匙开关在 RUN-P 或 STOP 模式时无限制，钥匙开关在 RUN 模式时只允许读访问。可以通过设置口令绕过钥匙开关保护。对于不带钥匙开关的新型 CPU，此保护级别无效，不能在此设置口令。

2 级保护的权限为只允许读访问，不考虑钥匙开关的位置。

3 级保护的权限为限制读/写访问，不考虑钥匙开关的位置

CPU 属性中有关中断的选项卡将在 5.14 节"组织块与中断系统"中介绍。

图 4-23 CPU 保护参数

### 2. 信号模块（SM）的属性

信号模块（SM）的属性设置一般包括分配通道地址、输入/输出信号类型、是否激活故障中断和硬件中断等参数。

（1）分配通道地址

信号模块（SM）的编址方式有两种：固定的编址方式和可变的编址方式。

固定的编址方式即面向槽位的编址方式。S7-300CPU 为各机架上的每个槽位都分配了确定的地址，根据模块所在的槽位就可知道其 I/O 地址。

图 4-24 是 S7-300CPU 数字量模块固定的地址分配，从 4 号槽开始排地址，每个槽位预留出 4 个字节的地址，无论是输入模块还是输出模块，装在某槽位后其首地址就确定了。例如，如果 4 号槽装入一块 DI16 模块，字节的首地址为 0，则 16 位开关量输入地址为 I0.0 ～ I1.7；如果 5 号槽又装入一块 DI16 模块，字节的首地址为 4，则 16 位开关量输入地址为 I4.0 ～ I5.7；如果 6 号槽装入一块 DI16/DO16 的混合模块，字节的首地址为 8，则 16 位开关量输入地址为 I8.0 ～ I9.7，16 位开关量输出地址为 Q8.0 ～ Q9.7。

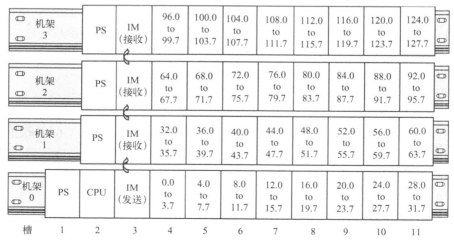

图 4-24 S7-300CPU 数字量模块固定的地址分配

**注意：**

对于紧凑型 CPU（CPU31xC 或 CPU31xIFM），其上集成的 I/O 通道地址占用了第 3 排扩展机架最后一个模块的地址，即字节 124~127，所以紧凑型 CPU 只能扩展 31 个 I/O 模块。

可变的编址方式即面向用户的编址方式。S7-400CPU 和新型的 S7-300CPU 可以在硬件配置中由用户自己设定模块的 I/O 地址。如图 4-25 所示，双击需要重新分配地址的模块，打开"属性"设置对话框，在"地址"选项卡中取消"系统默认"选项，用户可以设置模块的起始地址，没有顺序要求，但是不能与其他模块的地址冲突。

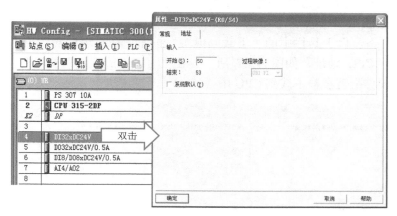

图 4-25  可变的编址方式

（2）配置输入/输出属性

模拟量输入/输出模块在使用前需要配置输入/输出信号的类型、诊断中断和硬件中断等参数。图 4-26 所示为某个模拟量输入模块的输入属性设置窗口，如果激活"诊断中断"，当模块发生故障时可以向 CPU 发出中断请求并报告故障原因。如果激活"超出限制硬件中断"，则可以设置硬件中断触发器的上下限，当输入信号超出上下限时，模块会向 CPU 发出中断请求。在该窗口中，还要设置传感器输入信号的类型及测量范围，如电压、电流、热电偶或电阻等。有关模拟量模块的参数配置将在 5.15 节中详细介绍。

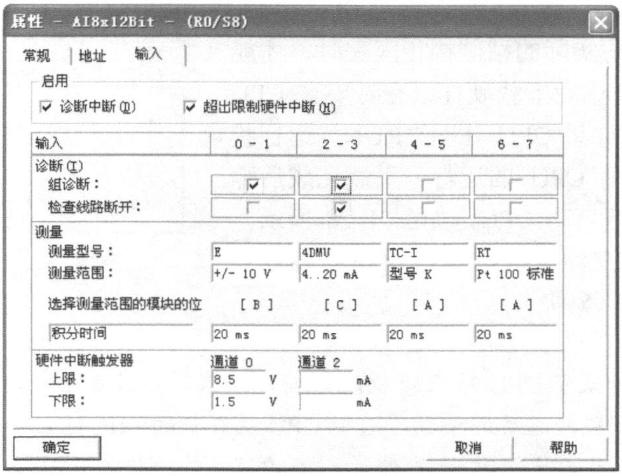

图 4-26  设置模拟量输入模块的输入属性

### 4.4.3 保存、下载和上传组态参数

#### 1. 保存组态参数

点击硬件组态窗口工具栏中的"保存和编译"按钮，将设置的硬件组态参数保存在 PC 中并创建系统数据块（SDB），SDB 保存在 CPU 的"块"文件夹中，这样在更换 CPU 模块时十分方便，只需要将系统数据块下载到新的 CPU 中，而无需重新组态。

如果"保存和编译"时出现问题，可以使用"站点"下拉菜单中的"一致性检查"命令，检查硬件配置中是否有错误，在一致性检查期间发现的所有错误会显示在窗口中。

#### 2. 下载组态参数

点击硬件组态窗口工具栏中的"下载到模块"按钮，在出现的对话框中点击"显示"按钮查看当前的 CPU 地址，如图 4-27 所示，在"可访问的节点"窗口中选择 CPU 的地址，将 PLC 的硬件配置参数下载到 CPU 中。

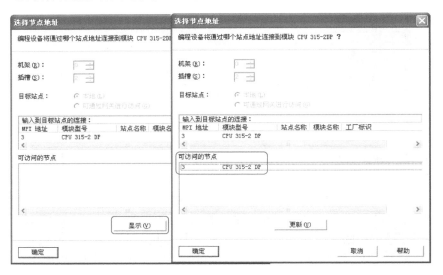

图 4-27　下载硬件组态

只有在当前组态与实际的站结构相匹配时，才能将该组态下载到 CPU 中。下载硬件组态时要求 CPU 处于"STOP"状态。如果 CPU 处于"RUN"运行状态，下载时会自动停止 CPU 的运行，下载完成后弹出对话框询问是否重新启动 CPU，如图 4-28 所示。组态中的 CPU 参数立即生效，其他模块的参数在 CPU 启动期间传送到该模块。

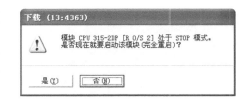

图 4-28　重新启动 CPU

注意：

硬件配置时如果修改了 CPU 原来的 MPI 地址，下载时应该点击"显示"查看当前的 CPU 地址，按照当前地址下载修改后的参数，通知 CPU 改成新的 MPI 地址，如图 4-29 所示。

早期的 S7-300CPU 当钥匙开关处于"RUN"运行状态时无法下载组态，只能在"RUN_P"或"STOP"状态才允许下载。

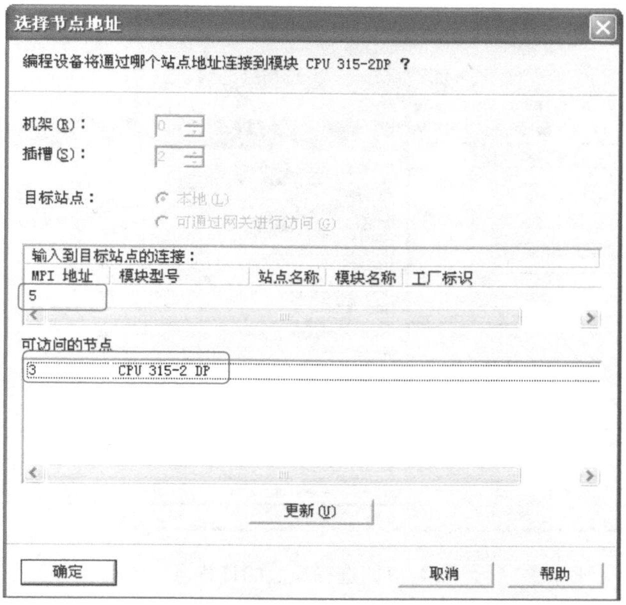

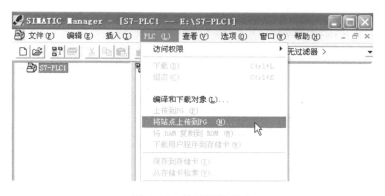

图 4-29　查看当前的 CPU 地址

### 3．上传组态参数

模块出厂时已经预置了参数，安装在机架上的硬件模块上电后会将实际的组态参数传送给 CPU，生成实际组态。因此，如果在开始组态之前已经安装好硬件模块，则可以快速组态和编辑一个 SIMATIC 站。

在 SIMATIC Manager 窗口中，选中项目名，在"PLC"下拉菜单中点击"将站点上传到 PG"命令，如图 4-30 所示，将实际组态的站点上传到项目下。

图 4-30　快速硬件组态

打开"硬件配置"窗口，可以看到已经存在的机架和模块。然后对实际组态参数作相应的修改，创建设定的组态参数，重新下载到 CPU。

注意：

如果事先没有进行离线组态，则上传数据时 STEP7 不能确定所有模块的订货号。可以在组态配置窗口中双击未知订货号的模块，在"指定模块"对话框中根据实际模块选择订货号，如图 4-31 所示。

图 4-31 选择模块的订货号

上传的项目中包含组态配置参数和已经下载到 CPU 的程序块以及数据块，但是不包含符号名称以及任何注释信息等。

### 4.4.4 更新硬件目录

由于硬件模块的不断升级与发展，在使用旧版本 STEP7 进行硬件配置时，硬件目录中可能找不到与实际模块相匹配的订货号，导致不能进行硬件配置。STEP7 V5.2 以上的版本支持硬件目录更新的功能，有两种方法可以更新硬件目录。

#### 1．在线更新

在线更新硬件目录的步骤如下：

1）将编程器连接到 Internet 上，在硬件配置的"选项"下拉菜单中点击"安装 HW 更新"命令，在弹出的对话框中设置更新文件的保存路径，如图 4-32 所示。

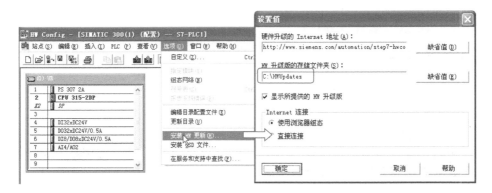

图 4-32 设置更新文件保存路径

2）在图 4-33 所示的安装硬件升级版对话框中，选择"从 Internet 下载"后点击"执行"按钮，系统搜索后列出可下载的硬件目录，选中所需的或全部硬件点击"下载"按钮，将当前最新的硬件目录下载到编程器硬盘中。

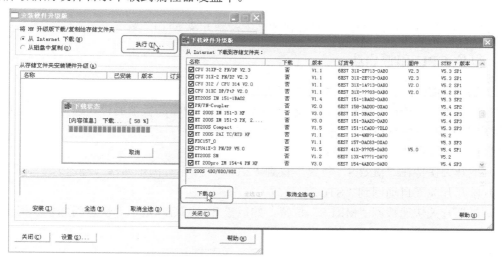

图 4-33　下载硬件升级版

3）下载完毕后，弹出如图 4-34 所示的对话框。在"已安装"一列中，如果显示"否"表示该硬件尚未安装；如果显示"是"表示已经安装硬件更新；如果显示"所提供的"表示当前的 STEP7 中已经包含了该硬件，无需再更新。选中需要安装的硬件，点击"安装"按钮即可完成硬件目录的更新。

图 4-34　安装硬件升级版

## 2. 离线更新

将已经从 Internet 下载的硬件更新文件（默认存储在 C：HWUpdates 中）复制到需要硬件更新的其他编程器中。在图 4-33 所示的对话框中选择"从磁盘中复制"，点击"执行"按钮后列出可以复制的全部硬件。选择需要复制的硬件，点击"复制"按钮出现如图 4-34 所示的硬件列表，选中需要安装的硬件，点击"安装"按钮即可更新硬件目录。

注意：

不是所有的硬件都可以更新，在这种情况下必须升级 STEP7 版本。

### 4.4.5  复位 CPU 和暖启动

#### 1. S7-400CPU 和带钥匙开关的 S7-300CPU

S7-400CPU 和带钥匙开关的 S7-300CPU 可以通过 CPU 面板上的模式选择器进行复位，删除用户程序和数据块以及硬件配置信息。复位步骤如下：

1）把开关放在"STOP"位置。

2）把开关保持在"MRES"位置，直到"STOP"指示灯闪烁两次（慢速）。

3）松开开关（自动回到"STOP"位置）。

4）再把开关快速拨回"MRES"位置，然后松开（STOP 指示灯快速闪烁表示模块正在复位）。

5）把开关拨到"RUN"或"RUN-P"位置，实现暖启动。

#### 2. 插有微存储器卡（MMC）的 S7-300CPU

对于插有微存储器卡（MMC）的 CPU，由于用户程序和数据块以及硬件配置信息均储存在微存储器卡（MMC）中，用开关对 CPU 复位后，MMC 的内容会重新写入 CPU，所以复位时首先要删除 MMC 的内容。删除方法如下：

在 SIMATIC Manager 窗口中选中块文件夹，点击工具栏中的"在线"按钮显示当前 CPU 中保存的块，如图 4-35 所示。其中以 S 开头的程序块（如 SFC、SFB）是模块出厂时厂家已经固化在 CPU 中的标准函数程序块，用户是无法删除的，"系统数据"是硬件配置信息，其他的是用户程序或数据块，删除选中的用户程序和数据块。

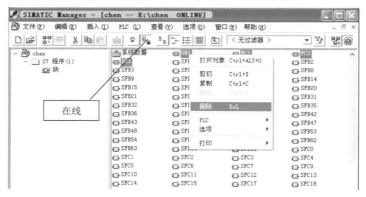

图 4-35  在线删除 MMC

## 4.5  自动生产线硬件设计

### 4.5.1  硬件模块选择与配置

根据工程项目任务要求，物料灌装自动生产线的硬件模块选择与配置如图 4-36 所示。

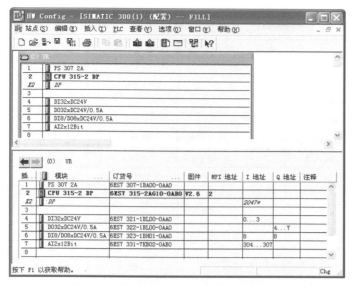

图 4-36　物料灌装自动生产线的硬件配置

**1．电源模块**

1 号槽安装电源模块。选择一块输入 AC220V、输出 DC24V /2A 的电源模块。

**2．CPU**

2 号槽安装 CPU 模块。在 3.3 节自动生产线控制要求中，物料灌装自动生产线的 I/O 信号与 CPU 的通信采用现场总线 PROFIBUS-DP 的方式，因此应该选择带 DP 端口的 CPU，这样可以直接构建 PROFIBUS-DP 网络，成本更经济，网络组态和使用更方便。

设置 CPU 与 PC 通信的接口 MPI 的地址为 2，用于下载程序和监视程序运行。

现场总线 PROFIBUS-DP 技术将在第 6 章介绍，所以先不考虑 PROFIBUS-DP 网络的设置，所有 I/O 模块安装在中央机架上。

**3．接口模块**

由于本项目不需要扩展机架，所以 3 号槽空出不安装模块。

**4．信号模块**

从 4 号槽开始安装 I/O 模块。在 3.4 节中分析了物料灌装自动生产线的 I/O 信号，根据输入/输出信号点数的要求并考虑预留一定的容量，4 号槽配置一块数字量输入模块 DI32，5 号槽配置一块数字量输出模块 DO32，6 号槽配置一块数字量输入/输出混合模块 DI8/DO8，7 号槽配置一块模拟量输入模块 AI2。所有模块的地址均使用系统默认的地址。

## 4.5.2　I/O 分配表

完成硬件组态之后，就可以将 I/O 模块的地址分配给自动生产线上的传感器和执行器。操作面板上的按钮和开关等输入信号集中连接到 4 号槽的 DI32 数字量输入模块，操作面板上的指示灯集中连接到 5 号槽的 DO32 数字量输出模块，传送带上的输入/输出信号集中连接到 6 号槽的 DI8/DO8 数字量输入/输出模块，灌装液罐的液位传感器输出 0 ～ 10V 的电压信号，连接到 7 号槽的 AI2 模拟量输入模块。

物料灌装自动生产线的 I/O 地址分配表见表 4-2。

表 4-2　I/O 分配表

| 序　号 | 名　　　称 | 类　型 | 槽　位 | 端　口　地　址 |
|---|---|---|---|---|
| 1 | 启动按钮 | DI | 4 | I0.0 |
| 2 | 停止按钮 | DI | 4 | I0.1 |
| 3 | 正向点动按钮 | DI | 4 | I0.2 |
| 4 | 反向点动按钮 | DI | 4 | I0.3 |
| 5 | 手动/自动模式选择开关 | DI | 4 | I0.4 |
| 6 | 就地/远程控制选择开关 | DI | 4 | I0.5 |
| 7 | 计数值清零按钮 | DI | 4 | I1.0 |
| 8 | 故障 1 信号源 | DI | 4 | I1.1 |
| 9 | 故障 2 信号源 | DI | 4 | I1.2 |
| 10 | 故障 3 信号源 | DI | 4 | I1.3 |
| 11 | 故障应答按钮 | DI | 4 | I1.6 |
| 12 | 急停按钮 | DI | 4 | I1.7 |
| 13 | 生产线运行指示灯 | DO | 5 | Q4.1 |
| 14 | 手动模式指示灯 | DO | 5 | Q4.2 |
| 15 | 自动模式指示灯 | DO | 5 | Q4.3 |
| 16 | 就地控制指示灯 | DO | 5 | Q4.4 |
| 17 | 远程控制指示灯 | DO | 5 | Q4.5 |
| 18 | 故障 1 报警指示灯 | DO | 5 | Q5.1 |
| 19 | 故障 2 报警指示灯 | DO | 5 | Q5.2 |
| 20 | 故障 3 报警指示灯 | DO | 5 | Q5.3 |
| 21 | 急停指示灯 | DO | 5 | Q5.7 |
| 22 | 4 位数码显示（占 16 位） | DO | 5 | QW6 |
| 23 | 空瓶位置接近开关 | DI | 6 | I8.5 |
| 24 | 灌装位置接近开关 | DI | 6 | I8.6 |
| 25 | 成品位置接近开关 | DI | 6 | I8.7 |
| 26 | 灌装罐进料阀门 | DO | 6 | Q8.0 |
| 27 | 灌装罐排料阀门 | DO | 6 | Q8.1 |
| 28 | 物料灌装阀门 | DO | 6 | Q8.2 |
| 29 | 终端指示灯 | DO | 6 | Q8.4 |
| 30 | 传送带正向运行 | DO | 6 | Q8.5 |
| 31 | 传送带反向运行 | DO | 6 | Q8.6 |
| 32 | 灌装罐液位传感器 | AI | 7 | PIW304 |
| 33 | 灌装罐温度传感器 | AI | 7 | PIW306 |

## 4.5.3　I/O 接线图

### 1. 数字量输入模块 DI32 的接线图

数字量输入模块 DI32 的接线图如图 4-37 所示。

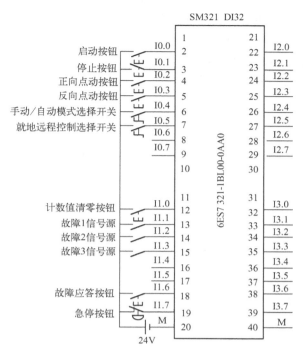

图 4-37　数字量输入模块 DI32 的接线

## 2. 数字量输出模块 DO32 的接线图

数字量输出模块 DO32 的接线图如图 4-38 所示。

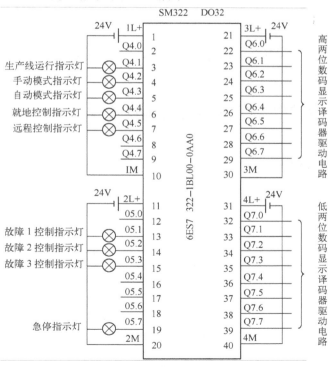

图 4-38　数字量输出模块 DO32 的接线图

### 3．数字量输入/输出模块 DI8/DO8 的接线图

数字量输入/输出混合模块 DI8/DO8 的接线图如图 4-39 所示。

### 4．模拟量输入模块 AI2 的接线图

模拟量输入模块 AI2 的接线图如图 4-40 所示。

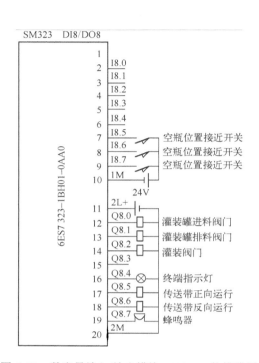

图 4-39　数字量输入/输出模块 DI8/DO8 的接线图

图 4-40　模拟量输入模块 AI2 的接线图

# 任务 2　物料灌装自动生产线项目硬件设计

1．复位 CPU
2．硬件选型与配置
3．分配 I/O 地址
4．绘制模块的接线图

# 第5章 PLC 的软件设计

## 5.1 STEP7 编程基础

### 5.1.1 数制和编码

#### 1. 数制

数制——数的制式，是人们利用符号计数的一种方法。数制有很多种，常用的有十进制、二进制、十六进制。

（1）十进制（Decimal）

数码：0 1 2 3 4 5 6 7 8 9 共 10 个

基数：10

计数规则：逢十进一

日常生活中人们习惯于十进制计数制，但是对于计算机硬件电路，只有"通"/"断"或电平的"高"/"低"两种状态，为便于对数字信号的识别与计算，计算机采用二进制。

（2）二进制（Binary）

数码：0 1 共 2 个

基数：2

计数规则：逢二进一

如二进制数 1101110 的值为十进制数 110（$=1\times2^6+1\times2^5+1\times2^3+1\times2^2+1\times2^1$）

二进制数较大时，书写和阅读均不方便，通常将四位二进制数合并为一位，用十六进制数表示。

（3）十六进制（Hexadecimal）

数码：0 1 2 3 4 5 6 7 8 9 A B C D E F 共 16 个

基数：16

计数规则：逢十六进一

如二进制数 01101110 可表示为十六进制数 6E，其值为十进制数 110（$=6\times16^1+14\times16^0$）。

在阅读和书写时为区别不同的数制，用字母标记在数值后面，即：

十进制数用 D 标识，如 110D，一般 D 可省略。

二进制数用 B 标识，如 1101110B = 110。

十六进制数用 H 标识，如 6EH = 110。

在对计算机的位数长度进行描述时，定义了下列术语：

位（Bit）—— 1 位二进制数称为一个位。

字节（Byte）—— 8 位二进制数称为一个字节。

字（Word）—— 2 个字节称为一个字，占 16 位。

双字（Double Word）—— 2 个字称为一个双字，占 32 位。

**2．编码**

（1）BCD 码

在有些场合，计算机输入/输出数据时仍使用十进制数，以适应人们的习惯。为此，十进制数必须用二进制码表示，这就形成了二进制编码的十进制数，称为 BCD 码（Binary Coded Decimal）。

BCD 码是用四位二进制数表示一位十进制数，它们之间的对应关系见表 5-1。

表 5-1　BCD 码与十进制数的关系

| BCD 码<br>（四位二进制数） | 十进制数 | BCD 码<br>（四位二进制数） | 十进制数 |
| --- | --- | --- | --- |
| 0000 | 0 | 0101 | 5 |
| 0001 | 1 | 0110 | 6 |
| 0010 | 2 | 0111 | 7 |
| 0011 | 3 | 1000 | 8 |
| 0100 | 4 | 1001 | 9 |

如：157.38 = [0001 0101 0111 ． 0011 1000]$_{BCD}$

**注意：**

四位二进制代码中，1010、1011、1100、1101、1110 和 1111 为非 BCD 码。

（2）ASCII 码

ASCII 码（American Standard Coded for Information Interchange）是美国信息交换标准代码。

在计算机系统中，除了数字 0 ～ 9 以外，还常用到其他各种字符，如 26 个英文字母、各种标点符号、控制符号等，这些信息都要编成计算机能接受的二进制码。

ASCII 码由 8 位二进制数组成，最高位一般用于奇偶校验，其余 7 位代表 128 个字符编码，其中：

图形字符 96 个（10 个数字、52 个字母、34 个其他字符）。例如：数字 0～9 的 ASCII 码为 30H ～39H，大写字母 A～Z 的 ASCII 码为 41H～5AH，小写字母 a～z 的 ASCII 码为 61H～7AH。

控制字符 32 个（回车、换行、空格、设备控制等）。例如回车的 ASCII 码为 0DH。

## 5.1.2　数据类型及表示格式

### 1．常数的表示格式

在 PLC 编程指令中经常要用到常数，STEP7 表示常数的格式有下面几种：

（1）二进制格式：2 # 数据

其中 2 表示二进制 ，# 号为分隔符。二进制格式可以表示 8 位、16 位或 32 位数据。如 2#10110101、2#1100111001001111 等。

（2）十六进制格式：16# 数据

其中 16 表示十六进制，# 号为分隔符。十六进制格式可以表示 8 位、16 位或 32 位数据。如 16#4E、16#5A4F、16#123456 等。

（3）十进制格式：± 整数.小数

其中"+"表示正数，"－"表示负数。十进制格式可以表示 8 位、16 位或 32 位数据。如+123、-5168、456.123 等。

（4）ASCII 码格式：'字符'

单引号内为需要表示的字符的 ASCII 码，每个 ASCII 码字符占用一个字节，即 8 位的存储空间。如'T'、'E'、'TEXT'、'Show result'等。

**2. 数据类型**

用户在编写程序时，变量的格式必须与指令的数据类型相匹配。STEP7 的基本数据类型主要有布尔型（BOOL）、整数型（INT）、实数型（REAL）和 BCD 码。

（1）布尔型

布尔型数据为无符号数，只表示存储器中各位的状态是 0（FALSE）还是 1（TURE）。其长度可以是一位（Bit）、一个字节（Byte，8 位）、一个字（Word，16 位）或一个双字（Double Word，32 位）。布尔型常数用二进制或十六进制格式赋值，如 2#01010101、16#2B3C 等。需注意的是，一位布尔型数据类型不能直接赋常数。

（2）整数型（INT）

整数型数据为有符号数，在存储器中用二进制补码表示，最高位为符号位，0 表示正数、1 表示负数，其余各位为数值位。将负数的补码按位取反后加 1 即得到其绝对值。

整数型数据分为 16 位整数 INT 和 32 位双整数 DINT 两种。

16 位整数 INT 表示的数据范围：-32768 ～ +32767。

32 位双整数 DINT 表示的数据范围：-2147483648 ～ 2147483647。

整数型常数用十进制格式的整数部分（不带小数点）赋值，如 572、-321987 等。

（3）实数型（REAL）

实数型数据为有符号的浮点数，占用 32 位，最高位为符号位，0 表示正数、1 表示负数。

实数的特点是利用有限的 32 位可以表示一个很大的数，也可以表示一个很小的数。

实数的表示的数据范围：正数为 $1.175495 \times 10^{-38}$ ～ $3.402823 \times 10^{+38}$，负数为$-1.175495 \times 10^{-38}$ ～ $-3.402823 \times 10^{+38}$。

实数型常数只能用十进制格式赋值，如 123.45、78.0 等。

（4）BCD 码

BCD 码为用四位二进制数表示的有符号的十进制数。最左侧一组四位数表示符号，最高位为 0 表示正数、为 1 表示负数，其余各位为数值位。BCD 码分为 16 位和 32 位两种。

16 位 BCD 码表示的数据范围：-999～+999。

32 位 BCD 码表示的数据范围：-9999999～+9999999。

BCD 码用十六进制格式赋值，如 16#0123 表示十进制数的+123，16#8123 表示十进制数的-123。

表 5-2 给出了常用的数据类型及不同字长可以表示的数据范围。

表 5-2　数据类型、长度及范围

| 数据长度<br>数据类型 | 位<br>（1 位） | 字节 B<br>（8 位） | 字 W<br>（16 位） | 双字 DW<br>（32 位） |
|---|---|---|---|---|
| 无符号数 | 1/0 或<br>TURE/ FALSE | 16#00～16#FF | 16#0000～16#FFFF | 16#00000000～16#FFFFFFFF |
| 整数 | — | — | −32768 ～ +32767 | −2147483648 ～ 2147483647 |
| 实数 | — | — | — | 正数 $1.175495 \times 10^{-38}$ ～ $3.402823 \times 10^{+38}$<br>负数 $-1.175495 \times 10^{-38}$ ～ $-3.402823 \times 10^{+38}$ |
| BCD 码 | — | — | −999 ～ +999 | −9999999 ～ +9999999 |

### 5.1.3　S7-300/400 的内部资源

20 世纪 60 年代，PLC 刚出现时主要用于逻辑控制，为了便于电气工程师使用，PLC 的内部存储区都是按功能进行划分，并用电器元件的名字命名，如输入继电器、输出继电器、时间继电器、内部辅助继电器、中间继电器等。其实，这些继电器就是 PLC 内部存储器中的某个存储单元。随着计算机技术的应用，PLC 已经不再沿用继电器的称谓了，而改称为存储区。

S7-300/400 的内部存储区分为装载存储器、工作存储器和系统存储区。

**1．装载存储器**

用户项目中的程序块、数据块以及系统数据（硬件配置和网络配置参数等）下载到装载存储器，但不包含项目中的符号和注释等信息。

S7-400CPU 和早期 S7-300CPU 的装载存储器集成在 CPU 内部，类型是 RAM，断电后如果没有备份电池支持则信息会丢失。可以通过外插存储器卡（Flash Memory）扩展装载存储器区的容量，并具有断电保存信息的功能。

新型 S7-300CPU 的装载存储区为外插的 MMC 卡，类型是 Flash Memory，所有信息保存在 MMC 卡中，断电后不会丢失。

**2．工作存储器**

工作存储器（RAM）是集成在 CPU 内部的，不能扩展。用来保存与程序运行有关的程序块和数据块。用户在向 CPU 装载存储器下载程序块和数据块时，与程序执行有关的块被自动装入工作存储器。

**3．系统存储区**

系统存储区（RAM）集成在 CPU 内部，不能扩展。主要包括：

（1）输入过程映像区 PII

在每个循环扫描的开始，CPU 读取数字量输入模块的状态值，并保存到输入过程映像区。输入过程映像区的地址标识符为 I。

（2）输出过程映像区 PQI

程序运行过程中，输出的状态值被写入输出过程映像区。当所有指令执行完毕后，CPU 将输出过程映像区的状态写到数字量输出模块。输出过程映像区的地址标识符为 Q。

（3）位存储器 M

位存储器为用户提供了存放程序中间计算结果和数据的存储空间，可以按位、字节、字或双字存取数据。位存储器区的地址标识符为 M。

（4）定时器 T

定时器为用户提供了定时控制功能，每个定时器占用定时时间值的 16 位地址空间和定时器状态的 1 位地址空间。定时器的地址标识符为 T。

（5）计数器 C

计数器为用户提供了计数控制功能，每个计数器占用计数值的 16 位地址空间和计数器状态的 1 位地址空间。计数器的地址标识符为 C。

（6）局域数据区 L

局域数据区是一个临时数据存储区，用来保存程序块中的临时数据。局域数据区的地址标识符为 L。

**4．外设输入/输出区**

外设输入/输出区允许用户不经过输入/输出过程映像区，直接访问输入/输出模块。可以按字节、字或双字访问，不能以位为单位访问。外设输入/输出的地址标识符分别为 PI 和 PQ。

**5．数据块**

为了更好地保存、管理和访问程序中的数据，用户可以定义相应的数据库，称为数据块（Data Block，DB）。用户定义的数据块需要下载到 CPU，占用装载存储器的空间。与程序运行有关的数据块占用工作存储器的空间。数据块的地址标识符为 DB。

**6．在线读取 CPU 存储器区的信息**

S7-300/400 内部各存储器区的空间大小与 CPU 的型号有关，可以在产品手册中查到，也可以通过 STEP7 软件在线读取相关信息。

打开 SIMATIC Manager，用鼠标选中左侧项目窗口中要查看的 CPU 站点，在"PLC"下拉菜单中点击"诊断/设置"，在子菜单中选择"模块信息"，如图 5-1 所示。

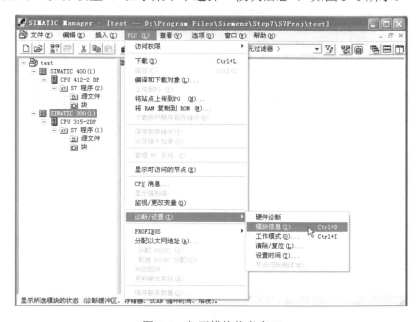

图 5-1　打开模块信息窗口

在弹出的模块信息窗口中选择"存储器"选项卡，可以看到当前 CPU 支持的装载存储器和工作存储器的空间大小以及使用情况，如图 5-2 所示。

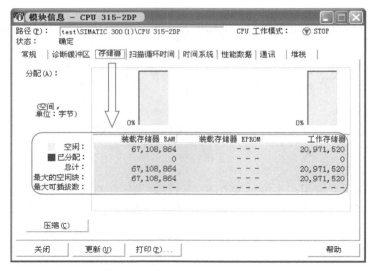

图 5-2　CPU 的装载存储器和工作存储器信息

在弹出的模块信息窗口中选择"性能数据"选项卡，可以看到当前 CPU 支持的输入过程映像区、输出过程映像区、位存储器区、定时器、计数器和局域数据区的空间大小，如图 5-3 所示。

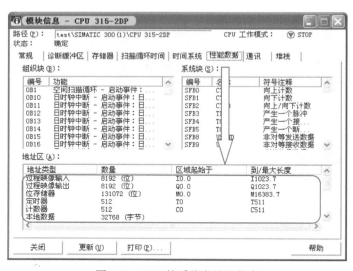

图 5-3　CPU 的系统存储器信息

### 5.1.4　存储区的寻址方式

寻址方式是指对数据存储区进行读写访问的方式。

STEP7 的寻址方式有立即数寻址、直接寻址和间接寻址三大类。立即数寻址的数据在指令中以常数形式出现；直接寻址是指在指令中直接给出要访问的存储器或寄存器的名称和地址编号，直接存取数据；间接寻址是指使用地址指针间接给出要访问的存储器或寄存器的地址。下面介绍直接寻址的 4 种形式。

（1）位寻址

位寻址是对存储器中的某一位进行读写访问。

格式：地址标识符　字节地址.位地址

例如，访问输入过程映像区 I 中的字节 3 的第 4
位，如图 5-4 阴影部分所示，地址表示为：

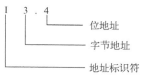

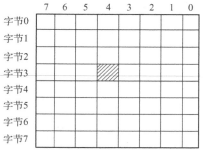

图 5-4　位寻址示意图

（2）字节寻址、字寻址、双字寻址

对数据存储区可以以 1 个字节或 2 个字节或 4 个字节为单位进行一次读写访问。

格式：地址标识符　数据长度类型　字节起始地址

其中数据长度类型包括字节、字和双字，分别用"B"（Byte）、"W"（Word）和"D"
（Double Word）表示。

表 5-3 为 STEP7 存储区的直接寻址方式。

表 5-3　存储区的直接寻址方式

| 存 储 区 | 可访问的地址单元 | 地址标识符 | 举 例 |
|---|---|---|---|
| 输入过程映像区 | 位 | I | I0.0 |
|  | 字节 | IB | IB1 |
|  | 字 | IW | IW2 |
|  | 双字 | ID | ID0 |
| 输出过程映像区 | 位 | Q | Q8.5 |
|  | 字节 | QB | QB5 |
|  | 字 | QW | QW6 |
|  | 双字 | QD | QD10 |
| 位存储器区 | 位 | M | M10.3 |
|  | 字节 | MB | MB30 |
|  | 字 | MW | MW32 |
|  | 双字 | MD | MD34 |
| 数据块 | 位 | DBX | DBX3.4 |
|  | 字节 | DBB | DBB3 |
|  | 字 | DBW | DBW6 |
|  | 双字 | DBD | DBD8 |
| 外设输入/输出区 | 字节 | PIB | PIB50 |
|  | 字 | PIW | PIW62 |
|  | 双字 | PID | PID86 |
| 外设输入/输出区 | 字节 | PQB | PQB99 |
|  | 字 | PQW | PQW106 |
|  | 双字 | PQD | PQD168 |

当数据长度为多字节时，各字节按字节起始地址由高到低排序。图 5-5 表示 MB2、MW2、MD2 三种寻址方式所对应访问的存储器空间。

最高位                                                       最低位

| 31 | 30 | 29 | 28 | 27 | 26 | 25 | 24 | 23 | 22 | 21 | 20 | 19 | 18 | 17 | 16 | 15 | 14 | 13 | 12 | 11 | 10 | 9 | 8 | 7 | 6 | 5 | 4 | 3 | 2 | 1 | 0 |
|---|---|---|---|---|---|---|---|---|---|---|---|---|---|---|---|---|---|---|---|---|---|---|---|---|---|---|---|---|---|---|---|
| MD2 | | | | | | | | | | | | | | | | | | | | | | | | | | | | | | | |
| MW2 | | | | | | | | | | | | | | | | MW4 | | | | | | | | | | | | | | | |
| MB2 | | | | | | | | MB3 | | | | | | | | MB4 | | | | | | | | MB5 | | | | | | | |
| M2.7 | | | | | | | M2.0 | M3.7 | | | | | | | M3.0 | M4.7 | | | | | | | M4.0 | M5.7 | | | | | | | M5.0 |

图 5-5   MB2、MW2、MD2 所对应的存储器空间

MB2 表示位存储器区中的第 2 字节，对应的 8 位位地址由高到低是 M2.7 ～ M2.0。

MW2 表示位存储器区中的第 2 和 3 两个字节，MB2 为高字节，MB3 为低字节，对应的 16 位位地址由高到低是 M2.7 ～ M3.0。

MD2 表示位存储器区中的第 2、3、4、5 四个字节，MB2 为最高字节，MB5 为最低字节，对应的 32 位位地址由高到低是 M2.7 ～ M5.0。

## 5.1.5 STEP7 编程语言

STEP7 的指令集有 350 多条指令，包括了位指令、比较指令、定时指令、计数指令、整数和浮点数运算指令等。

STEP7 标准软件包支持三种编程语言：梯形图（LAD）、语句表（STL）和功能块图（FBD）。

### 1. 梯形图（Ladder Diagram，LAD）

梯形图在形式上与继电接触器控制系统中的电气原理图相类似，简单、直观、易读、好懂。因此所有 PLC 生产厂家均支持梯形图编程语言。梯形图由触点、线圈、数据处理指令框和母线组成，典型的梯形图程序如图 5-6 所示。梯形图名称及符号见表 5-4。

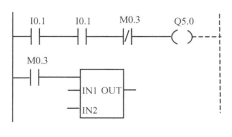

图 5-6   典型梯形图程序

表 5-4   梯形图名称及符号

| 名 称 | | 梯形图符号 |
|---|---|---|
| 触点 | 1 闭合触点<br>（常开触点） | ─┤ ├─ |
| | 0 闭合触点<br>（常闭触点） | ─┤/├─ |
| 线圈 | | ─( )─ |
| 数据处理指令 | | □ |
| 母线 | | ├┄┄┄┤ |

梯形图中的触点和线圈实质上都是对应 CPU 内部存储器中的某一位。触点代表 CPU 对存储器位的读操作，线圈代表 CPU 对存储器位的写操作，如图 5-6 中的 I0.1、I0.2、M0.4 表示对应的存储器位为高电平时该触点闭合，称为"1 闭合触点"（沿用电气图的名称也叫"常开触点"）；图 5-6 中的 M0.3 表示对应的存储器位为低电平时该触

点闭合，称为"0 闭合触点"（也叫"常闭触点"）。梯形图中的数据处理指令是指 CPU 对存储器中的字节、字或双字长度的数据做各种运算及处理。梯形图两边的母线表示假想的逻辑电源，左边的母线为电源的"相线"，右边的母线为电源的"零线"（一般可省略不画）。引入"能流"概念，如果支路上各触点均闭合，"能流"从左至右流向线圈，线圈 Q5.0 得电，则对应的存储器位为"1"；如果没有"能流"，则对应的存储器位为"0"。需指出的是"能流"实际上是不存在的，只是为了形象地理解梯形图提出的一个假想。

**注意：**

梯形图的触点符号与电气图中的触点符号是有差异的。通常为了与继电接触器控制电路相类似，将梯形图中的 1 闭合触点符号"┤├"称为常开触点，0 闭合触点符号"┤/├"称为常闭触点。但是一定要注意，它们并不等同于现场实际接入的开关量传感器（如按钮、行程开关、接近开关、继电器等）的常开触点符号"—／—"和常闭触点符号"—╱—"。

以电动机启停控制电路为例说明梯形图符号的使用。图 5-7 为典型的异步电动机启停控制线路，称为"启、保、停"电路。启动按钮 SB1 为常开按钮，停止按钮 SB2 为常闭按钮。按下 SB1，接触器线圈 KM 得电，其主触点闭合启动电动机运转，其辅助常开触点闭合，使接触器 KM 自锁，保持电动机连续运转。当按下停止按钮 SB2 时，接触器线圈 KM 断电，触点释放，电动机停止运转。

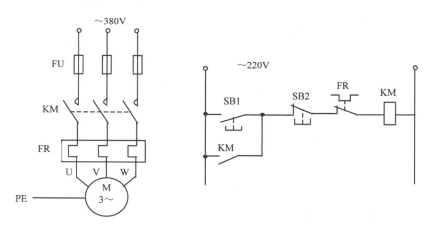

图 5-7　异步电动机控制电路

图 5-8 为用 PLC 实现上述控制功能的接线图及程序的梯形图。从图中看到，启动按钮（常开按钮）SB1 接到 PLC 的输入端子 I0.0 上，停止按钮（常闭按钮）SB2 接到 PLC 的输入端子 I0.1 上。由于启动电动机时 SB1 和 SB2 均处于闭合状态，I0.1 和 I0.2 输入均为高电平，所以两触点在输入过程映像区中的存储位均为 1，此时使线圈 Q8.5 输出 1 信号，电动机运转。因此梯形图中的 I0.0 和 I0.1 均要用常开触点"┤├"表示，也就是说常闭按钮 SB2 不能用常闭触点"┤/├"表示。

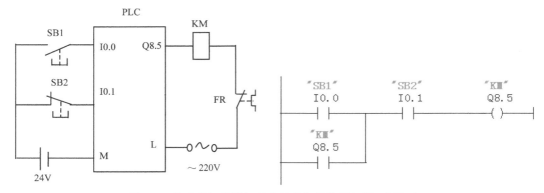

图 5-8　停止按钮接常闭触点的外部接线图与梯形图程序

由上面的分析可知，将梯形图的符号"—┤├—"称为 1 闭合触点，"—┤/├—"称为 0 闭合触点更为准确，且不易与输入传感器的常开触点和常闭触点相混淆。

在上例中，如果为了梯形图的符号与继电器控制电路的符号一致，可将接入 PLC 的停止按钮改为常开按钮，这样停止按钮没有按下，即 I0.1 为 0 时有"能流"流过，电动机运转，所以 I0.1 用"—┤/├—"表示，如图 5-9 所示。但是要注意的是，这样做存在一定的安全隐患，由于停机按钮接触不良或断线等原因，使停机按钮失效，将可能引起生产安全或人身事故。因此，在现场设备的控制电路中，从安全角度出发，通常停机按钮、限位开关、急停按钮等可靠性要求高的按钮和开关的连线应接在常闭点上。

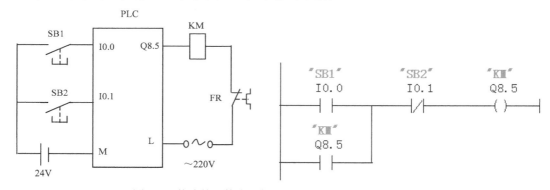

图 5-9　停止按钮接常开触点的外部接线图与梯形图程序

### 2. 语句表（Statement List，STL）

语句表类似于计算机中的汇编语言，采用文本编程的方式，使用指令的助记符进行编程。语句表包含丰富的 STEP7 指令，对于有计算机编程基础的用户来说，使用语句表编程比较方便，且功能强大，使用灵活。但是不同 PLC 生产厂家所用的 CPU 芯片不同，语句表指令的助记符和操作数的表示方法也不相同。

对应于图 5-6 第一段的梯形图指令，用语句表指令编写的程序为：

```
A      I     0.1
A      I     0.2
AN     M     0.3
=      Q     5.0
```

### 3. 功能块图（Function Block Diagram，FBD）

功能块图的图形结构与数字电路中的逻辑门电路结构比较相似，所有的逻辑运算、算术运算和数据处理指令均用一个功能块图表示，通过一定的逻辑关系将它们连接起来。

对应于图 5-6 第一段的梯形图指令，用功能块图指令编写的程序为：

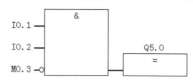

这三种编程语言中，LAD 和 FBD 都是图形化的编程语言，特点是易理解、易使用，但是灵活性相对较差；STL 是更接近程序员的语言，能够实现指针等非常灵活地控制，STEP7 还支持将符合一定语法规则的 STL 文本源程序直接导入，但是 STL 不够直观，需要记忆大量编程指令，而且要求对 CPU 内部的寄存器等结构了解比较深刻。

为了充分发挥不同编程语言的优势，STEP 7 支持这三种语言的混合编程以及相互之间的转换。一般来说 LAD 和 FBD 程序都可以转换成 STL 程序，但是并非所有的 STL 指令都可以转换成 LAD 和 FBD。

## 5.2　程序结构设计

### 5.2.1　程序块类型

STEP7 编程软件提供各种类型的块（Block），可以存放用户程序和相关数据。根据工程项目控制和数据处理的需要，程序可以由不同的块构成。

（1）组织块（Organization Block，OB）

组织块（OB）是操作系统与用户程序之间的接口，只有在 OB 中编写的指令或调用的程序块才能被 CPU 的操作系统执行。在不同的情况下操作系统执行不同的 OB，例如系统上电时执行一次启动组织块（OB100 或 OB101 或 OB102），然后将循环执行 OB1。除 OB1 外，还有其他处理中断或错误的组织块在 5.14 节详细介绍。

（2）功能（Function，FC）

功能（FC）是由用户自己编写的子程序块或带形参的函数，可以被其他程序块（OB、FC 和 FB）调用。

（3）功能块（Function Block，FB）

功能块（FB）是由用户自己编写的子程序块或带形参的函数，可以被其他程序块（OB、FC 和 FB）调用。与 FC 不同的是 FB 拥有自己的称为背景数据块的数据存储区，常用于编写复杂功能的函数，例如闭环控制任务。

（4）系统功能（System Function，SFC）

系统功能（SFC）是已经固化在 CPU 中厂家预先编好的带形参的函数，提供一些系统级的调用功能，例如通信功能等。

（5）系统功能块（System Function Block，SFB）

系统功能块（SFB）是已经固化在 CPU 中厂家预先编好的带形参的函数，但并不包含背景数据块 DB，在调用时需要生成相应的背景数据块。

（6）数据块（Data Block，DB）

用户定义的存放数据的区域。

**注意：**

S7-300/400 支持的各类程序块的数量及其编程空间大小与 CPU 的型号有关，可以在产品手册中查到，也可以通过 STEP7 软件在线读取相关信息。

打开 SIMATIC Manager，鼠标选中左侧项目窗口中要查看的 CPU 站点，在菜单栏中选择"PLC"→"诊断/设置"→"模块信息"。在弹出的模块信息窗口中选择"性能数据"选项卡，可以看到当前 CPU 支持的各类程序块的数量，支持的 OB、SFB 和 SFC 的编号，允许的编程空间最大长度等信息，如图 5-10 所示。

图 5-10　CPU 的性能数据

## 5.2.2　程序结构形式

### 1．线性编程设计

将用户的所有指令均放在 OB1 中，从第一条到最后一条顺序执行。这种方式适用于一个人完成的小项目，不适合多人合作设计和程序调试。

### 2．模块化编程设计

当工程项目比较大时，可以将大项目分解成多个子项目，由不同的人员编写相应的子程序块，在 OB1 中调用，最终多人合作完成项目的设计与调试。例如，蛋糕加工生产线需要针对不同的人群生产不同的品种，老年人和儿童在蛋糕中添加的辅料配方是不相同的。可以将工程项目分解为总体设计 OB1、配方 A 子程序 FC5、配方 B 子程序 FC10、混料加工子程序 FC15 和包装输出子程序 FC20，如图 5-11 所示。

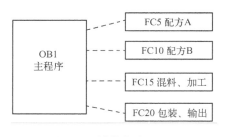

图 5-11　模块化编程设计

模块化设计的优点是：

① 程序较清晰，可读性强，容易理解。

② 程序便于修改、扩充或删减，可改性好。

③ 程序可标准化，特别是一些功能程序，如实现 PID 算法的程序等。

④ 程序设计与调试可分块进行，便于发现错误及时修改，提高程序调试的效率。

⑤ 程序设计可实现多人参与编程，提高编程的速度。

⑥ 如果程序中有不需要每次都执行的程序块，则可以节约扫描周期的时间，提高 PLC 的响应速度。

模块化编程支持程序块的嵌套调用，如图 5-12 所示。可嵌套程序块的数目（嵌套深度）取决于 CPU 的型号，S7-300CPU 支持 8 层（对 CPU 318 为 16 层），S7-400 CPU 支持 24 层。

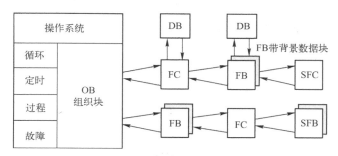

图 5-12　程序块的嵌套调用

### 3．参数化编程设计

如果项目中多处使用的控制程序指令相同，只是程序中所用的地址不同，为了避免重复编写相同的指令，减少程序量，可以编写带形参的函数，在每次调用时赋不同的实参。参数化编程设计有利于对常用功能进行标准化设计，减少重复劳动。

参数化编程设计方法在 5.12 节中详细介绍。

## 5.2.3　工程项目程序结构

根据第 3 章 3.3 节控制系统的技术要求，将物料灌装自动生产线项目分解成若干个子系统，编写各自的子程序进行控制。

### 1．子程序块

（1）急停处理 FC10

编写对急停按钮的处理指令，按下急停按钮后停止设备的一切运行。

（2）手动运行 FC20

在设备停止运行时，允许切换到手动模式。在手动模式下，可以进行本地/远程控制模式的选择；可以通过点动正向/反向按钮使传送带正向或反向运行，进行设备的调试；可以按下计数值清零按钮对计数统计值进行复位。

（3）自动运行 FC30

在设备停止运行时，允许切换到自动模式。在自动模式下，按下启动或停止按钮，控制生产线的运行或停止。当生产线运行时，传送带正向输送瓶子。空瓶子到达灌装位置时电动机停止转动，灌装阀门打开，开始灌装物料。灌装时间到，灌装阀门关闭，电动机正转，传送带继续运行，直到下一个空瓶子到达灌装位置。在自动模式，还要调用计数统计程序 FC40。

（4）计数统计 FC40

与生产线运行相关的计数统计与处理程序由 FC40 完成。需要统计的数值有空瓶数、成品数、废品数、包装箱数、废品率等。

（5）故障处理 FC50

对应不同的故障源，多次调用故障报警函数 FC60，使相应的故障报警指示灯闪烁。

（6）故障报警函数 FC60

当设备发生故障时，对应的故障报警指示灯闪烁。按下故障应答按钮以后，如果故障已经消失则故障报警灯熄灭，如果故障依然存在则故障报警灯常亮。

（7）模拟量处理 FC70

采集灌装液罐上液位传感器的数值，进行处理。液位低于设定的下限时要打开进料阀门，液位高于设定的上限时要关闭进料阀门。

**2．程序结构**

主程序 OB1（循环执行的组织块）的程序结构如图 5-13 所示。

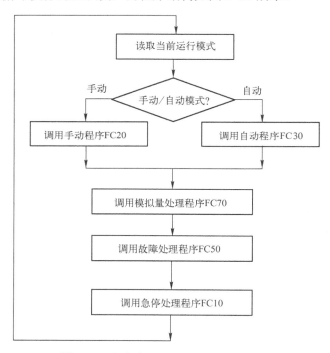

图 5-13　主程序 OB1 的程序结构流程图

# 5.3　程序块的编辑

## 5.3.1　新建用户程序块

新建用户程序块的方法如图 5-14 所示。在 SIMATIC Manager 右边窗口，鼠标选中

"块"，在"插入"下拉菜中点击"S7 块"，选择用户块的类型，如"功能"。在弹出的程序块属性对话框中输入程序块的名称，选择编程语言，单击"确定"按钮完成。双击需要编辑的程序块，打开程序编辑器。

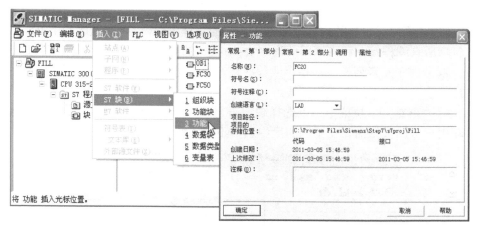

图 5-14　新建用户程序块

### 5.3.2　LAD/STL/FBD 编辑器

启动 LAD/STL/FBD 编辑器后自动打开 3 个窗口：变量声明表、代码区和细节窗口。用户也可以打开第 4 个"程序元素"窗口，如图 5-15 所示。

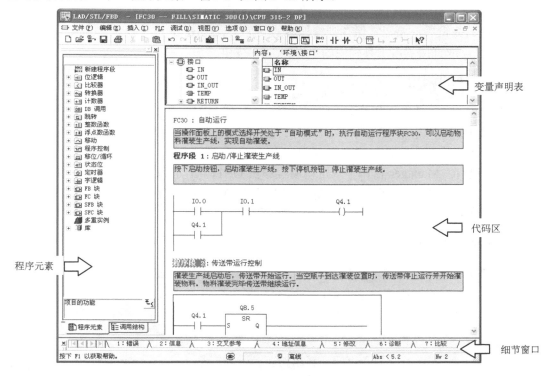

图 5-15　LAD/STL/FBD 编辑器

变量声明表：变量声明表属于各自的程序块，用于为程序块定义变量和形式参数。

代码区：用户程序编写区，可以将程序分成独立的段进行编写。

细节窗口：快速打开一些监视窗口，包括交叉参考、地址信息、修改变量、诊断信息等窗口。

程序元素："程序元素"的内容取决于所选择的编程语言。对于 LAD 和 FBD 语言，"程序元素"包括所有编程指令和可调用的程序块；对于 STL 语言，"程序元素"只显示可调用的程序块。双击程序元素列表中的指令或程序块，可以把它们插入到光标所在位置的程序段中，利用拖拉也可以插入指令或程序块。

在编辑器"查看"下拉菜中可以选择编程语言，如图 5-16 所示。三种编程语言可以混合使用，即用户可以根据需要在不同的段中选择不同的编程语言。

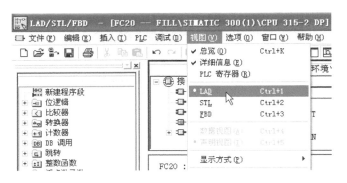

图 5-16　选择编程语言

完成块的编辑后，要把它保存到编程器的硬盘上。在图 5-15 所示"文件"下拉菜单中点击"保存"，或直接点击工具栏中的"保存" 按钮。

### 5.3.3　程序块的调用

CPU 运行后，操作系统会执行循环扫描主程序 OB1，用户编写的子程序块 FC（或 FB）只有在 OB1 中调用或在被 OB1 调用的程序块中嵌套调用，子程序块 FC（或 FB）中的指令才能被操作系统执行。

在 SIMATIC Manager 窗口中双击调用程序块 OB1，启动"LAD/STL/FBD 编辑器"，在指令表中打开 FC 文件夹，选择需要调用的 FC 拖入 OB1 的程序段中，如图 5-17 中程序段 1 所示。用语句表调用子程序块指令如图 5-17 中程序段 2 所示。

### 5.3.4　下载块到 CPU

编辑的所有程序块都要下载到 PLC 的 CPU 中。可以在编辑器的工具栏点击"下载" 按钮，下载当前编辑的程序块；也可以在 SIMATIC Manager 窗口中选中"块"，点击工具栏中的"下载" 按钮，将所有的程序块一起下载。

注意：

如果 CPU 处在 RUN 运行模式下（带钥匙开关的 CPU 在 RUN-P 模式下），单个下载程序块时要注意程序块下载的顺序，一定要先下载被调用的程序块，然后再下载调用的程序块。

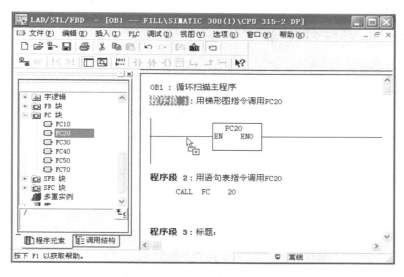

图 5-17　在 OB1 中调用程序块

例如，用户程序结构为 OB1 调用 FC1，FC1 中又调用 FC2，那么下载顺序应该为 FC2、FC1、OB1。因为如果先下载 OB1，由于 CPU 处于运行状态，就会立即执行 OB1 中调用 FC1 的指令，当操作系统找不到 FC1 时会触发错误中断，导致 CPU 停机，此时系统故障指示灯 SF 红灯亮。

### 5.3.5　监视程序运行

在编辑器窗口中，打开已经下载的程序块，点击工具栏中的"监视" 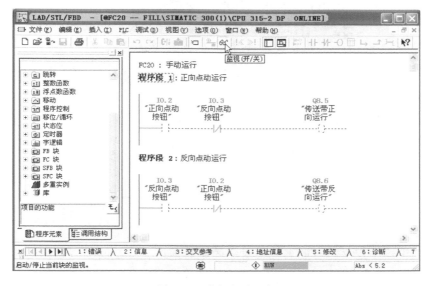按钮，可以监视程序块的运行情况，对于梯形图编写的程序，通过线型的类型（实线或虚线）和颜色可以判断触点和线圈的通/断状态，如图 5-18 所示。

图 5-18　监视程序运行

## 任务3　设计手动运行程序

编写手动运行程序 FC20，控制传送带点动正向或反向运行的程序。

1）按下操作面板上的正向点动按钮 I0.2，控制传送带的电动机正向转动 Q8.5=1。

2）按下操作面板上的反向点动按钮 I0.3，控制传送带的电动机反向转动 Q8.6=1。

3）如果两个按钮同时按下，电动机的正反转要实现互锁。

## 5.4　符号表

在开始项目编程之前，首先花一些时间规划好所用到的内部资源，并创建一个符号表。在符号表中为绝对地址定义具有实际意义的符号名，这样可以增强程序的可读性、简化程序的调试和维护，为后面的编程和维护工作省更多的时间。

STEP7 中可以定义两类符号：全局符号和局部符号。全局符号利用符号编辑器来定义，可以在用户项目的所有程序块中使用，本节介绍的是全局符号。局部符号是在程序块的变量声明表中定义，只能在该程序块中使用，局部符号将在 5.12.3 节中介绍。

### 5.4.1　定义全局符号

在 SIMATIC Manager 窗口中选中"S7 程序"文件夹，在右边窗口中双击"符号"图标，打开符号编辑器，如图 5-19 所示。

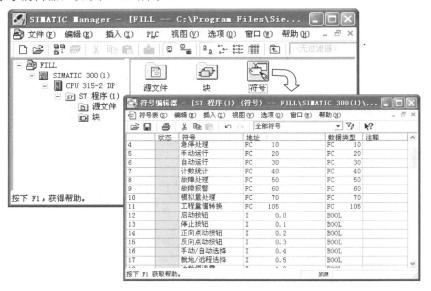

图 5-19　定义符号表

在符号编辑器中定义符号的名称、对应的绝对地址、变量的类型和详细的注释等。符号名称最多允许 24 个字符，注释最多可以到 80 个字符，不区别大小写，一个汉字占两个字符。

在符号表中可以定义的变量包括 PLC 的 I/O 地址、M 存储区地址、T 定时器、C 计数器、DB 数据块、FC 功能和 FB 功能块等。

状态列若出现"="，表示在同一个符号表中有重名的符号名或地址。

状态列若出现"×"，表示符号尚不完整（符号名或地址未定义完整）。

**注意：**

编辑的符号表存盘后才有效。

## 5.4.2　使用全局符号

STEP7 是一个集成的环境，因此在符号编辑器中对符号表所作的修改可以自动被程序编辑器识别。打开编辑器窗口，在工具栏中点击"符号表达式（开/关）"▫按钮，可以在"符号显示"和"绝对地址显示"之间切换，如图 5-20 所示。

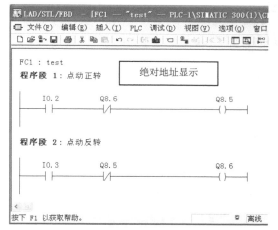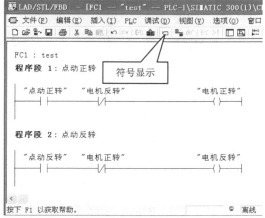

图 5-20　符号显示

在编辑器窗口的"视图"下拉菜单中选择"显示方式"，激活"符号信息"，可以在程序段中同时显示绝对地址和符号，如图 5-21 所示。

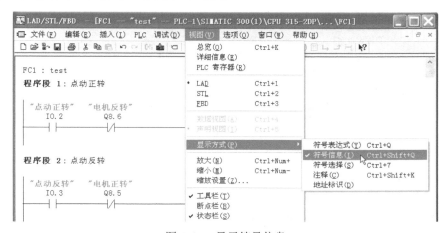

图 5-21　显示符号信息

为了在编写程序时方便地输入符号地址，可以激活图 5-21 中的"符号选择"，这样在输入符号地址的第一个字符时，自动打开"符号选择器"，显示以该字符开头的已经定义的符号，如图 5-22 所示。双击选定的符号即可输入，而无需键入符号全称。

图 5-22    符号选择器

编辑好的符号表可以导出到一个文本文件中，以便能够使用其他的文本编辑器对其进行编辑。也可以将使用其他应用程序创建的表格导入 STEP7 的符号表中继续进行编辑，如图 5-23 所示。可供选择的文件格式有*.SDF、*.ASC、*.DIF 和*.SEQ。

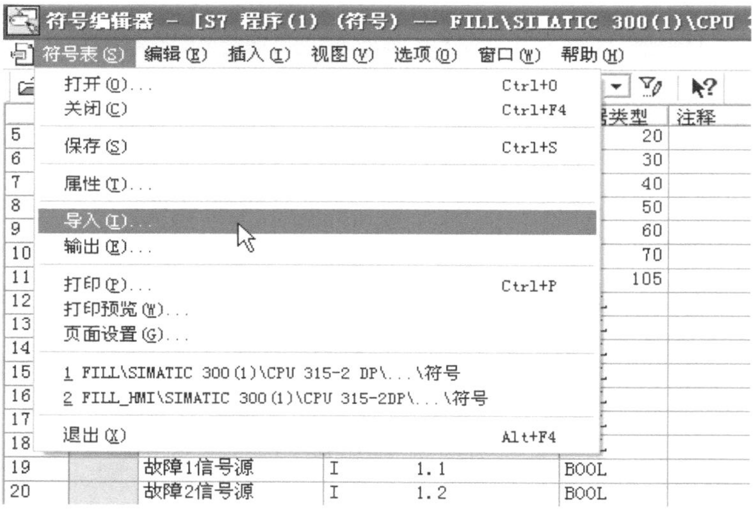

图 5-23    符号表的导入和导出

例如，使用数据交换格式（*.DIF）可以在 STEP7 符号表与 Microsoft Excel 应用程序之间进行导入和导出数据。在 STEP7 的符号表中导出时选择数据交换格式（*.DIF）保存的文件可以在 Excel 应用程序中打开并编辑。同样，在 Excel 中编辑的符号表保存时选择数据交换格式（*.DIF），可以在 STEP7 的符号表中导入。

# 任务 4 编辑项目的符号表

根据硬件设计的 I/O 分配表和数据处理占用的内存单元，物料自动灌装生产线项目部分地址单元的符号表（见表 5-5），在符号编辑器中定义符号名称。

表 5-5 自动生产线项目的符号表

| 符 号 名 | 地 址 | 数据类型 |
|---|---|---|
| 急停处理 | FC10 | FC10 |
| 手动运行 | FC20 | FC20 |
| 自动运行 | FC30 | FC30 |
| 计数统计 | FC40 | FC40 |
| 故障处理 | FC50 | FC50 |
| 模拟量处理 | FC70 | FC70 |
| 启动按钮 | I0.0 | BOOL |
| 停止按钮 | I0.1 | BOOL |
| 正向点动按钮 | I0.2 | BOOL |
| 反向点动按钮 | I0.3 | BOOL |
| 手动/自动选择 | I0.4 | BOOL |
| 就地/远程选择 | I0.5 | BOOL |
| 计数值清零 | I1.0 | BOOL |
| 故障 1 信号源 | I1.1 | BOOL |
| 故障 2 信号源 | I1.2 | BOOL |
| 故障 3 信号源 | I1.3 | BOOL |
| 故障应答 | I1.6 | BOOL |
| 急停按钮 | I1.7 | BOOL |
| 空瓶位置 | I8.5 | BOOL |
| 灌装位置 | I8.6 | BOOL |
| 成品位置 | I8.7 | BOOL |
| 生产线运行 | Q4.1 | BOOL |
| 手动模式指示灯 | Q4.2 | BOOL |
| 自动模式指示灯 | Q4.3 | BOOL |
| 就地控制指示灯 | Q4.4 | BOOL |
| 远程控制指示灯 | Q4.5 | BOOL |
| 故障 1 报警灯 | Q5.1 | BOOL |
| 故障 2 报警灯 | Q5.2 | BOOL |
| 故障 3 报警灯 | Q5.3 | BOOL |
| 急停指示灯 | Q5.7 | BOOL |
| 液罐进料阀门 | Q8.0 | BOOL |
| 液罐排料阀门 | Q8.1 | BOOL |
| 物料灌装阀门 | Q8.2 | BOOL |

| 符　号　名 | 地　址 | 数据类型 |
|---|---|---|
| 传送带正向运行 | Q8.5 | BOOL |
| 传送带反向运行 | Q8.6 | BOOL |
| 蜂鸣器 | Q8.7 | BOOL |
| 数码显示 | QW6 | WORD |
| 灌装罐液位传感器 | PIW304 | INT |
| 温度传感器 | PIW306 | INT |
| 灌装定时器 | T8 | TIMER |
| 0 信号 | M0.0 | BOOL |
| 1 信号 | M0.1 | BOOL |
| 2Hz 信号 | M10.3 | BOOL |
| 1Hz 信号 | M10.5 | BOOL |
| 远程控制启动 | M50.0 | BOOL |
| 远程控制停止 | M50.1 | BOOL |
| 空瓶数 | MW30 | INT |
| 成品数 | MW32 | INT |
| 废品数 | MW34 | INT |
| 包装箱数 | MW36 | INT |
| 废品率 | MD50 | REAL |
| 实际液位值 | MD60 | REAL |
| 实际温度值 | MD70 | REAL |

## 5.5  开关量的控制

### 5.5.1  逻辑与、或、异或指令

逻辑操作指令是对一系列触点的状态进行逻辑运算，将最终的逻辑操作结果（Result of Logical Operation，RLO）送给输出线圈。

**1. 逻辑与**

触点的串联构成"与"的逻辑关系，如图 5-24a 所示。只有当所有触点均闭合时，线圈 Q4.0 和 Q4.1 才输出"1"信号。

**2. 逻辑或**

触点的并联构成"或"的逻辑关系，如图 5-24b 所示。只要有一个触点闭合，线圈 Q4.2 就输出"1"信号。

**3. 逻辑异或**

异或的逻辑运算关系为两个触点的逻辑值不相同时，输出"1"信号；两个触点的逻辑值相同时输出"0"信号。用梯形图语言编写异或指令如图 5-24c 所示。

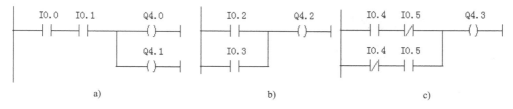

图 5-24　与、或、异或指令

## 5.5.2　置位、复位指令

在图 5-24 中所示的指令均为赋值指令，即每个扫描周期线圈的输出值均被刷新，其值随触点逻辑值的变化而变化。但是在实际工程现场有一些触点是瞬时的脉冲信号，如按钮。为了使输出线圈具有保持性，可以使用置位、复位指令。

图 5-25a 为置位指令，当某个扫描周期 RLO=1 时，指定的地址被置位为信号状态"1"，保持置位直到它被另一条指令复位或赋值为"0"为止。

图 5-25b 为复位指令，当某个扫描周期 RLO=1 时，指定的地址被复位为信号状态"0"，保持复位直到它被另一条指令置位或赋值为"1"为止。

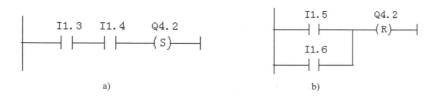

图 5-25　置位、复位指令

**注意:**

置位和复位指令并不意味着永远具有保持性，如果后面有其他赋值指令是会改变其状态。

例如: 在图 5-26 中，当 I1.2 为"1"时，Q5.2 被置位为"1"，但是如果在下一段中 M1.2 为"0"，则 Q5.2 实际输出"0"信号。这是因为程序中所有对输出点的操作都是对输出过程映像区的操作，虽然置位指令使 Q5.2 储存位为"1"，但是后面的赋值指令又使该位变为"0"，最终送到外设的将是最后被修改的值。

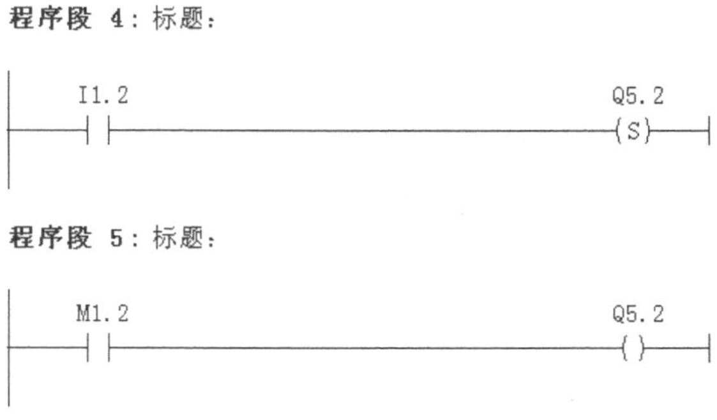

**程序段 4**: 标题:

```
        I1.2                                    Q5.2
    ├────┤ ├───────────────────────────────────( S )───┤
```

**程序段 5**: 标题:

```
        M1.2                                    Q5.2
    ├────┤ ├───────────────────────────────────( )───┤
```

图 5-26　置位指令的保持性

### 5.5.3 触发器的置位/复位指令

触发器的置位/复位指令有 RS 触发器和 SR 触发器，如图 5-27 所示。两者不同的是如果置位 S 端和复位 R 端同时为"1"时，RS 触发器的结果被置位为"1"，而 SR 触发器的结果被复位为"0"。

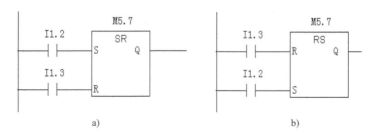

图 5-27　触发器的置位/复位指令

### 5.5.4　影响 RLO 的指令

**1．取反指令**

取反指令是对当前的逻辑操作结果 RLO 作取反操作。如图 5-28 所示，当 M30.0 和 M30.1 同时为 1 信号时，M50.1=1，而 M50.2=0。

**2．清零、置位指令**

只有语句表才有清零（CLR）、置位（SET）指令，直接对 RLO 作置位或复位的操作。如图 5-29 所示，利用清零、置位指令可以创建一个常 0 信号 M0.0 和一个常 1 信号 M0.1。

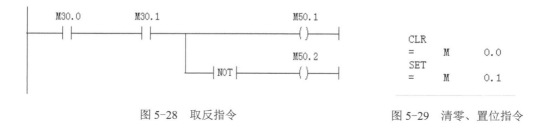

图 5-28　取反指令　　　　　　　　　　　图 5-29　清零、置位指令

### 5.5.5　边沿检测指令

**1. RLO 的边沿检测指令**

逻辑操作结果 RLO 的边沿检测指令是将当前的 RLO 值与前一次扫描周期的 RLO 值作比较，判断是否有上升沿或下降沿，如果有则产生一个扫描周期的 1 信号。在执行这条指令时，必须指定存储器的某一位记录前一次扫描周期 RLO 的状态，以便与本次的 RLO 值作比较。

（1）检测逻辑操作结果 RLO 的上升沿

如图 5-30 所示，M1.0 用来记录前一次扫描周期 RLO 的信号状态，当 A 点的 RLO 由"0"变为"1"时，当前的 RLO 与 M1.0 的记录值做比较，表明有上升沿，M8.0 输出一个扫描周期的"1"信号。同时当前的 RLO 存入 M1.0，为下一次扫描周期的比较判断做准备。

图 5-30    检测 RLO 上升沿的指令

（2）检测逻辑操作结果 RLO 的下降沿

如图 5-31 所示，M1.1 用来记录前一次扫描周期 RLO 的信号状态，当 B 点的 RLO 由"1"变为"0"时，当前的 RLO 与 M1.1 的记录值做比较，表明有下降沿，M8.1 输出一个扫描周期的"1"信号。同时当前的 RLO 存入 M1.1，为下一次扫描周期的比较判断做准备。

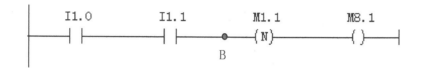

图 5-31    检测 RLO 下降沿的指令

（3）RLO 的边沿检测指令的时序图

逻辑操作结果 RLO 的边沿检测指令的时序图如图 5-32 所示。

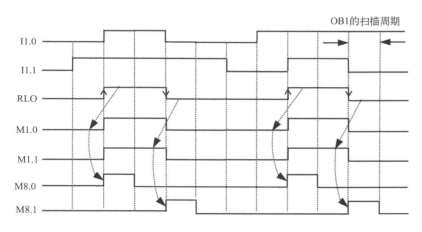

图 5-32    RLO 的边沿检测指令的时序图

**2．信号的边沿检测指令**

如果在控制过程中只对某个信号的上升沿或下降沿感兴趣，则可以使用只检测某个信号边沿的指令。

（1）检测某个信号的上升沿

如图 5-33 所示，POS（positive）检测信号 I1.1 的上升沿，M1.0 用来记录前一次扫描周期 I1.1 的信号状态。与图 4-31 不同的是，只有当 I1.0 为"1"信号且 I1.1 有上升沿时，M8.0 才输出一个扫描周期的"1"信号。

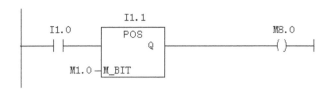

图 5-33　检测信号上升沿的指令

（2）检测某个信号的下降沿

如图 5-34 所示，NEG（negative）检测信号 I1.1 的下降沿，M1.1 用来记录前一次扫描周期 I1.1 的信号状态。与图 4-34 不同的是，只有当 I1.0 为"1"信号且 I1.1 有下降沿时，M8.1 才输出一个扫描周期的"1"信号。

图 5-34　检测信号下降沿的指令

（3）信号的边沿检测指令的时序图

信号的边沿检测指令的时序图如图 5-35 所示。

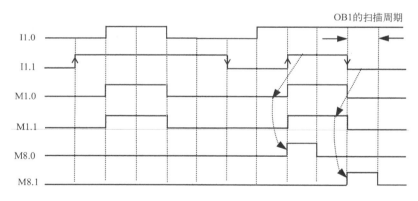

图 5-35　信号的边沿检测指令的时序图

# 任务 5　设计启动物料灌装生产线运行的程序

## 1．编写主程序（OB1）

① 选择生产线的工作模式，设备处于停机状态时可以用选择开关 I0.4 确定运行模式：

当 I0.4=0 时，手动模式有效，Q4.2=1。

当 I0.4=1 时，自动模式有效，Q4.3=1。

② 只有在手动模式下（Q4.2=1）且急停无效时才允许调用手动运行程序 FC20。

③ 只有在自动模式下（Q4.3=1）且急停无效时才允许调用自动运行程序 FC30。

（4）急停按钮按下时，调用急停处理程序 FC10。

**2．生产线运行控制（FC30）**

生产线启动/停止控制：

按下操作面板上的启动按钮 I0.0，控制生产线设备启动 Q4.1=1。

按下操作面板上的停机按钮 I0.1，控制生产线设备停止 Q4.1=0。

**注意**：为保证按下停机按钮能够可靠停机，停机按钮的接线是接在常闭触点上，如图 4-37 所示。

**3．急停处理（FC10）**

当生产线在运行过程中出现问题时，按下急停按钮使各执行部件立即停止动作，保持在当前状态。注意：急停按钮的接线是接在常闭触点上。

# 5.6 数据传送指令

数据传送指令是计算机最基本的指令，通过累加器将数据源传送到目的地址，用于数据的保存与处理。数据传送指令如图 5-36 所示。

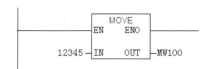

图 5-36 数据传送指令

S7-300CPU 有 2 个累加器 ACCU1 和 ACCU2。执行数据传送指令 MOVE 指令时，先将 ACCU1 的数据传送给 ACCU2，再将输入端的数据送到 ACCU1。

S7-400CPU 有 4 个累加器 ACCU1、ACCU2、ACCU3 和 ACCU4。同 S7-300CPU 一样，执行 MOVE 指令时，是依次传送的。

数据源可以是立即数，也可以是数据存放的地址。要注意数据源与目的地址要匹配，整数要占用 16 位地址，双整数和实数要占用 32 位地址。

S7-300/400CPU 的累加器是 32 位的，如果数据源的数据小于 32 位，则累加器空出的高位用 0 填充。如果目的地址的长度小于 32 位，则只能将累加器低字节的数据传送到目的地址，高字节的信息丢失。

# 5.7 计数器的使用——计数统计

在自动化工程项目的设计过程中，经常需要做计数统计。图 5-37 所示 S7-300/400CPU 提供的三种不同类型的计数器，可以满足各种计数控制要求。

① S_CUD：加减计数器。

② S_CU：加计数器。

③ S_CD：减计数器。

每个计数器占用计数器状态的 1 位地址空间和计数值的 16 位地址空间，计数范围为 0 ～ +999。

图 5-37 计数器指令

## 5.7.1 计数器各端口的功能

下面以图 5-38 所示的加减计数器为例，说明计数器各端口的功能。

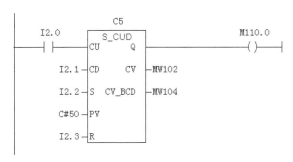

图 5-38　加减计数器

① CU：加计数脉冲输入端，上升沿触发计数器的值加 1。计数值达到最大值 999 以后，计数器不再动作，保持 999 不变。

② CD：减计数脉冲输入端，上升沿触发计数器的值减 1。计数值减到最小值 0 以后，计数器不再动作，保持 0 不变。

③ S：置初值端。S 端的上升沿触发赋初值动作，将 PV 端的初值送给计数器。

④ PV：给计数器赋初值端。初值前需加修饰符"C#"，表明是给计数器赋初值。计数器的值在初值的基础上加 1 或减 1。

⑤ R：清零端。R 端的上升沿使计数器的值清零。

⑥ Q：计数器状态输出端。Q 端的状态与计数器的位地址（C5）状态相同，只有当计数器的值为 0 时，Q 端输出"0"信号；否则，只要计数器的值不为 0，Q 端就输出"1"信号。

⑦ CV：当前计数值以二进制格式输出端。此数值可以参与数据处理与数学运算。

⑧ CV_BCD：当前计数值以 BCD 码格式输出端。此数值可以直接送到数码管显示。

### 5.7.2　加减计数器的功能图

加减计数器的功能图如图 5-39 所示，加脉冲 CU 到来时计数器加 1，减脉冲 CD 到来时计数器减 1，计数值减到 0 使 Q 端输出"0"信号。置初值端 S 的上升沿使计数值等于初值 5，清零端 R 的上升沿使计数值等于 0。

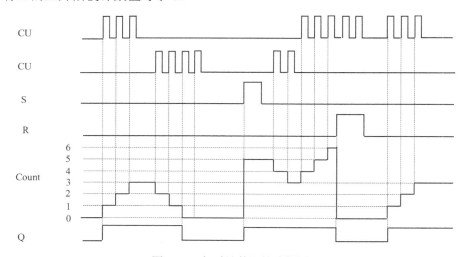

图 5-39　加减计数器的功能图

## 5.8 定时器的使用——时间控制

在自动化工程项目的设计过程中，经常会遇到时间控制问题。图 5-40 所示 S7-300/400CPU 的 5 种不同类型定时器，可以满足各种控制要求。

① S_PULSE：脉冲定时器。

② S_PEXT：扩展脉冲定时器。

③ S_ODT：接通延时定时器。

④ S_ODTS：带保持的接通延时定时器。

⑤ S_OFFDT：关断延时定时器。

图 5-40　定时器指令

每个定时器占用定时器状态的 1 位地址空间和定时时间值的 16 位地址空间。

定时时间值以 BCD 码的格式存放，如图 5-41 所示。BCD 码的低 3 组存放时间常数，其范围为 0 ～ 999。最高 1 组用于定义时间基准，分别为 0.01s、0.1s、1s 和 10s。

定时器时间范围：10ms ～ 9990s（2h46m30s）。

固定的时间值输入格式：S5T#1h30m，S5T#15m20s，S5T#16s100ms 等。

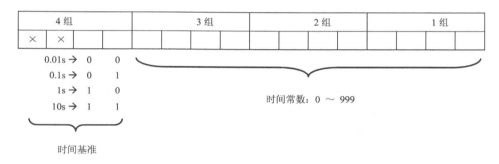

图 5-41　定时器的时间格式

### 5.8.1 接通延时定时器 ODT

顾名思义，接通延时定时器是指定时器接通后延时一段设定的时间再输出"1"信号。如果启动生产线时，希望某台设备延时一段时间再启动，可以选用接通延时定时器。接通延时定时器指令如图 5-42 所示，其各输入输出端口定义如下。

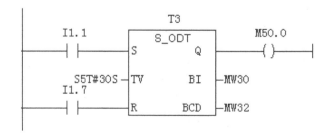

图 5-42　接通延时定时器

① S：定时器启动端。上升沿触发定时器开始计时，延时时间到，Q 端（同 T3）输出"1"信号。

② TV：定时时间值输入端。

③ R：定时器复位端。上升沿使定时器的时间值清零。

④ BI：剩余时间常数值输出端。以二进制格式表示的剩余时间常数值，不带时基信息。

⑤ BCD：剩余时间常数值输出端。以 BCD 码格式表示的剩余时间常数值，带有时基信息。

⑥ Q：定时器状态输出端。定时时间到输出"1"信号。

接通延时定时器的时序图如图 5-43 所示，由图中可知接通延时定时器在工作时必须要求启动端 S 保持"1"信号，否则定时器将停止工作。

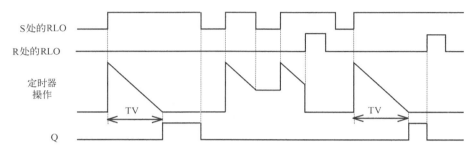

图 5-43　接通延时定时器的时序

如果定时时间不是固定值，需要根据控制要求输入不同的值，那么先要将不同的时间值写入存储器，然后再以存储器的方式赋值给定时器。例如，延时时间为 10 分钟或 15 分钟两种，先将时间值的时间基准和时间常数按图 5-41 的格式写入存储器，再执行图 5-44 所示的定时器指令，这样可以根据 M50.1 和 M50.2 的状态选择延时时间是 10 分钟还是 15 分钟。

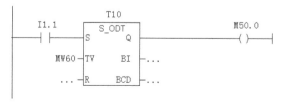

图 5-44　可变的定时时间

## 5.8.2 带保持的接通延时定时器 ODTS

如果定时器的启动端是脉冲信号，不能维持高电平，又想让接通延时定时器正常工作，可以选用带保持的接通延时定时器。

带保持的接通延时定时器指令如图 5-45 所示。带保持的接通延时定时器与接通延时定时器的不同点在于启动定时器以后，不需要 S 端维持"1"信号定时器也能正常工作，但是定时器的复位只能通过 R 端的"1"信号。

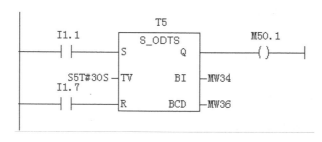

图 5-45　带保持的接通延时定时器

带保持的接通延时定时器的时序图如图 5-46 所示。

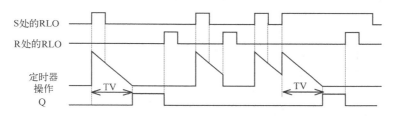

图 5-46　带保持的接通延时定时器的时序图

## 5.8.3 关断延时定时器 OFFDT

顾名思义，关断延时定时器的工作特点是启动端 S 的上升沿使 Q 端输出"1"信号控制设备立即开始工作，启动端 S 的下降沿触发定时器开始计时，延时时间到 Q 端输出"0"信号，即启动端关断后设备延时一段时间才停止工作。在停止生产线运行时，如果希望某台设备延时一段时间再关断，可以选用关断延时定时器。关断延时定时器指令如图 5-47 所示。

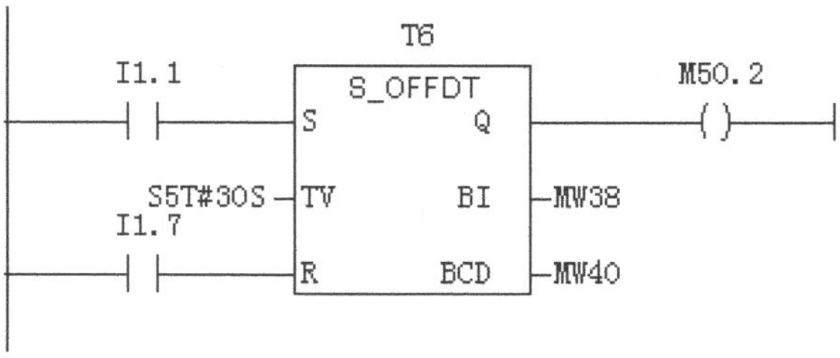

图 5-47　关断延时定时器

关断延时定时器的时序图如图 5-48 所示。

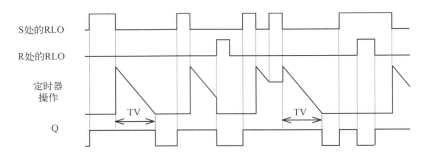

图 5-48 关断延时定时器的时序图

### 5.8.4 脉冲定时器 PULSE

脉冲定时器指令如图 5-49 所示。脉冲定时器的工作特点是启动端 S 的上升沿使 Q 端输出 "1" 信号，控制设备运行并触发定时器开始计时，定时时间到 Q 端输出 "0" 信号，停止设备运行。如果某台设备运行的时间是确定的，例如要求搅拌机工作 30s，用户可以利用脉冲定时器设置 30s 的 "1" 信号，控制设备运行时间。

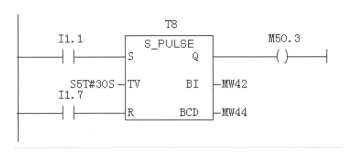

图 5-49 脉冲定时器

脉冲定时器的时序图如图 5-50 所示。由图中可知脉冲定时器在工作时必须要求启动端 S 保持 "1" 信号，否则定时器将停止工作，Q 端输出 "0" 信号，达不到要求的工作时间。

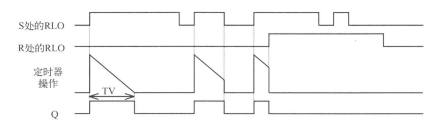

图 5-50 脉冲定时器的时序图

## 5.8.5 扩展脉冲定时器 PEXT

扩展脉冲定时器与脉冲定时器的不同点在于启动定时器以后，不需要 S 端维持"1"信号定时器也能正常工作，保证 Q 端输出定宽的"1"信号。扩展脉冲定时器指令如图 5-51 所示。

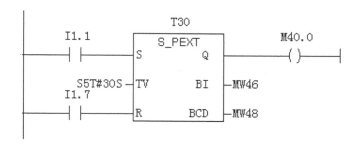

图 5-51　扩展脉冲定时器

扩展脉冲定时器的时序图如图 5-52 所示。

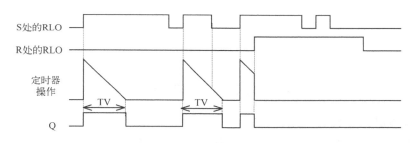

图 5-52　扩展脉冲定时器的时序图

**注意：**

S7-300/400 的定时器不是在扫描周期开始或执行定时器指令时被刷新，而是由系统按基准时间进行刷新。当扫描周期大于定时器的基准时间时，在一个扫描周期里，该定时器可能被刷新多次，导致其当前值和触点状态在一个扫描周期里前后会不一致。

编写定时器指令时，应注意定时器启动信号的正确使用。现在以应用定时器每隔100ms 使计数器加 1 的例子说明如何正确使用定时器。CPU 执行图 5-53 所示的指令，运行调试时会发现计数器的实际值远远小于应该计数的值。这是因为定时时间到信号刷新定时器使 T15=1，当执行程序段 3 时，由于触点 T15 为"1"，使得定时器 T15 变为 0，在下一段执行计数器指令时计数器输入端为 0，不能触发计数器计数。只有当 T15 恰巧在程序段 3 执行结束而程序段 4 未执行之前变为 1 才能使计数器计数，但是这种情况发生的概率是很低的，所以会出现丢失计数脉冲的情况。改进后的指令如图 5-54 所示，将定时器 T15 定时时间到的 1 信号赋值给存储器的某一位 M15.0，用该存储位的 0 闭合触点启动定时器，这样不论定时器 T15 何时定时时间到，都能保证 M15.0 产生一个正脉冲，使计数器每隔 100ms 计数值加 1。

**程序段 3**：定时器每隔100ms变为1信号　　　　**程序段 3**：定时器每隔100ms变为1信号

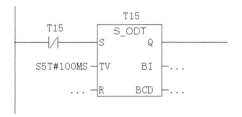

**程序段 4**：T15的正脉冲使计数器C15加1　　　　**程序段 4**：M15.0的正脉冲使计数器

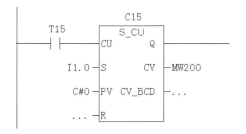

图 5-53　定时器的错误应用　　　　　　图 5-54　每隔 100ms 计数器加 1 的程序

## 任务 6　设计物料灌装生产线自动运行的程序

### 1. 自动循环灌装程序（FC30）

1）生产线运行后（Q4.1＝1），传送带电动机正向运转（Q8.5＝1），直到灌装位置传感器 I8.6 检测到有瓶子，传送带停下来（Q8.5＝0）。

2）到达灌装位置开始灌装，灌装阀门打开（Q8.2=1），灌装时间 5s。瓶子灌满后灌装阀门关闭（Q8.2=0），传送带继续向前运动（Q8.5＝1）。

3）按下停止按钮 I0.1，传送带停止运动。

4）当传送带上已经没有瓶子时，传送带停止运行。

### 2. 计数统计程序（FC40）

1）物料灌装生产线运行后，利用空瓶位置传感器 I8.5 和成品位置传感器 I8.7 分别对空瓶数和成品数进行统计。C1 用于统计空瓶数，C2 用于统计成品数。

2）在数码管（QW6）上显示成品数。

### 3. 完善手动运行程序（FC20）

为防止电动机正反转频繁切换造成负载变化太大，电动机正反向切换之间要有时间限制，切换时间间隔要在 2s 以上。即：

点动电动机正转停下来 2s 后点动反转才有效。

点动电动机反转停下来 2s 后点动正转才有效。

## 5.9 数据的运算操作

### 5.9.1 基本数学运算指令

基本数学运算指令分为整数运算指令集和浮点数运算指令集。

整数运算指令集又分为 16 位整数（I）和 32 位整数（DI），指令有加、减、乘、除和取余数运算，如图 5-55 所示。

浮点数运算指令集包含了更多的数学函数关系，如图 5-56 所示。

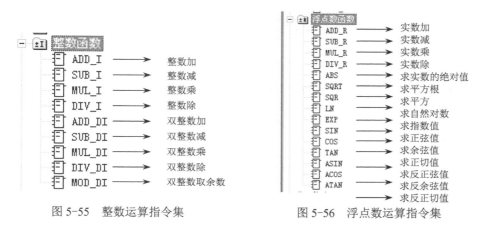

图 5-55 整数运算指令集　　　图 5-56 浮点数运算指令集

**注意：**

执行基本数学运算指令时，输入端参与运算的两个数的类型要与指令的类型相一致。运算结果的地址要与数据类型的长度相匹配。

浮点数运算指令中三角函数类指令的角度单位为弧度。

以图 5-57 为例说明数学运算指令的应用。

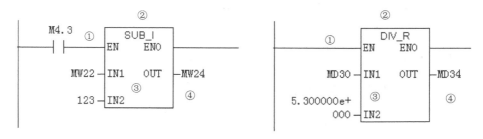

图 5-57 数学运算指令的应用

① 执行数学运算指令的条件：M4.3 为 1 时执行减法指令，也可以不加触点无条件执行除法指令。

② 选择数据类型及数学运算关系：如整数减法运算、实数除法运算。

③ 两个输入数值运算是 IN1 对 IN2 的操作：即（MW22-123）、（MD30÷5.3）。

④ 目的地址的长度要与数据类型相匹配：整数存入 MW24、实数存入 MD34。

## 5.9.2 比较指令

比较指令如图 5-58 所示，分为整数类型、双整数类型和实数类型，包括了如下比较逻辑关系：

① EQ：等于。
② NE：不等于。
③ GT：大于。
④ LT：小于。
⑤ GE：大于等于。
⑥ LE：小于等于。

**注意：**

参与比较的两个数的类型要与指令的类型相一致。

以图 5-59 整数的比较指令为例，说明比较指令的应用。

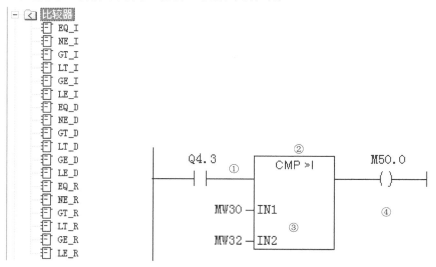

图 5-58　比较指令　　　　　　　　图 5-59　比较指令的应用

① 执行比较指令的条件：Q4.3 为 1 时执行比较指令，也可以不加触点无条件执行。
② 选择数据类型及比较的逻辑关系：整数作大于的逻辑运算。
③ 两个输入值作逻辑运算是 IN1 对 IN2 的操作：即比较 MW30＞MW32。
④ 逻辑运算结果：结果为真，M50.0=1；结果为假，M50.0=0。

## 5.9.3 转换指令

在控制程序中，有时对数据进行处理时为了与指令的类型相匹配，需要对数据的类型作相应的转换。转换指令集如图 5-60 所示。

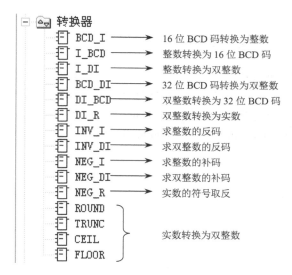

图 5-60　转换指令集

### 1. 整数与实数之间的转换

32 位的双整数可以直接转换为实数。16 位的整数必须先转换为 32 位的双整数，再转换为实数。

实数转换为双整数的指令有：

① ROUND：4 舍 6 入 5 取偶（使结果为偶数）。

② TRUNC：舍小数取整。

③ CEIL：向上取整。

④ FLOOR：向下取整（注意：对于负数与 TRUNC 指令的结果是不同的）。

整数与实数的转换指令的应用如图 5-61 所示。

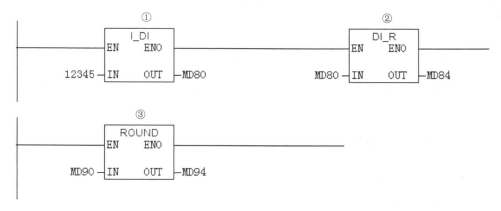

图 5-61　整数与实数的转换指令

① I_DI：整数转换为双整数。

② DI_R：双整数转换为实数。

③ ROUND：实数转换为双整数，4 舍 6 入 5 取偶。

注意：

数据源地址和目的地址要与数据类型相匹配。

### 2. BCD 码与整数之间的转换

有时外设数据的输入格式为 BCD 码，在控制程序中作数据处理时需要转换为整数或实数类型。16 位的 BCD 码可以与整数相互转换，数值范围 -999 ～ +999；32 位的 BCD 码可以与双整数相互转换，数值范围 -9999999～+9999999。BCD 码与整数的转换指令如图 5-62 所示。

图 5-62　BCD 码与整数的转换指令

注意：

BCD_I 指令输入端的数据类型必须为 BCD 码，否则将引发 BCD 码转换错误，导致 CPU 停机故障。

I_BCD 指令输入端的数据如果超出允许的数值范围 -999 ～ +999，则转换不被执行，输入端的数据直接送入输出端。

## 任务 7　生产线数据处理

1）由于计数器能够统计的数值范围有限（0 ～ +999），编写计数统计程序 FC42，改用加法指令实现计数统计，空瓶数保存在 MW30，成品数保存在 MW32。

2）计算废品率（%），保存在 MD50。

3）当废品率超过 10% 时，Q8.4 指示灯闪亮。

4）计算包装箱数（1 箱 24 瓶），保存在 MW36，将包装箱数显示在数码管上。

5）手动模式下，按下计数值清零按钮 I1.0，使空瓶数 MW30、成品数 MW32、废品率 MD50 和数码显示值清零。

## 5.10　程序调试方法

程序调试的目的是测试程序、查找错误、修改错误，直到能够实现程序的功能为止。程序调试的类型有脱机调试、仿真调试、联机调试和现场调试。

如果程序调试时身边没有 PLC 硬件设备，可以应用西门子公司提供的 S7-PLCSIM 仿真软件，模拟 PLC 硬件进行程序的调试。

### 5.10.1　S7-PLCSIM 仿真软件

S7-PLCSIM 仿真软件是一个可选的软件包，在编程器上可以直接模拟 S7-300/400 系列

PLC 的运行，并测试程序。STEP7 专业版包含了 S7-PLCSIM 仿真软件，STEP7 标准版需要在安装 STEP7 之后再安装 S7-PLCSIM，S7-PLCSIM 会自动嵌入到 STEP7 中。

### 1. 打开 S7-PLCSIM 操作界面

在 SIMATIC Manager 的工具栏中，点击"打开/关闭仿真器" ▦ 按钮，打开 S7-PLCSIM 操作界面。在"PLCSIM"界面中会自动出现 CPU 视图对象，点击工具栏中的输入 ▦、输出 ▦、位存储器 ▦ 等按钮，在工作区内生成相应的视图对象，如图 5-63 所示。在视图对象左上角的小窗口中可以设置视图对象的地址。点击视图对象右上角小窗口的选择 ▾ 按钮，可以选择按位（Bits）、二进制数（Binary）、十进制数（Decimal）、十六进制数（Hex）和 BCD 码等格式输入和显示数据。

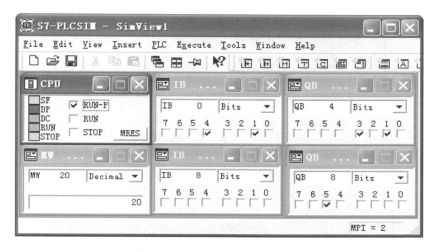

图 5-63  S7-PLCSIM 操作界面

### 2. 设置 PLC 模拟器通信接口

在"PLCSIM"界面的"PLC"下拉菜单中点击"MPI Address"命令，设定 PLC 模拟器的 MPI 地址，设定的 MPI 地址必须与硬件组态中 CPU 的 MPI 地址相同。

在 SIMATIC Manager 的"选项"下拉菜单中点击"设置 PG/PC 接口"命令，选择"S7ONLINE（STEP7）"指向"PLCSIM（MPI）"。

### 3. 仿真调试

设置完成后可以将用户程序下载到 PLC 模拟器中进行调试。激活 CPU 的运行状态，通过改变输入变量的 ON/OFF 状态或数值大小，控制程序运行过程。通过观察有关输出变量的状态，监视程序运行的结果。

## 5.10.2  使用程序编辑器调试程序

在程序编辑器窗口，点击工具栏中的"监视" ▨ 按钮，可以监视程序块的运行情况，对于图形语言编写的程序，通过图形中线条的类型、指令元素和参数的颜色等可以判断程序的运行情况。

针对被监视变量的数据格式，可以选择不同的表达式显示数据。方法是鼠标选中要查看的变量，按右键在"表达式"命令下可以切换显示的数据格式，如图 5-64 所示。

图 5-64　切换显示的数据格式

　　调试程序时允许修改变量的当前值。方法是鼠标选中指令元素,按鼠标右键选择"修改"命令,如图 5-65 和 5-66 所示。

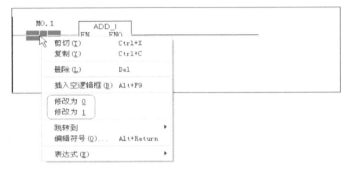

图 5-65　修改位变量的值

图 5-66　修改数值变量的值

### 5.10.3　使用变量表调试程序

　　使用程序编辑器调试程序有一定的局限性。受显示屏的限制,一次只能监视某个程序块中几段程序的运行情况,不能对项目下所有程序块中的变量同时进行监视。变量表给用户提供了更为方便的调试程序的工具。

　　**1. 调用"监视/修改变量"工具**

　　在监视或修改变量之前,必须创建一个变量表(VAT),并输入需要监视的变量。有两种方法可以创建变量表,如图 5-67 所示。

　　① 在 SIMATIC Manager 中,选择"块"文件夹,在 PLC 下拉菜单中点击"监视/修改变量"命令,打开变量表。

　　② 在 LAD/STL/FBD 编辑器中,在 PLC 下拉菜单中点击"监视/修改变量"命令,打开变量表。

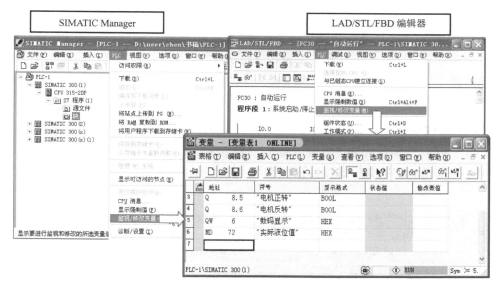

图 5-67　打开并编辑变量表

在变量表中输入要修改或监视的变量，一般顺序是先选择输入变量，然后选择受输入影响以及影响输出的变量，最后选择输出变量。

可以输入绝对地址，也可以输入符号名。如果在符号表中定义了相应的符号，那么会自动填写符号列或地址列。输入符号时应注意只能输入已经在符号表中定义过的那些符号，含特殊字符的符号名必须加引号，例如"Motor.Off"、"Motor+Off"、"Motor-Off"。

在变量表中，通过按回车键添加下一行。每个变量表最多可有 1024 行。

## 2．设定"监视/修改变量"的触发点

如图 5-68 所示，在变量表窗口，点击工具栏中的"设定触发点"按钮，在弹出的对话框中设置合适的触发点和触发频率。选择了触发点，就确定了显示变量监视值的时间点和将修改值分配给变量的时间点。

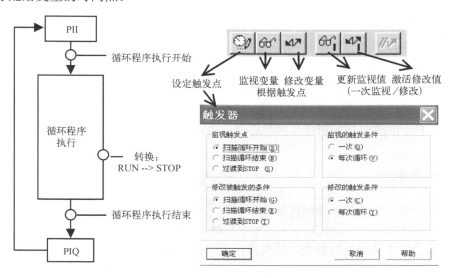

图 5-68　设定"监视/修改变量"的触发点

**注意：**

对于输入/输出变量修改所作的操作是对其过程映像区的修改。所以修改输入变量的触发点仅在"循环开始"有效。否则，在扫描周期开始时会重新读取模块当前状态值，刷新输入过程映像区，使修改值无效。而修改输出变量的触发点仅在"循环结束"有效。否则，执行用户程序会重新覆盖输出过程映像区，使修改值无效。

**3. 监视/修改变量**

点击图 5-68 中工具栏的"监视变量"、"修改变量"、"更新监视数值"、"激活修改数值"命令，对变量表中的变量进行监视和修改，如图 5-69 所示。按〈ESC〉键可以取消监视或修改。

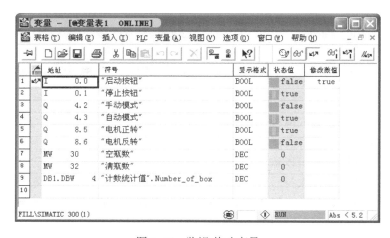

图 5-69　监视/修改变量

## 5.11　数据块的使用

数据块（DB）用于存储用户数据及程序的中间变量。用数据块存储数据的好处是 CPU 掉电时不会丢失数据信息。数据块占用 CPU 的装载存储区和工作存储区，允许创建数据块的个数及每个数据块的最大数据空间与 CPU 的型号有关，通常 S7-300CPU 一个数据块的最大数据空间为 32KB，S7-400CPU 一个数据块的最大数据空间为 64KB。

数据块按功能分为两类：共享数据块（Share DB）和背景数据块（Instance DB）。共享数据块允许项目下的所有程序块进行读写访问，而背景数据块是附属于某个 FB 或 SFB 的数据块。

### 5.11.1　数据的类型

创建数据块就是定义数据存储区每个空间的数据类型。数据块的数据类型有两大类，基本数据类型和复杂数据类型，见表 5-6。基本数据类型有固定的长度且不超过 32 位，上面编程指令中用到的均是基本数据类型。复杂数据类型是长度超过 32 位或者由其他数据类型组合而成的数据类型。

表 5-6　STEP 7 数据类型

| 基本数据类型<br>（到 32 位） | ● 位数据类型（BOOL、BYTE、WORD、DWORD、CHAR）<br>● 数学数据类型（INT、DINT、REAL）<br>● 定时器类型（S5TIME、TIME、DATE、TIME_OF_DAY） |
|---|---|
| 复杂数据类型<br>（长于 32 位） | ● 时间（DATE_AND_TIME）<br>● 矩阵（ARRAY）<br>● 结构（STRUCT）<br>● 字符串（STRING） |

## 5.11.2　定义全局数据块

### 1. 新建数据块

在 SIMATIC Manager 窗口中鼠标选中"块"，在"插入"下拉菜单中点击"S7 块"，选择"数据块"，在弹出的对话框中输入数据块的代码和类型，类型选择"共享的 DB"，如图 5-70 所示。

图 5-70　新建数据块

### 2. 定义数据块

双击需要编辑的数据块，打开数据块编辑窗口。定义每个单元存放的数据名称、类型、初始值及注释等，如图 5-71 所示。数据名称只能用字符或数字，不能用汉字。注释最多可以有 80 个字符，注释中可以用汉字，一个汉字占两个字符。数据类型有基本数据类型、复杂数据类型和用户自定义的数据类型，可以用鼠标右键直接选择。

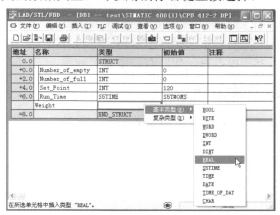

图 5-71　定义数据块

数据块各列说明见表 5-7。

表 5-7　数据块的定义

| 列 | 说　　明 |
|---|---|
| 地址 | 显示完成声明的输入后由 STEP7 自动为变量分配的地址 |
| 名称 | 此处输入必须分配给每个变量的符号名 |
| 类型 | 输入想要分配给变量的数据类型（BOOL、INT、WORD、ARRAY 等）<br>变量可以具有基本数据类型、复杂数据类型或者用户自定义的数据类型 |
| 初始值 | 可在此处输入初始值，所有的值都必须与数据类型相匹配。初始值不写默认为 0<br>当第一次保存块时，如果还没有为变量明确定义实际值，那么该初始值将用做实际值 |
| 注释 | 在该域中输入对变量的注释，注释最多 80 个字符 |

### 3．保存、下载和监视数据块

定义好的数据块除了要保存在编程器的硬盘中，一定要下载到 CPU。点击工具栏中的"监视" ⓜ按钮，可在线监视数据块中数值的变化，如图 5-72 所示。

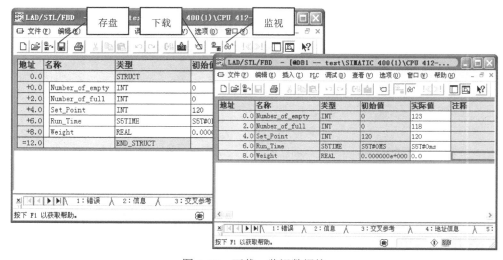

图 5-72　下载、监视数据块

数据块有两种显示方式：数据视图方式和声明视图方式，通过"查看"下拉菜单可以进行切换。

只有在声明视图方式下才允许定义和修改数据块，为数据设初始值。

只有在数据视图方式下才可以监视和修改数据的实际值。

## 5.11.3　完全表示方法访问数据块

访问数据块之前首先要打开数据块，才能进行读写访问。为了避免访问的数据块的代码和地址出错，建议采用完全表示方法访问数据块，即在数据块的读写指令中包含数据块的名称及地址。

位访问　　　　　　DB2.DBX1.0
字节访问　　　　　DB2.DBB0
字访问　　　　　　DB1.DBW0

双字访问            DB2.DBD6

图 5-73 所示是完全表示方法访问数据块的实例。

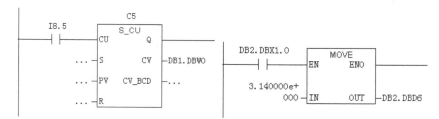

图 5-73 数据块的访问

## 5.11.4 数据块的应用

### 1. 复杂数据类型的应用

在控制过程中，为了便于对某台设备的数据进行集中管理，可以将这些数据定义成复杂数据类型中的结构（STRUCT）。例如，一台电动机的控制参数一般包括电动机的额定电流、启动电流、转速和转动方向等，它们的数据类型见表 5-8。

表 5-8 电动机参数的结构

| 电动机参数（Motor_data） | 数据类型 |
| --- | --- |
| 额定电流（Rated_current） | 实数（REAL） |
| 启动电流（Starting_current） | 实数（REAL） |
| 转速（Speed） | 整数（INT） |
| 方向（Direction） | 布尔型（BOOL） |

在数据块中定义电动机的结构参数，如图 5-74 所示，输入电动机名称，在数据类型处点击鼠标右键选择复杂类型中的"STRUCT"，定义电动机的一组结构数据。

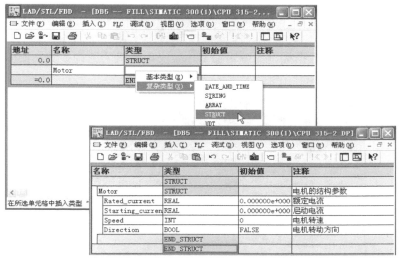

图 5-74 建立电动机的结构参数

95

在程序中访问电动机的数据时，无需记住数据的绝对地址，只需写出相应的符号名即可。

格式为：数据块名.结构名.数据名

例如读取电动机转速值作比较判断，输入地址 db5.motor.speed，回车后显示该参数在数据块中的地址 DB5.DBW14，如图 5-75 所示。

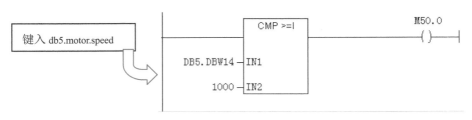

图 5-75　读取电动机的转速

### 2．自定义的数据类型的应用

在上例中，如果生产线上有多台电动机，监控的参数相同，为了节省建立数据块的时间，用户可以自定义一个数据类型，相当于数据块的模版。步骤如下：

1）在 SIMATIC Manager 窗口中鼠标选中"块"，在"插入"下拉菜单中点击"S7 块"，选择"数据类型"，在弹出的对话框中输入数据类型的代码 UDT1，如图 5-76 所示。

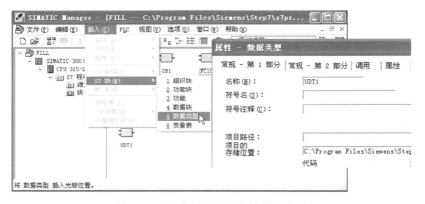

图 5-76　新建用户自定义的数据类型

2）双击 UDT1，打开数据类型的编辑窗口，定义电动机的结构参数，如图 5-77 所示。保存用户自定义的数据类型。

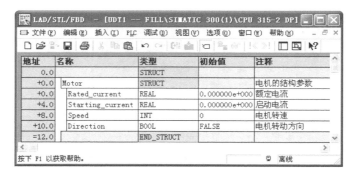

图 5-77　在 UDT1 中定义电动机的结构参数

利用数据类型 UDT1 可以快速建立多个电动机结构参数的数据块，方法如图 5-78 所示。新建数据块时，在定义数据块的属性窗口中选择"DB 的类型"，并指定数据类型为 UDT1，确定后系统会按照数据类型 UDT1 的模板定义数据块 DB3。DB3 的数据显示为灰色，表明不能修改由数据类型生成的数据块，如需改动只能在相应的用户自定义数据类型中进行，并重新生成全局数据块。对应不同的电动机，可以用同样的方法快速地定义多个数据块。

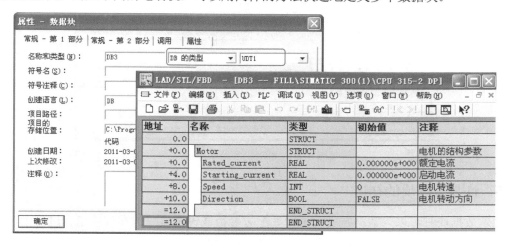

图 5-78　用数据类型生成数据块

有时，为了节省数据块的数量，也可以在一个数据块中定义多个电动机的结构参数，方法如图 5-79 所示。新建一个全局数据块 DB4，打开数据块定义窗口，输入电动机 1 的名称"Motor1"，数据类型选择复杂类型中的 UDT，确定代码 UDT1；再输入电动机 2 的名称"Motor2"，数据类型选择复杂类型中的 UDT，确定代码 UDT1；以此类推。在数据视图可以看到所有电动机的参数，如图 5-80 所示。

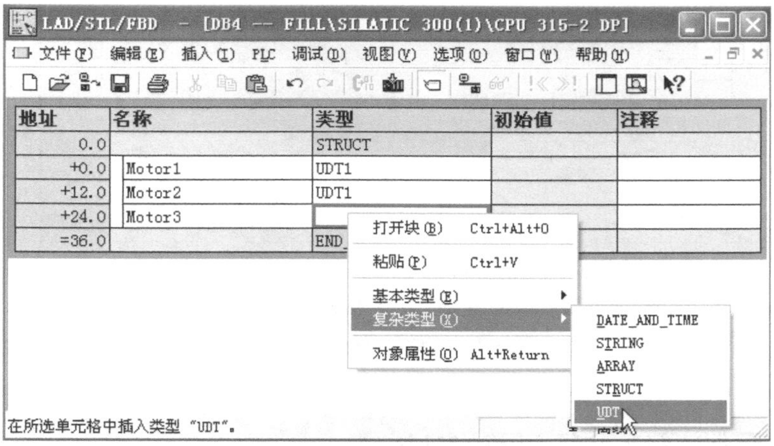

图 5-79　用数据类型定义数据

如果要访问电动机 2 的转速，只要写出电动机 2 的对应名称即可：DB4.motor2. motor.speed，回车后显示该数据在数据块中的绝对地址 DB4.DBW20。

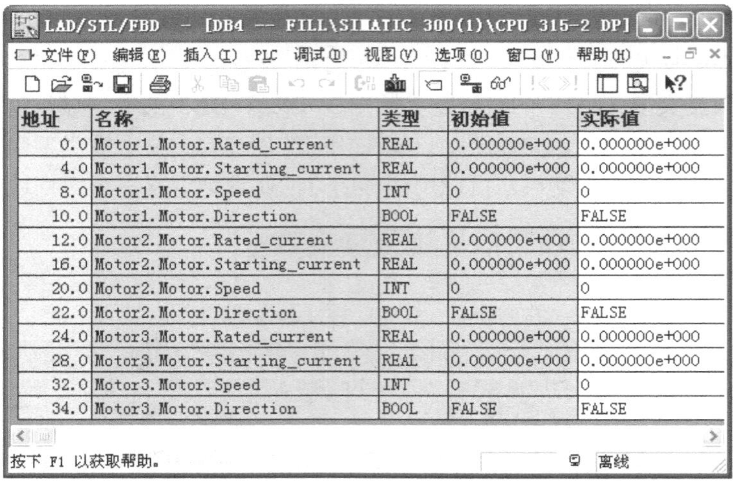

图 5-80　电动机的结构参数

### 5.11.5　恢复数据块的初值

创建数据块时可以为数据定义初值，如配方参数或设定值等。在程序运行过程中可能对数据块中的某些数值作了修改，使实际值不再是原来的初值。如果希望恢复数据块的初值，方法是在数据视图显示方式下打开数据块，在"编辑"下拉菜单中点击"初始化数据块"命令，如图 5-81 所示，将初始化后的数据块下载到 CPU，数据块所有变量的实际值将恢复为定义数据块时的初值。

图 5-81　恢复数据块的初值

## 任务 8　应用数据块进行计数统计

新建数据块 DB40，定义空瓶数、成品数、包装箱数和废品数，数据类型为整数（INT）。定义废品率，数据类型为实数（REAL）。定义两个位地址（BOOL）用于记录空瓶位置传感器和成品位置传感器的上升沿。

修改计数统计程序 FC42，使用数据块 DB40 存放数据。

## 5.12　编写带形参的函数

当某段程序在项目中多次被调用，且每次调用完成的功能相同只有实际的地址不同时，可采用结构化编程方法，即编写带形参的函数，调用时赋实参。

### 5.12.1　任务要求——故障报警

在生产现场会有很多故障报警指示灯，对这些指示灯的闪亮要求通常是相同的。如图 5-82 所示，当故障信号到来时触发故障记录标志位为 1，同时故障报警灯闪亮。现场人员按下应答按钮使故障记录标志位为 0，此时故障报警灯的状态与故障信号的状态有关。如果故障信号已经消失则故障报警灯不亮；如果故障依然存在则故障报警灯常亮。

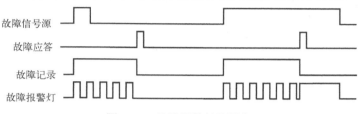

图 5-82　故障报警任务要求

如果对于每一个故障源编写一段报警程序，由于指令是相同的，许多工作是重复性劳动。能否编写一个通用的函数，供所有故障源报警使用呢？这就需要编写带形参的程序块，即程序中的指令不写具体的地址，而是用形式参数表示。在处理每一个故障源的报警信号时，调用该函数赋实际的地址。

### 5.12.2　编写带形参的 FC

#### 1. 定义形参

打开程序编辑器，在变量声明表中定义形参的名称和数据类型，可以加注释对形参作进一步说明。名称不能用系统的关键字，如 time、int 等。名称不支持汉字，注释可以写汉字。

形参的类型要与读写访问方式相一致，见表 5-9。在函数调用时只作读操作的参数定义在"IN"一类，例如故障源和脉冲信号等；在函数调用时只作写操作的参数定义在"OUT"一类，例如故障报警灯等；在函数调用时既要对该参数作读操作又要作写操作的参数定义在"IN_OUT"一类，例如故障记录标志位和上升沿记录标志位等。定义成"IN"类的形参不能作写操作。

表 5-9　形参类型

| 参 数 类 型 | 定　义 | 使 用 方 法 | 图 形 显 示 |
|---|---|---|---|
| 输入参数 | IN | 只能读 | 显示在函数块的左侧 |
| 输出参数 | OUT | 只能写 | 显示在函数块的右侧 |
| 输入/输出参数 | IN_OUT | 可读/可写 | 显示在函数块的左侧 |

调用带形参的函数程序块时,"IN"和"IN_OUT"一类的形参出现在程序块的左侧,"OUT"一类的形参出现在程序块的右侧。

为完成生产线中多个故障报警指示灯的显示任务,编写带形参的故障报警函数 FC60。FC60 的形参定义如图 5-83 所示,故障信号源"Fault_Signal"为"IN",故障报警指示灯"Alarm_Light"为"OUT",故障记录"Stored_Fault"和上升沿记录"Edag_Memory"为"IN_OUT"。所有故障源用一个应答按钮,其地址为 I1.6,所有故障指示灯的闪烁频率均为 2Hz,取 CPU 的脉冲信号 M10.3。

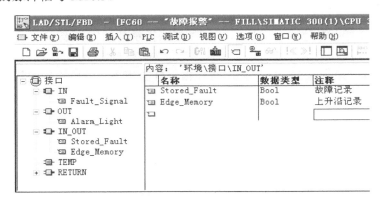

图 5-83 定义形参

## 2. 编写带形参的 FC

编写故障报警函数 FC60,如图 5-84 所示,函数调用时需要赋值不同实参的地址用形参名称替代绝对地址。编写带形参的函数既可以用形参,也可以用绝对地址,如本例中用一个故障应答按钮复位所有故障记录,在函数中不需要定义形参,直接写绝对地址 I1.6。

FC60 : 故障报警

**程序段 1**:故障源的上升沿使故障记录标志位置1,应答后清零

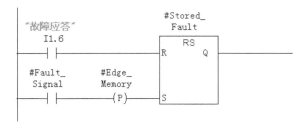

**程序段 2**:故障源到来时故障报警灯闪烁,应答后如果故障依然存在则报警灯常亮

```
#Stored_        "2Hz信号"              #Alarm_
Fault           M10.3                  Light
 ┤ ├             ┤ ├                     ( )

#Stored_        #Fault_
Fault           Signal
 ┤/├             ┤ ├
```

图 5-84 编写带形参的故障报警函数 FC60

### 3．调用带形参的 FC

对于不同的故障源可以分别调用故障报警函数，为形式参数赋值对应的实际参数。当分配实际参数给形式参数时，可以指定绝对地址、符号名称或常数，如图 5-85 所示。这样编写一次程序可以多次使用，提高编程效率。由于 FC 没有自己的背景数据块，因此在调用函数 FC 的时候必须给所有形参赋实参。

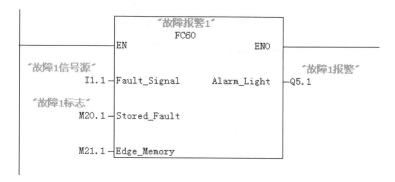

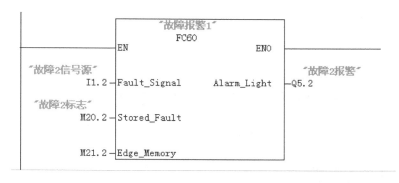

图 5-85　多次调用故障报警函数 FC60

## 5.12.3　编写带形参的 FB

FB 与 FC 不同的是它拥有属于自己的背景数据块，背景数据块的格式与 FB 变量声明表的格式相同，定义的形参和静态变量的当前值保存在背景数据块中。

### 1．定义形参

如图 5-86 所示，由于有了背景数据块，FB 的变量声明表区多了一个静态变量类型"STAT"，定义成静态变量的参数可以自动保存在背景数据块的相应单元，无需分配地址和编写访问指令。在本例中，将故障记录"Stored_Fault"和上升沿记录"Edag_Memory"定义为静态变量"STAT"，这样在调用 FB 时背景数据块对应的位地址用来保存"Stored_Fault"和"Edag_Memory"的状态，而不需要赋实参占用 M 存储器的地址，可以节省内存空间并简化块的调用。

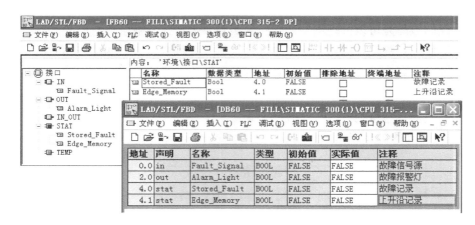

图 5-86　FB 和它的背景数据块

## 2. 编写带形参的 FB

编写带形参的 FB 与编写带形参的 FC 类似，图 5-87 所示为故障报警函数 FB60。

FB60：故障报警

**程序段 1**：故障源的上升沿使故障记录标志位置1，应答后清零

```
        I1.6                                          #Stored_Fault
      "故障应答"                                          ┌─────────────┐
    ───┤ ├───                                          │     RS       │
                                                       │ R          Q │
    #Fault_Signal    #Edge_Memory                      │              │
    ───┤ ├───────────────(P)──                         │ S            │
                                                       └─────────────┘
```

**程序段 2**：故障源到来时故障报警灯闪烁，应答后如果故障依然存在则报警灯常亮

```
                      M10.3
    #Stored_Fault   "2Hz信号"                 #Alarm_Light
    ───┤ ├──────────┤ ├─────────────────────────( )──

    #Stored_Fault   #Fault_Signal
    ───┤/├──────────┤ ├──
```

图 5-87　编写带形参的故障报警函数 FB60

## 3. 生成 FB 的背景数据块

调用 FB 时，需要指定背景数据块的代码。

生成背景数据块的方法有两种。一种是在 SIMATIC Manager 窗口中，插入新的块，选择 DB 块的类型为背景数据块，然后指定是哪一个 FB 的背景数据块。如图 5-88 所示，新建数据块 DB60，指定为 FB60 的背景数据块，然后在调用 FB60 时输入背景数据块的代码 DB60。另一种是在调用 FB 时直接在红问号处输入背景数据块的代码如 DB61，由于该背景数据块并不存在，会弹出对话框问是否要生成它，如图 5-89 所示，点击"是"按钮则自动生成背景数据块 DB61。

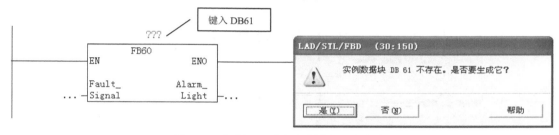

图 5-88　生成背景数据块

图 5-89　调用 FB 时自动生成背景数据块

调用 FB 时所赋的实际参数保存在它的背景数据块中。为了使每次调用的参数都能保存下来，多次调用同一个 FB 时需要指定不同的背景数据块。

FB 对于大多数类型的形参（参数类型除外）可以赋实参，也可以不赋实参。如果在调用时不分配实际的参数，则程序执行中将采用上一次存储在背景数据块中的参数值。

两次调用 FB60 的实例如图 5-90 所示。

图 5-90　多次调用 FB60 指定不同的背景数据块

### 5.12.4 调用修改了参数的函数 FC 或 FB

调用了带形参的函数 FC 或 FB 后，如果又修改了变量表中的形参或静态变量，则必须要修改调用程序块。例如，本例中希望对于不同的故障源，报警指示灯以不同的频率闪烁。修改 FB60 的变量表，增加 IN 类型形参"Flash_ Frequency"，保存时会弹出对话框提示接口参数的变化会引起的后果，如图 5-91 所示。

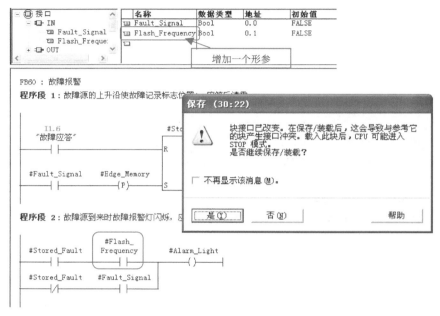

图 5-91　修改函数块的形参

如图 5-92 所示，在调用的程序块 FC50 中，由于 FB60 作了修改会变成红色。这时选中出错的 FB60 并点击鼠标右键，选择"更新块调用"，在弹出的对话框中显示修改前和修改后的两种状态，选择修改后的结果，点击"确定"按钮，还要修改相应的背景数据块。

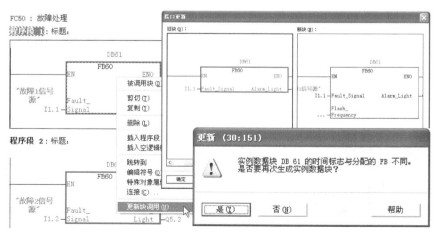

图 5-92　更改块调用

## 任务 9  生产线故障报警

故障信号到来时，对应的故障报警指示灯以 2Hz 的频率闪烁。按下操作面板上的故障应答按钮 I1.6 以后，如果故障已经消失则故障报警灯熄灭，如果故障依然存在则故障报警灯常亮。

1）编写故障报警函数 FC60，在故障处理程序 FC50 中三次调用 FC60，赋实参如表 5-10所示。

表 5-10  FC60 的实参

| 故 障 源 | 故 障 记 录 | 上升沿记录 | 故障指示灯 |
|---|---|---|---|
| I1.1 | M20.1 | M21.1 | Q5.1 |
| I1.2 | M20.2 | M21.2 | Q5.2 |
| I1.3 | M20.3 | M21.3 | Q5.3 |

2）编写故障报警函数 FB60，在故障处理程序 FC50 中改为三次调用 FB60，赋实参如表5-11 所示。

表 5-11  FB60 的实参

| 故 障 源 | 背景数据块 | 故障指示灯 |
|---|---|---|
| I1.1 | DB61 | Q5.1 |
| I1.2 | DB62 | Q5.2 |
| I1.3 | DB63 | Q5.3 |

## 5.13  故障诊断

工程项目在运行过程中会出现故障，要求工程技术人员能够快速查找并排出故障。STEP7 软件为用户提供了多种故障诊断的工具，灵活使用这些工具可以帮助技术人员快速地查找和排除故障。

STEP7 软件将故障分为导致 CPU 停机的故障和 CPU 不停机但系统运行的功能不满足要求的故障。故障的级别及诊断调试工具见表 5-12，监视块和监视/修改变量在 5.10 节程序调试方法中做过介绍，本节重点介绍模块信息、硬件诊断和参考数据的应用。

表 5-12  故障的级别及诊断调试工具

| 故障的级别 | 诊断调试工具 |
|---|---|
| 由系统检测出的导致 CPU 停机的故障：<br>　模板故障<br>　信号电缆短路<br>　扫描时间超出<br>　程序错误（如访问不存在的块） | ● 模块信息<br><br>● 硬件诊断 |
| CPU 不停机但功能不满足要求的功能故障：<br>　编程逻辑错误（在生成和调式时未发现）<br>　过程故障（传感器/执行器、电缆故障） | ● 参考数据<br>● 监视块<br>● 监视/修改变量 |

### 5.13.1　模块信息

"模块信息"工具用于诊断导致 CPU 停机的故障。CPU 的操作系统具有诊断功能，当发生系统错误或程序错误导致 CPU 停止时，操作系统会将错误的原因和导致的结果记录在内部的诊断缓冲区中。一些外设模块也具有诊断功能，当发生故障时会将错误的原因通过背板总线传送到 CPU，并记录在内部的诊断缓冲区中。可以通过 PG/PC 在线读取诊断缓冲区记录的 CPU 停机信息。

**1．启动"模块信息"**

有两种方法可以启动"模块信息"工具，如图 5-93 所示。一是在 SIMATIC Manager 窗口的"PLC"下拉菜单中点击"诊断/设置"，在子菜单中选择"模块信息"。二是在 LAD/STL/FBD 编辑器窗口的"PLC"下拉菜单中选择"模块信息"。

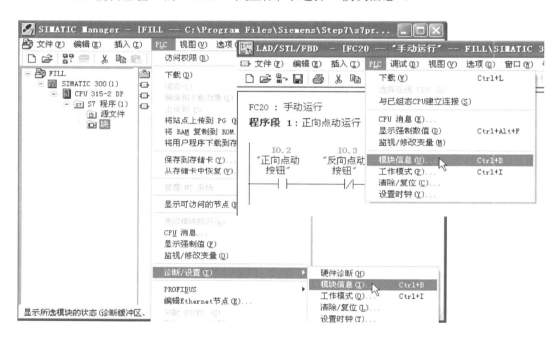

图 5-93　启动"模块信息"工具

**2．诊断缓冲器中的错误信息**

在图 5-94 所示的"模块信息"窗口中选择"诊断缓冲区"选项卡，查看 CPU 的错误信息。

在诊断缓冲区窗口的上半部分，显示错误事件的代码、发生的时间和日期，以及事件的描述。"诊断缓冲区"是一个先进先出（FIFO）的缓冲区，第一条为最新的信息，缓冲区满了以后老信息将丢失。在诊断缓冲区窗口的下半部分显示错误的详细信息。点击"打开块"按钮，可以在线打开出错的程序块。

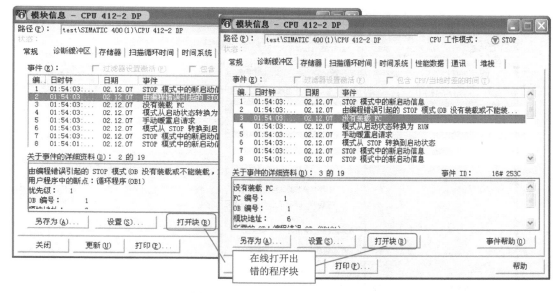

图 5-94　诊断缓冲器中的错误信息

### 3. 常见故障

常见的导致 CPU 停机的故障见表 5-13。

表 5-13　常见的导致 CPU 停机的故障

| 序　号 | 故　　障 | 显 示 信 息 |
|---|---|---|
| 1 | 被调用程序块未下载 | FC 不存在 |
| 2 | 访问了不存在的 I/O 地址 | 地址访问错误 |
| 3 | 输入非 BCD 码值 | BCD 码转换错误 |
| 4 | 访问了不存在的数据块 | DB 不存在 |
| 5 | 访问了不存在的数据块地址 | 访问地址长度出错 |

## 5.13.2　硬件诊断

利用"硬件诊断"工具可以快速地排查硬件设备的故障，及时更换硬件模块。

### 1. 设置硬件诊断显示模式

启动硬件诊断之前需设置硬件诊断显示窗口的模式是快速显示还是详细信息显示。方法如图 5-95 所示，在 SIMATIC Manager 窗口中，点击"选项"下拉菜单的"自定义"命令，打开项目自定义窗口，选择"视图"选项卡。如果激活"在硬件诊断时显示快速视图"，则"硬件诊断"只显示 CPU 和故障模块；如果不激活"在硬件诊断时显示快速视图"，则 STEP 7 会使用较长的时间装载实际的硬件组态并显示项目中所有模块的信息。

### 2. 启动"硬件诊断"

启动"硬件诊断"的方法是在 SIMATIC Manager 窗口中，点击"PLC"下拉菜单的"诊断/设置"命令，在子菜单中选择"硬件诊断"，如图 5-96 所示。

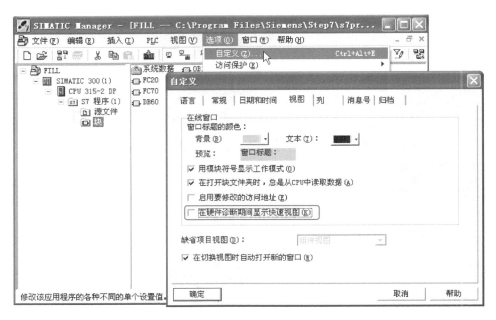

图 5-95　定义硬件诊断的显示方式

图 5-96　启动"硬件诊断"工具

## 3. 硬件诊断信息

如图 5-97 所示,在"硬件诊断"窗口中,发生故障的模块前面会有红色的标记。双击 CPU 读取诊断缓冲区的信息,得知由诊断中断引起 CPU 已经停机,故障原因是模拟量模块出现故障,输入地址是 512。

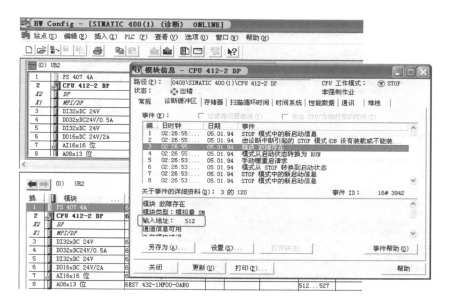

图 5-97　硬件诊断信息

双击标记出错的模拟量输入模块，显示模块信息，如图 5-98 所示，在"诊断中断"选项卡中可以看到详细的诊断信息：通道 0 模拟量输入参数分配出错，通道 2 模拟输入断线。

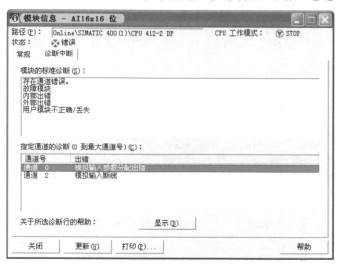

图 5-98　故障模块的诊断信息

### 5.13.3　参考数据

STEP7 可以对已经编写的程序进行分析和统计，生成参考数据（Reference Data）。这些数据通过直观的表格方式显示，可以让用户对程序的调用结构、资源占用情况等一目了然，能够帮助用户完善程序文档，并且能够让程序的调试和修改更加容易。有两种方法可以显示"参考数据"，如图 5-99 所示，一是在 SIMATIC Manager 窗口的"选项"下拉菜单中点击

"参考数据"，在子菜单中选择"显示"命令。二是在 LAD/STL/FBD 编辑器窗口的"选项"下拉菜单中点击"参考数据"，在子菜单中选择"显示"命令。

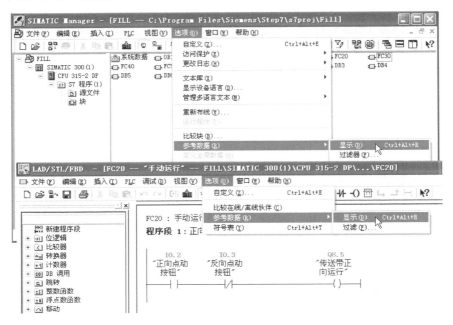

图 5-99  显示参考数据

参考数据包括"程序结构"、"资源占用情况"、"交叉参考"、"未使用的符号"和"不带符号的地址"五项。

### 1．程序结构

在参考数据窗口，点击工具栏中的"程序结构" ▊ 按钮，显示程序结构，如图 5-100 所示。

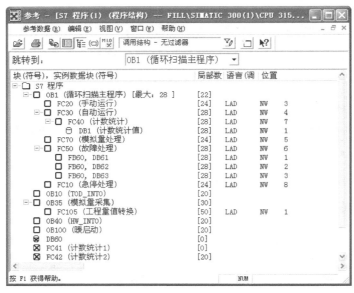

图 5-100  程序结构

在程序结构窗口中，显示了项目中所有用户程序块和数据块代码，各程序块之间的调用体系及所用的数据块，对项目的组成结构一目了然。

**2. 资源占用情况**

在参考数据窗口，点击工具栏中的"内存的赋值" 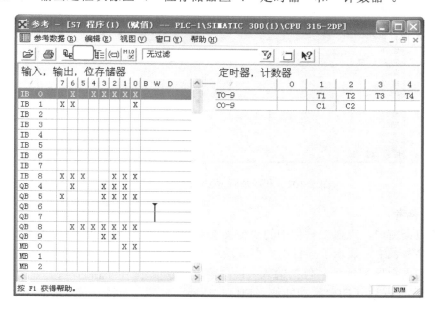按钮，显示资源占用情况，如图5-101 所示。在资源占用情况窗口中，显示了 CPU 系统存储器资源的使用情况，包括"输入过程映像区"、"输出过程映像区"、"位存储器区"、"定时器"和"计数器"。

图 5-101　资源占用情况

（1）输入、输出、位存储器区域

每行包含内存区域的一个字节，不同的标记代表不同的访问类型，是位、字节、字，还是双字的访问。

白色背景：未访问地址，因而也未分配地址。

X：访问位地址。

蓝色背景：访问字节、字或双字地址。

如果是字节、字或双字访问，列 B、W 和 D 中会显示蓝色进度条，条上的黑点表示访问的开始处。B 表示被一个字节访问占用，W 表示被一个字访问占用，D 表示被一个双字访问占用。

（2）定时器，计数器区域

每行包含 10 个定时器或计数器。

白色背景：未用。

蓝色背景：Txx 或 Cxx 已使用

资源占用情况窗口可以帮助查找地址分配不合理的错误。例如，某项目资源占用情况如图 5-102 所示，图中被标注的部分存在问题：M25.0、M25.1、M25.7 的 X 与 MW24 的蓝色背景重叠，MW20 与 MW21 的蓝色背景重叠，说明程序中地址有重叠使用的情况。通过交叉参考可以知道在哪个程序块中地址访问出现了错误。

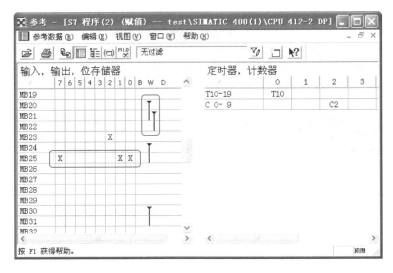

图 5-102　利用资源占用情况窗口查找错误

### 3．交叉参考

在参考数据窗口，点击工具栏中的"交叉参考" 按钮，显示交叉参考，如图 5-103 所示。在交叉参考表中，显示了项目中内存区域地址在所有程序块中的使用情况。第 1 列显示程序中使用的内存区域地址，包括输入（I）、输出（Q）、位存储器区（M）、定时器（T）、计数器（C）、数据块（DB）、功能块（FB）、功能（FC）、系统功能块（SFB）、系统功能（SFC）、外设输入（PI）和外设输出（PQ）。第 2 列显示该地址被应用的程序块。第 3 列显示对地址的访问类型，读访问（R）、写访问（W）、读/写访问（RW）。第 4 列显示块的编程语言。第 5 列显示块中访问点的位置以及用的什么指令。

图 5-103　交叉参考

利用交叉参考表可以查找地址重复赋值的情况，图 5-103 中显示 Q5.2 在 FC5 的第 2 段和 FC17 的第 1 段两处作了写操作，为重复赋值，有可能导致程序运行出错。

利用交叉参考表可以直接打开问题地址所在的程序块。在图 5-102 中通过资源占用情况窗口已经知道 MW20 与 MW21 重叠使用，在图 5-103 中点击 MW21 访问点的位置，右键选择"跳转到位置"命令，即可打开访问 MW21 的程序块 FC5，光标停在指令所在的第 1 段，如图 5-104 所示。

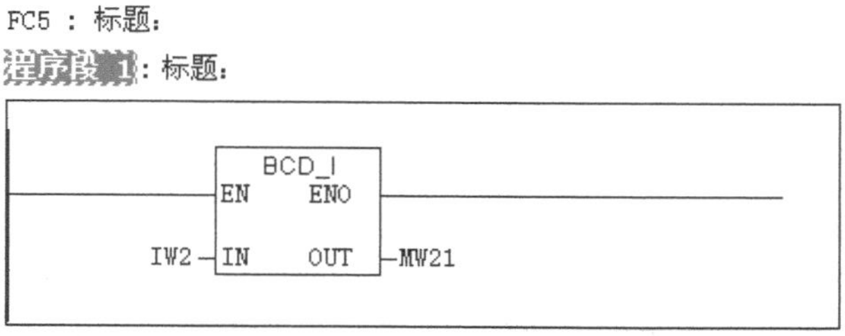

图 5-104　打开访问 MW21 的程序块 FC5

在调试程序过程中，如果某个地址的状态不正常，怀疑是否被重复赋值，可以直接打开该地址的交叉参考表。方法是选中有疑问的地址，右键选择"跳转到"→"应用位置"，即可打开该地址的交叉参考表，如图 5-105 所示。

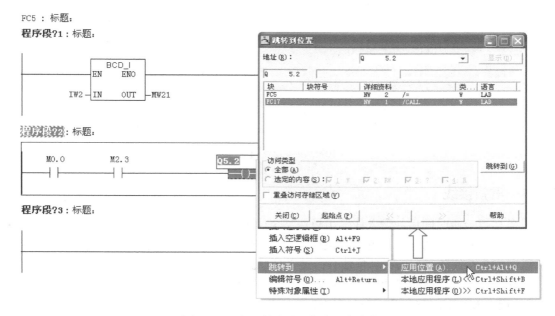

图 5-105　打开某个地址的交叉参考表

### 4．未使用的符号

在参考数据窗口，点击工具栏中的"未使用的符号"按钮，显示未使用的符号列表，如图 5-106 所示。在未使用符号列表中，显示已在符号表中进行了定义，但未在 S7 用户程序内使用的地址元素。

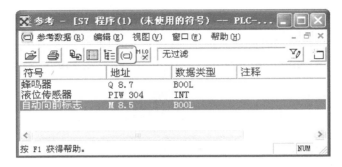

图 5-106  未使用的符号列表

### 5. 不带符号的地址

在参考数据窗口，点击工具栏中的"不带符号的地址" <sup>MLO</sup> 按钮，显示没有定义符号的地址列表。在该列表中，显示已在 S7 用户程序中使用，但在符号表中没有定义的元素，如图 5-107 所示。

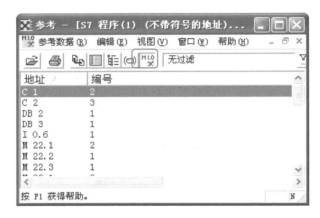

图 5-107  没有定义符号的地址

## 5.13.4  重新接线

设备运行一段时间后，输入或输出模块某个通道可能会出现故障。如果硬件配置的模块上还有其他没有使用的通道，可以将传感器或执行器连接到新的通道上，替换原来发生故障的通道。重新接线除了更改硬件连线外，还必须修改程序以适应新的接线。

下面介绍实现重新接线的两种方法。

### 1. 用 SIMATIC 管理器实现重新接线

用 SIMATIC 管理器实现重新接线，必须将程序块属性中地址优先级的选项设置成绝对地址优先。操作步骤：关闭 LAD/STL/FBD 编辑器窗口，在 SIMATIC Manager 窗口中，选中"块"，并单击鼠标右键，选择"对象属性"，打开块的属性设置对话框，如图 5-108 所示。在"地址优先级"选项卡中设置"绝对数值具有优先级"，单击"确定"按钮后关闭窗口。

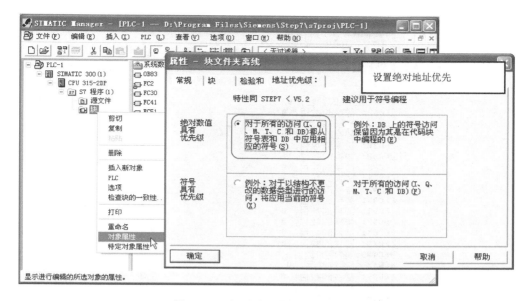

图 5-108　设置绝对数值具有优先级

在 SIMATIC Manager 窗口的"选项"下拉菜单中点击"重新布线"命令,在打开的窗口中输入新、旧地址,用 I9.5 替换 I8.5,如图 5-109 所示。如果输入一个字节的地址,并激活"指定地址内的所有存取",则包括该字节在内的所有位地址也自动作相应的变更。点击"确定"按钮后,软件会自动更新所有程序块中的旧地址,并给出更新接线后的报告,告知项目下哪些程序块中的几处地址发生了变化,可以作为维修的技术文件存档,如图 5-110 所示。

图 5-109　输入重新布线地址

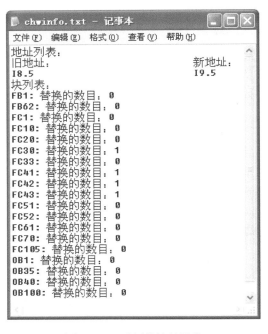

图 5-110 重新接线的报告

将所有程序块重新下载到 CPU，系统按新的地址运行。

用 SIMATIC 管理器实现重新接线方便、快捷，缺点是程序中新更改的地址丢失了符号信息，如图 5-111 所示。

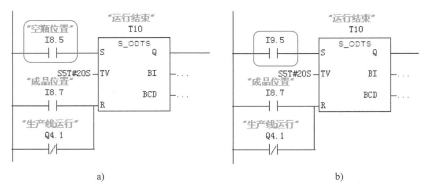

图 5-111 用 SIMATIC 管理器重新布线丢失地址的符号信息

a) 旧接线    b) 新接线

### 2．用符号表实现重新接线

用符号表实现重新接线，必须将程序块属性中地址优先级的选项设置成符号优先。操作步骤：关闭 LAD/STL/FBD 编辑器窗口，在 SIMATIC Manager 窗口中，选中"块"，并单击鼠标右键，选择"对象属性"，打开块的属性设置对话框，如图 5-112 所示。在"地址优先级"选项卡中设置"符号具有优先级"，单击"确定"按钮后关闭窗口。

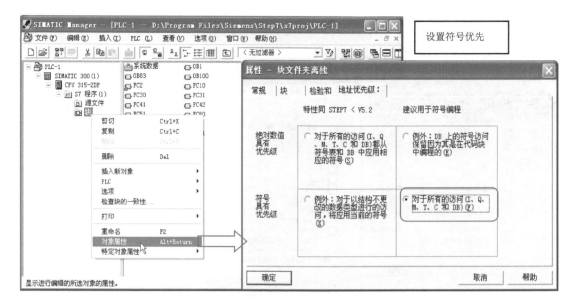

图 5-112　设置符号具有优先级

打开符号表，修改需要重新接线的地址，符号"空瓶位置"对应的实际地址由 I8.5 改为 I9.5，如图 5-113 所示，符号表存盘。

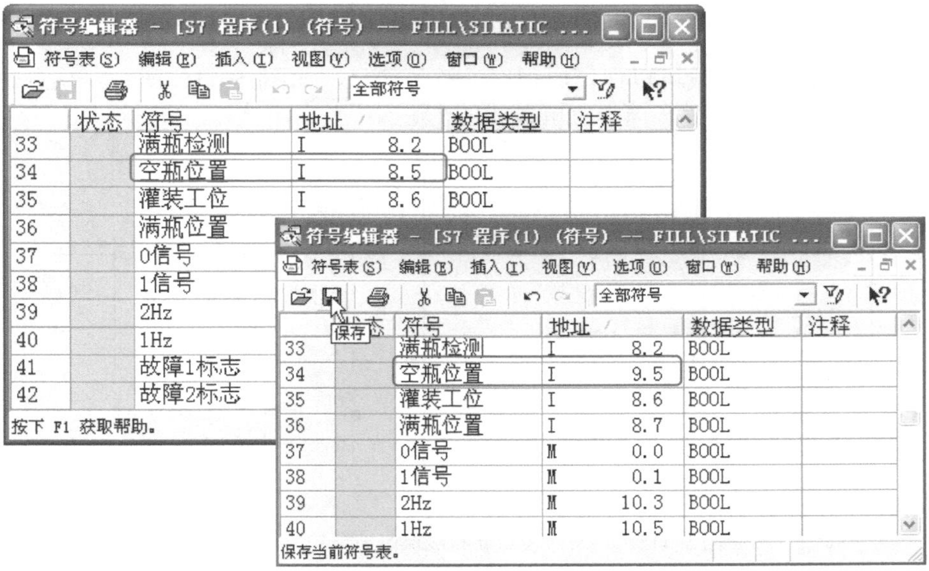

图 5-113　修改符号表

修改符号表后程序中的地址并没有发生相应的变化，需要用"块的一致性检查"工具对所有程序块重新进行编译。在图 5-114 所示的 SIMATIC Manager 窗口中，用鼠标选中"块"，在"编辑"下拉菜单点击"检查块的一致性"，打开一致性检查窗口，红色的程序块表示符号地址或时间标记存在冲突。点击工具栏中的"编译" 按钮，软件将自动更新所有程序块中符号"空瓶位置"所对应的绝对地址，重新编译后所有程序块都变成绿色。将编译后的所有程序块重新下载到CPU。

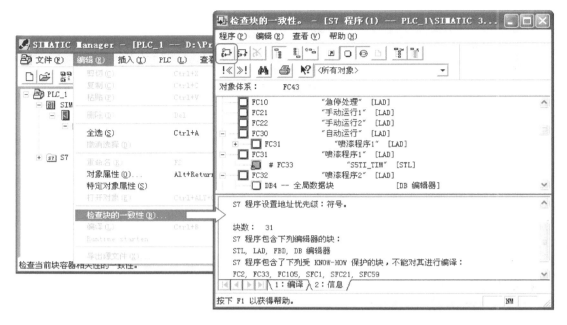

图 5-114　进行块的一致性检查

用符号表实现重新接线可以保留原程序的符号信息，如图 5-115 所示。缺点是需要用"检查块的一致性"重新编译程序块，更新地址。

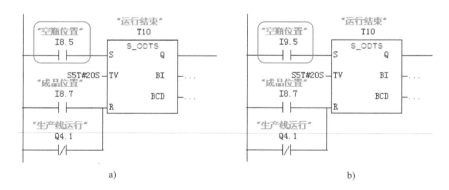

图 5-115　用符号表重新布线保留地址的符号信息

a) 旧接线　b) 新接线

## 任务 10　重新接线点动传送带电动机

应用 SIMATIC 管理器或符号表实现重新接线，将正向点动按钮 I0.2 的接线改为 I1.4，反向点动按钮 I0.3 的接线改为 I1.5。

## 5.14 组织块与中断系统

### 5.14.1 组织块的类型与优先级

组织块（OB）是由操作系统自动执行的，在满足不同的条件时操作系统会执行不同的组织块。组织块建立了操作系统与用户程序之间的桥梁，只有编写在组织块中的指令或在组织块中调用的 FC、FB 才能被操作系统执行。

S7-300/400CPU 的组织块可以分为三大类：启动组织块、循环执行的组织块和中断组织块。为避免组织块执行时发生冲突，操作系统为每个组织块分配了相应的优先级，如果同时满足几个组织块的执行条件，则系统首先执行优先级高的组织块。组织块类型及优先级见表 5-14。本节重点介绍启动组织块和中断组织块。

表 5-14  组织块类型及优先级

| 类　型 | | OB | 优　先　级 |
|---|---|---|---|
| 启动组织块 | | OB100、OB101、OB102 | 27 |
| 循环执行的组织块 | | OB1 | 1 |
| 中断组织块 | 时间中断 | OB10、OB35 等 | 2、12 等 |
| | 事件中断 | OB20、OB40 等 | 3、16 等 |
| | 诊断中断 | OB80 ～ OB122 | 26 |

### 5.14.2 启动组织块

在 CPU 开始处理用户程序之前，首先执行启动组织块。启动组织块只在 CPU 启动时执行一次，以后不再被执行。可以将一些初始化的指令编写在启动组织块中。

STEP7 有三种启动模式：暖启动、热启动和冷启动。

**1. 暖启动**

暖启动时操作系统执行启动组织块 OB100。所有的 S7-300/400CPU 均支持暖启动。

暖启动过程如下：

1）系统会复位过程映像区以及非保持的位存储器区、定时器和计数器。在硬件组态中设置成保持的位存储器区、定时器和计数器会保持其最后的有效值。

2）执行暖启动组织块 OB100。

3）开始 CPU 扫描周期，从头执行循环程序 OB1。

**2. 热启动**

热启动时操作系统执行启动组织块 OB101。只有 S7-400CPU 支持热启动。

执行热启动时，所有数据和过程映像区都会保持其最后的有效值。热启动过程如下：

1）执行热启动组织块 OB101。

2）从上次掉电时的断点处继续执行程序。

3）清除输出过程映像区（在硬件组态中可以设置是否清除输出过程映像区）。

4）开始 CPU 扫描周期，从头执行循环程序 OB1。

**3. 冷启动**

冷启动时操作系统执行启动组织块 OB102。新型的 S7-400CPU 和 S7-318CPU 支持冷启动。

冷启动过程如下：

1）系统会复位过程映像区和所有位存储器区、定时器和计数器，不管是否已经将它们设置成可保持的。

2）数据块的值被重置为创建数据块时设定的初始值。

3）执行冷启动组织块 OB102。

4）开始 CPU 扫描周期，从头执行循环程序 OB1。

### 5.14.3 中断组织块

PLC 的中断系统用于处理各种原因引起的中断，包括时间中断、事件中断和诊断中断。中断服务程序编写在中断 OB 中。

CPU 上电后会循环执行 OB1，当中断条件满足时，系统会停止 OB1 的执行而去执行相应的中断服务程序即中断 OB，然后再回到 OB1 的断点处继续执行 OB1。

**注意：**

中断组织块中的程序只在中断条件满足时被执行一次，不会循环执行。

#### 1．时间中断

（1）日期时间中断（OB10～OB17）

用户可以指定日期时间及特定的周期产生中断，执行日期时间中断 OB。例如，每天 17:00 保存数据。

可以在硬件组态工具中启动日期时间中断。如图 5-116 所示，在 CPU 属性窗口的"时刻中断"选项卡中激活 OB10，选择执行周期和开始的日期时间。

图 5-116  启动日期时间中断

执行周期：单次、每分钟、每小时、每天、每周、每月、每个月末、每年等。

**注意：**

对于每月执行的日期时间中断 OB，不能将 28、29、30、31 号作为起始日期。

启动日期时间中断应设置好 CPU 当前的时钟。方法如图 5-117 所示，将编程器与 CPU 连接，在 SIMATIC Manager 窗口中点击"PLC"下拉菜单的"诊断/设置"命令，在子菜单中选择"设置时间"，打开 CPU 时钟设置窗口，输入 CPU 模块的日期和时间值，也可以选中"来自 PG/PC"，直接使用编程器的时间。点击"应用"按钮完成对 CPU 时钟系统的设置。

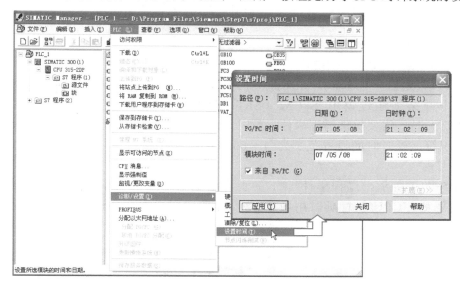

图 5-117　设置 CPU 的时钟

（2）循环中断（OB35～OB38）

用户可以以固定的时间间隔产生中断，执行循环中断 OB。例如，闭环控制程序的采样指令可以编写在循环中断 OB，以保证准确的采样间隔。

可以在硬件组态工具 CPU 属性窗口的"周期性中断"选项卡中设置循环中断的间隔时间，间隔时间从 STOP 到 RUN 的模式转换时刻开始，间隔时间设置范围为 1～60000ms。如图 5-118 所示。

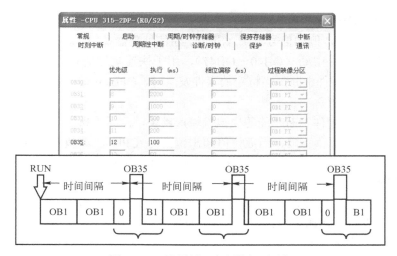

图 5-118　设置循环中断的间隔时间

121

**注意：**

设置的间隔时间必须大于循环中断 OB 的运行时间。如果间隔时间到而循环中断 OB 的指令还没有执行完，则触发时间错误组织块 OB80，如果项目中没有创建 OB80，CPU 进入停机模式。

**2．事件中断**

（1）延时中断（OB20～OB23）

用户可以设定当一个过程事件出现时延时一段时间产生中断，执行延时中断 OB。

延时中断必须通过调用 SFC32（SRT_DINT）来启动。当用户程序调用 SFC32（SRT_DINT）时，需要提供过程事件、延时中断 OB 的编号、延迟时间和用户给定的过程事件标识符，延时时间设置范围为 1～60000ms，延时精度为 1ms，大大优于定时器精度。

如图 5-119 所示，过程事件 I1.1 的上升沿调用 SFC32 启动延时中断，经过指定的 1ms 延迟后，CPU 执行延时中断 OB20，标识符 16#1 会出现在 OB20 的启动信息中。

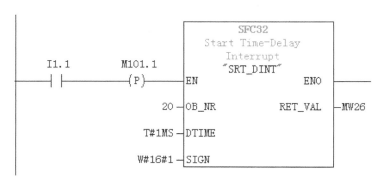

图 5-119　调用 SFC32 启动延时中断 OB20

（2）硬件中断（OB40～OB47）

S7 的一些硬件模块，例如信号模块（SM）、通信处理器（CP）、功能模块（FM），具有检测功能，可以触发硬件中断（OB40～OB47），用于快速响应的过程事件。如果在硬件组态工具中激活了模块的硬件中断，当特定的事件发生时，CPU 立即中断当前用户程序的执行而处理硬件中断 OB 的程序。

图 5-120 所示具有硬件中断功能的模拟量输入模块，激活"超出限制硬件中断"后，可以设置硬件中断触发的上、下限，当液位值超出范围时 CPU 立即执行硬件中断 OB40。在 OB40 的用户程序中，可以设定需要 CPU 在超出极限值时如何响应。

**3．诊断中断**

CPU 的操作系统具有诊断功能，当发生错误时 CPU 停止当前程序的运行而立即执行处理错误的 OB，在该 OB 中编写指令决定系统如何响应。

错误可分为两种基本类型：异步错误和同步错误。

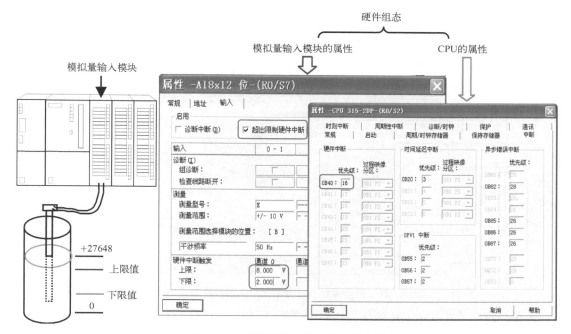

图 5-120　模拟量输入模块的硬件中断

（1）异步错误中断（OB80～OB87）

异步错误是指错误的出现与正在执行的用户程序没有对应的关系，即出现错误时不能确定正在执行哪条指令。

如果 CPU 的操作系统检测到一个异步错误，它将启动相应的 OB。默认状态下，用于处理异步错误的 OB 的优先级最高，如果同时发生一个以上的异步错误 OB，则将按它们发生的顺序对其进行处理。常见的异步错误及处理该错误的 OB 见表 5-15。

表 5-15　常见的异步错误及处理该错误的 OB

| 错误类型 | 例　子 | OB |
|---|---|---|
| 时间错误 | 超出最大循环扫描时间 | OB80 |
| 电源故障 | 备份电池失效 | OB81 |
| 诊断中断 | 有诊断能力模块的输入断线 | OB82 |
| 插入/移除中断 | 在运行时移除 S7-400 的信号模块 | OB83 |
| CPU 硬件故障 | MPI 接口上出现错误的信号电平 | OB84 |
| 程序执行错误 | 更新映像区错误（模块有缺陷） | OB85 |
| 机架错误 | 扩展设备或 DP 从站故障 | OB86 |
| 通信错误 | 读取信息格式错误 | OB87 |

图 5-121 所示为具有诊断中断功能的模拟量输入模块。激活"诊断中断"及"检查线路断开"功能后，当外部传感器输入信号发生断线故障时，CPU 立即执行诊断中断 OB82。

（2）同步错误（OB121、OB122）

同步错误是指错误的出现与正在执行的用户程序有对应的关系，即出现错误时能确定正在执行哪条指令。

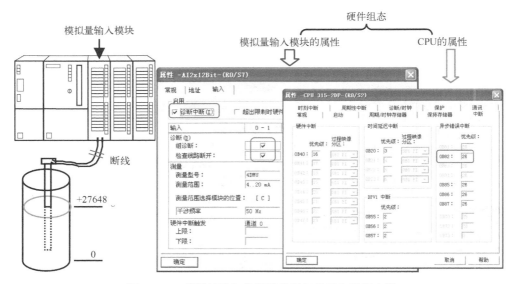

图 5-121　模拟量输入信号断线引起的异步错误中断

用于处理同步错误的 OB 的优先级与检测到错误时正在执行的 OB 块相同。

常见的同步错误及处理该错误的 OB 见表 5-16。

表 5-16　常见的同步错误及处理该错误的 OB

| 错 误 类 型 | 例　　子 | OB |
|---|---|---|
| 编程错误 | 在程序中调用一个 CPU 中并不存在的块 | OB121 |
| 访问错误 | 访问一个模块有故障或不存在的模块（例如，直接访问一个不存在的 I/O 模块） | OB122 |

## 5.14.4　组织块的启动信息

每个组织块变量声明表区定义了 20 个字节的局部变量，用于记录执行该组织块时的启动信息，如图 5-122 所示。用户不能修改或覆盖这些区域的变量值，如果用户需要定义自己的临时变量，只能在启动信息之后创建。

| 局部变量字节 | | | |
|---|---|---|---|
| 0/1 | 启动事件 | 序列号 | 管理信息 |
| 2/3 | 优先级 | OB 号 | |
| 4/5 | 局部变量字节 8、9、10、11 的 | | |
| 6/7 | 附加信息 1　（例如，中断模版的起始地址） | | 启动信息 |
| 8/9 | 附加信息 2　（例如，中断状态） | | |
| 10/11 | 附加信息 3　（例如，通道号码） | | |
| 12/13 | 年 | 月 | |
| 14/15 | 日 | 时 | |
| 16/17 | 分钟 | 秒 | 启动时间 |
| 18/19 | 1/10 秒，1/100 秒 | 1/1000 秒，星期 | |

图 5-122　组织块的启动信息

图 5-123 为 OB100 的启动信息，通过在线帮助可以看到组织块启动信息的说明。

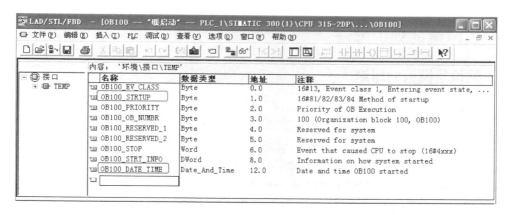

图 5-123　OB100 的启动信息

OB100_STRTUP 信息表明 CPU 的启动方式: 16#81 表示进行的是手动暖启动, 即 CPU 已经上电, 通过选择开关由 STOP 到 RUN 启动 CPU; 16#82 表示进行的是自动暖启动, 即 CPU 选择开关已经在 RUN 的位置, 通过电源上电启动 CPU。

OB100_DATE_TIME 信息给出执行 OB100 时的日期和时间, 即 CPU 暖启动的时间。由于 Date_And_Time 是一个复杂的数据类型, 占用了 8 个字节, 所以不能用变量名直接读取 CPU 暖启动的时间信息。可以将 8 个字节的局部变量 OB100_DATE_TIME 拆成两个双字分别进行访问, 如图 5-124 所示。MD12 的内容表示 CPU 暖启动的时间是 08 年 07 月 15 日 11 时, MD16 的内容继续表示 02 分 10 秒 285 毫秒星期二 (西方认为做礼拜的这一天是一个星期的开始, 所以 1 表示星期日。依此类推, 3 表示星期二)。

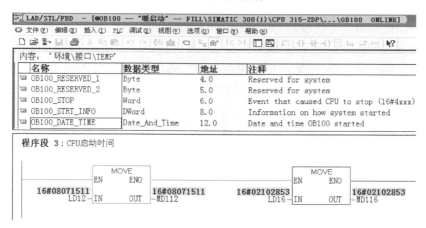

图 5-124　CPU 暖启动的时间

# 任务 11　日期时间中断组织块的应用

利用日期时间中断组织块 (OB10) 使蜂鸣器每到整点响 5 秒钟报时。在硬件组态中定义 OB10 的参数, 从整点开始每隔 1 小时执行一次 OB10。在 OB1 和 OB10 中编写相应的程序, 使蜂鸣器每到整点响 5 秒钟。

## 5.15 模拟量的处理方法

### 5.15.1 模拟量模板的用途

在生产现场有许多过程变量的值是随时间连续变化，称为模拟量，而 CPU 只能处理"0"和"1"这样的数字量，这就需要进行模/数转换或数/模转换。

模拟量输入模块 AI 完成模/数转换，其输入端接传感器，经内部的 A/D 转换器件将输入的模拟量（如温度、压力、流量、湿度等）转换成数字量送给 CPU。

模拟量输出模块 AO 完成数/模转换，其输出端接外设驱动装置（如电动调节阀），经内部的 D/A 转换器件将 CPU 输出的数字量转换成模拟电压或电流驱动外设。

### 5.15.2 量程卡的设置

一些模拟量输入模块的侧面装有量程卡，有 A、B、C、D 4 个安装位置，如图 5-125 所示。在安装模块前必须根据传感器信号的类型和测量范围，设置好量程卡的位置。关于设置不同的测量类型及测量范围的简要说明印在模块上。

没有量程卡的模拟量输入模块通过不同的接线端子适应电压、电流或电阻的测量。

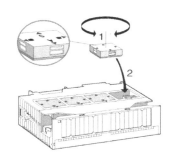

图 5-125　量程卡

### 5.15.3 AI/AO 地址分配

#### 1. 固定的编址方式

S7-300CPU 模拟量固定的编址方式如图 5-126 所示。从 4 号槽开始排地址，每个槽位预留 8 个模拟量通道的地址，每个通道占用 2 个字节（16 位）。为了避免与开关量地址发生冲突，模拟量的首地址从 256 开始。模拟量没有对应的输入/输出过程映像区，是直接访问外设，所以地址前要加外设的英文字头 P，即 PIW256、PQW304 等。

| 机架 3 | PS | IM（接收） | 640 to 654 | 656 to 670 | 672 to 686 | 688 to 702 | 704 to 718 | 720 to 734 | 736 to 750 | 752 to 766 |
|---|---|---|---|---|---|---|---|---|---|---|
| 机架 2 | PS | IM（接收） | 512 to 526 | 528 to 542 | 544 to 558 | 560 to 574 | 576 to 590 | 592 to 606 | 608 to 622 | 624 to 638 |
| 机架 1 | PS | IM（接收） | 384 to 398 | 400 to 414 | 416 to 430 | 432 to 446 | 448 to 462 | 464 to 478 | 480 to 494 | 496 to 510 |
| 机架 0 | PS | CPU | IM（发送） | 256 to 270 | 272 to 286 | 288 to 302 | 304 to 318 | 320 to 334 | 336 to 350 | 352 to 366 | 368 to 382 |
| 槽 | 1 | 2 | 3 | 4 | 5 | 6 | 7 | 8 | 9 | 10 | 11 |

图 5-126　S7-300CPU 模拟量固定的编址方式

注意：

对于紧凑型 CPU（CPU31xC），其上集成的 AI/AO 通道地址占用了第 3 排扩展机架最后一个模块的地址，即字节 752～766，所以紧凑型 CPU 只能扩展 31 个 I/O 模块。

**2．可变的编址方式**

S7-400CPU 和新型的 S7-300CPU 可以在硬件配置中由用户自己设定模块的通道地址。如图 5-127 所示，双击需要重新分配地址的模块，打开属性设置对话框，在"地址"选项卡中取消"系统默认"选项，用户可以设置模块的起始地址，没有顺序要求，但是不能与其他模块的地址冲突。

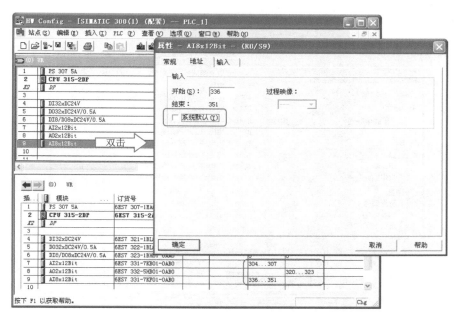

图 5-127　模拟量模块的地址分配

### 5.15.4　模拟量输入模块的组态

模拟量输入模块在使用前一定要根据输入传感器的类型、输入信号的大小以及中断等要求进行组态。如图 5-128 所示，在模块属性设置窗口的"输入"选项卡中，需要设置传感器测量信号的参数、模块故障诊断中断和测量上下限硬件中断。

**1．诊断中断**

具有故障诊断功能的模拟量输入模块可以触发 CPU 的诊断中断（OB82）。如果激活了图 5-128 所示的"诊断中断"，当故障发生时有关信息被记录在 CPU 的

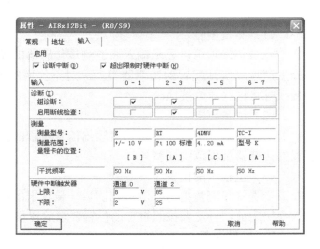

图 5-128　模拟量输入模块的属性设置

诊断缓冲区中，CPU 立即处理诊断中断组织块 OB82 在该块中编程故障出现时需要处理的指令。

模拟量输入模块可以诊断下列故障：

● 组态/参数分配错误。
● 共模错误。
● 断线（要求激活断线检查）。
● 测量值超下界值。
● 测量值超上界值。
● 无负载电压 L+。

**2．设置参数**

模拟量输入模块的参数设置如图 5-129 所示。

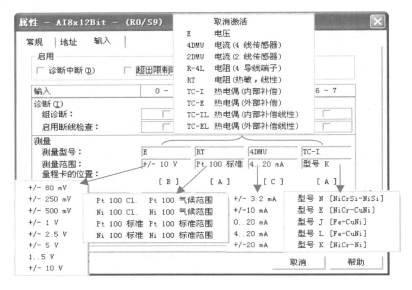

图 5-129  设置模拟量输入模块的参数

（1）测量型号

点击该选项可以显示输入通道测量传感器的类型，如电压、电流、电阻、热电偶等，选择生产现场实际配置的传感器类型。对不使用的通道或通道组选择"取消激活"，并在模块接线时将这些通道接地。

（2）测量范围

点击该选项可以显示传感器输出信号量程的范围或传感器的型号，选择生产现场实际配置的传感器量程范围或型号。

（3）量程卡的位置

当选择了测量型号和测量范围后，量程卡的特定位置就确定了。在机柜中安装模拟量输入模块之前，一定要按照组态的位置要求放置量程卡。

**3．硬件中断**

具有检测功能的模拟量输入模块可以触发硬件中断，对应的中断服务程序为

OB40～OB47。如果激活了"超出限制硬件中断"，可以设置被测量值触发硬件中断的上限和下限。例如，图 5-130 所示 S7-300 的模拟量输入模块，0 通道液位传感器输出 0～10V 的电压信号，2 通道温度传感器用的是 Pt100 热电阻，当测量值高于或低于设定的上/下限时，该模块触发硬件中断，CPU 立即执行中断服务程序 OB40，以作出对该事件的反应。

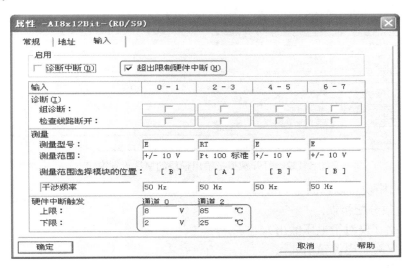

图 5-130　设置模拟量输入模块的硬件中断

在 OB40 启动信息的 OB40_POINT_ADDR 变量中，记录了超出特定极限值的通道信息。图 5-131 所示为变量 OB40_POINT_ADDR（DWORD）的信息说明，其中字节 LB8 的某一位为 1，表明该通道的测量值低于设定的下限值；字节 LB9 的某一位为 1，表明该通道的测量值高于设定的上限值。

| LB8 | | | | | | | | LB9 | | | | | | | | LB10 | | LB11 | | |
|---|---|---|---|---|---|---|---|---|---|---|---|---|---|---|---|---|---|---|---|---|
| 31 | 30 | 29 | 28 | 27 | 26 | 25 | 24 | 23 | 22 | 21 | 20 | 19 | 18 | 17 | 16 | 15 | 14 | 2 | 1 | 0 |
| | | | | | | | 1 | | | | | | | | 1 | | | | | |

L8.0=1 通道 0 中的数值低于下限　　L9.0=1 通道 0 中的数值超过上限

图 5-131　OB40_POINT_ADDR（LD8）的信息

### 5.15.5　模拟量输出模块的组态

模拟量输出模块在使用前一定要根据输出信号的类型、量值大小以及诊断中断等要求进行组态。如图 5-132 所示，在模块属性设置窗口的"输出"选项卡中，需要设置故障诊断中断、模块输出信号的类型和范围，以及 CPU 停机时模块的响应。

#### 1. 诊断中断

具有故障诊断功能的模拟量输出模块可以触发 CPU 的诊断中断（OB82）。如果激活了图 5-132 所示"诊断中断"，当故障发生时有关信息被记录在 CPU 的诊断缓冲区中，CPU 立即处理诊断中断组织块 OB82 在该块中编程故障出现时需要处理的指令。

图 5-132    打开模拟量输出模块的属性设置窗口

模拟量输出模块可以诊断下列故障：

● 组态/参数分配错误。

● 接地短路（仅对于电压输出）。

● 断线（仅对于电流输出）。

● 无负载电压 L+。

**2．设置参数**

模拟量输出模块的参数设置如图 5-133 所示。

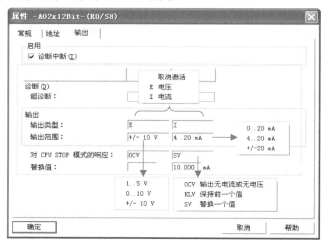

图 5-133    设置模拟量输出模块的参数

（1）输出类型

点击该选项可以显示模块输出通道的类型，如电压或电流，选择生产现场驱动器所需的模拟量类型。对不使用的通道或通道组选择"取消激活"，并在模块接线时使这些通道开路。

（2）输出范围

点击该选项可以显示模块输出通道的数值范围，选择生产现场驱动器所需的模拟量数值范围。

（3）CPU 停机时模块的响应

点击该选项可以显示在 CPU 停机模式下输出通道如何反应，有 3 个选项可供选择。

① 没有电压或电流输出（OCV）。在 CPU 停机模式下切断输出，V = 0 V，I = 0 mA。

② 保留最后的有效值（KLV）。在 CPU 进入停机模式之前，模块要保留最后的数值输出。

③ 替换一个值。替换值在默认情况下为"0"，可以在"替换值"空格中为各输出设置替换值。替换值不得超出额定范围。

**警告：**
确保在输出替换值时系统始终处于安全状态。

## 5.15.6  模拟量转换的数值表达方式

模拟量转换成数字字量以二进制补码形式表示，字长占 16 位。最高位（第 15 位）为符号位，"0"表示正值，"1"表示负值。转换值的分辨率取决于模块的型号，最大分辨率为 15 位，数值以左对齐方式存储，当模块的分辨率小于 15 位时，未使用的最低有效位用"0"填充。

16 位二进制补码表示的数值范围为 -32768 ～ +32767。需要注意的是西门子的模拟量模块测量范围并不是与数值范围相对应的，测量范围（如 ±10V 电压）对应的转换值为 ±27648。这样做的好处是当传感器的输入值超出测量范围时，模拟量模块仍然可以进行转换，使 CPU 做出判断。+32511 是模拟量输入模块故障诊断的上界值，-32512 是双极性输入故障诊断的下界值，-4864 是单极性输入故障诊断的下界值。当转换值超出上下界值时，具有故障诊断功能的模拟量输入模块可以触发 CPU 的诊断中断（OB82）。

表 5-17 所示为模拟量输入信号与转换值之间的关系，表 5-18 所示为数字量与模拟量输出信号之间的关系。

表 5-17　模拟量输入信号与转换值之间的关系

| 范　围 | 电压，例如： | | 电流，例如： | | 电阻，例如： | | 温度，例如 Pt100 | |
|---|---|---|---|---|---|---|---|---|
| | 测量范围<br>±10V | 转换值 | 测量范围<br>4...20mA | 转换值 | 测量范围<br>0...300Ohm | 转换值 | 测量范围<br>-200...+850℃ | 转换值<br>1 位数字=0.1℃ |
| 超上限 | ≥11.759 | 32767 | ≥22.815 | 32767 | ≥352.778 | 32767 | ≥1000.1 | 32767 |
| 超上界 | 11.7589<br>:<br>10.0004 | 32511<br>:<br>27649 | 22.810<br>:<br>20.0005 | 32511<br>:<br>27649 | 352.767<br>:<br>300.011 | 32511<br>:<br>27649 | 1000.0<br>:<br>850.1 | 10000<br>:<br>8501 |
| 额定范围 | 10.00<br>:<br>0<br>:<br>-10.00 | 27648<br>:<br>0<br>:<br>-27648 | 20.000<br>:<br>4.000 | 27648<br>:<br>0 | 300.000<br>:<br>0.000 | 27648<br>:<br>0 | 850.0<br>:<br>0.0<br>:<br>-200.0 | 8500<br>:<br>0<br>:<br>-2000 |
| 超下界 | -10.0004<br>:<br>-11.759 | -27649<br>:<br>-32512 | 3.9995<br>:<br>1.1852 | -1<br>:<br>-4864 | 不允许<br>负值 | | -200.1<br>:<br>-243.0 | -2001<br>:<br>-2430 |
| 超下限 | ≤-11.76 | -32768 | | | | | | |

表 5-18　数字量与模拟量输出信号之间的关系

| 范围 | 数字量 | 电压 | | | 电流 | | |
|---|---|---|---|---|---|---|---|
| | | 0~10V | 1~5V | ±10V | 0~20mA | 4~20mA | ±20mA |
| 超上限 | >=32767 | 0 | 0 | 0 | 0 | 0 | 0 |
| 超上界 | 32511<br>:<br>27649 | 11.7589<br>:<br>10.0004 | 5.8794<br>:<br>5.0002 | 11.7589<br>:<br>10.0004 | 23.515<br>:<br>20.0007 | 22.81<br>:<br>20.005 | 23.515<br>:<br>20.0007 |
| 额定范围 | 27648<br>:<br>0 | 10.0000<br>:<br>0 | 5.0000<br>:<br>1.0000 | 10.0000<br>:<br>0 | 20.000<br>:<br>0 | 20.000<br>:<br>4.000 | 20.000<br>:<br>0 |
| | −6912<br>−6913 | 0<br>0 | 0.9999<br>0 | :<br>: | 0<br>0 | 3.9995<br>: | :<br>: |
| | −27648 | 0 | 0 | −10.0000 | 0 | 0 | −20.000 |
| 超下界 | −27649<br>:<br>−32512 | 0 | 0 | −10.0004<br>:<br>−11.7589 | 0 | 0 | −20.007<br>:<br>−23.515 |
| 超下限 | <=−32513 | 0 | 0 | 0 | 0 | 0 | 0 |

## 5.15.7　模拟量的规范化

### 1. 规范化

现场的过程信号（如温度、压力、流量、湿度等）是具有物理单位的工程量值，模/数转换后输入通道得到的是−27648 ～ +27648 的数字量，该数字量不具有工程量值的单位，在程序处理时带来不方便。希望将数字量−27648～+27648 转化为实际工程量值，这一过程称为模拟量的"规范化"。

例如，液位传感器的电压值与液位的关系如图 5-134 所示。液位 0L 时传感器输出电压为 0V，对应的模拟量输入通道转换值为 0；液位 500L 时传感器输出电压为 10V，对应的模拟量输入通道转换值为 27648。当程序中读入的模拟量输入通道的值为 12345 时，希望知道当前的实际液位值是多少？

为解决工程量值"规范化"问题，STEP7 软件的标准程序库中集成了模拟量输入值"规范化"的子程序 FC105 和模拟量输出值"规范化"的子程序 FC106。"规范化"子程序在STEP7 程序库的路径为"Standard Library"→"TI-S7 Converting Blocks"→FC105、FC106。

### 2. 模拟量输入值的规范化 FC105

FC105 是带形参的程序块，如图 5-135 所示。FC105 形参的定义如下：

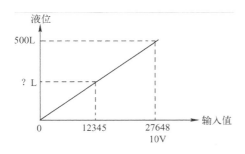

图 5-134　液位传感器的电压值与液位的关系

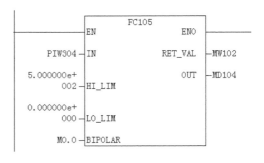

图 5-135　调用 FC105

① IN：模/数转换得到的数字量输入端，可以直接从模拟量模块输入通道上读取或从一个 INT 格式的数据存储器中读取。

② HI_LIM、LO_LIM：对应传感器的测量范围，现场过程信号工程量的上下限值。本例中，工程量液位的上限值为 500L，下限值为 0L。

③ OUT：规范化后的工程量值（实际物理量），以实数格式从 OUT 端输出。

④ BIPOLAR：根据传感器输入信号的特性，极性输入端选择是单极性只转换正数还是双极性正负数均转换。标志位 M0.0 为"0"表示输入信号是单极性的，如图 5-136 所示。标志位 M0.0 为"1"表示输入信号是双极性的，如图 5-137 所示。

⑤ RET_VAL：调用 FC105 返回的信息，如果程序块执行无误，则 RET_VAL 端输出为 0。

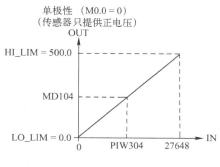

图 5-136　输入单极性转换

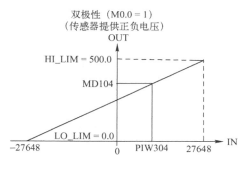

图 5-137　输入双极性转换

### 3．模拟量输出值的规范化 FC106

FC106 的用途是将模拟输出操作规范化，即将实际物理量转化为模拟输出模块所需要的 0～27648 之间的 16 位整数。

FC106 是带形参的程序块，如图 5-138 所示。FC106 形参的定义如下：

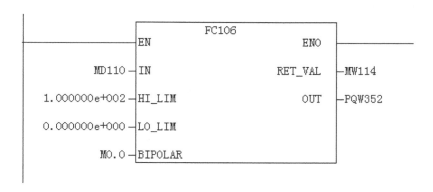

图 5-138　调用 FC106

① IN：程序计算出的值必须以 REAL 格式传送。

② LO_LIM、HI_LIM：LO_LIM（下界）和 HI_LIM（上界）输入参数用于定义程序值的范围。本例中，范围为 0.0%～100.0% 。

③ OUT：OUT 端输出的规范值为 16 位整数，可以直接传送到输出模块上。

④ BIPOLAR：BIPOLAR 输入端用来决定是否负数也被转换。标志位 M0.0 为"0"表示从 0～+27648 范围的规范化，如图 5-139 所示。标志位 M0.0 为"1"表示从-27648～+27648 范围的规范化，如图 5-140 所示。

⑤ RET_VAL：如果该程序块执行无误，则 RET_VAL 端输出为 0。

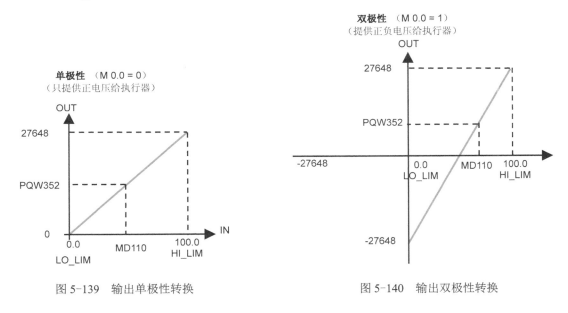

图 5-139　输出单极性转换

图 5-140　输出双极性转换

## 任务 12　模拟量液位值的处理

在 FC70 中编写模拟量液位值的处理程序，要求：

液位高度传感器测量值范围为 0～1000mm，当液位低于 150mm 时打开进料阀门 Q8.0=1，当液位高于 850mm 时关闭进料阀门 Q8.0=0。

在 OB35 中编写灌装罐的液位值采集程序，间隔 500ms 采集一次。

# 第6章 PLC 的网络通信技术及应用

## 6.1 通信基础知识

在控制系统实际应用中，PLC 主机与扩展模块之间，PLC 主机与其他主机之间，以及 PLC 主机与其他设备之间，经常要进行信息交换，所有这些信息交换都称为通信。

### 6.1.1 数据传输方式

#### 1. 并行通信方式

并行通信方式一般发生在 PLC 的内部各元件之间、主机与扩展模块或近距离智能模板的处理器之间。并行通信在传送数据时，一个数据的所有位同时传送，因此，每个数据位都需要一条单独的传输线。并行通信的特点是：传输速率快，但硬件成本高，不宜于远距离通信。

#### 2. 串行通信方式

串行通信多用于 PLC 与计算机之间，多台 PLC 之间的数据传送。串行通信在传送数据时，数据的各个不同位分时使用同一条传输线，从低位开始一位接一位按顺序传送。串行通信的特点是：需要的信号线少，最少的只需要两根线（双绞线），适合远距离传送数据。

串行通信传输速率（又称波特率）的单位为"比特每秒"，即每秒钟传送的二进制位数，用 bit/s 或 bps 表示。

### 6.1.2 数据传送方向

#### 1. 单工方式

在单工通信方式下，通信线的一端连接发送器，另一端连接接收器，它们形成单向连接，只允许数据按照一个固定的方向传送。如图 6-1a 所示，数据只能由 A 站传送到 B 站，而不能由 B 站传送到 A 站。

#### 2. 半双工方式

在半双工通信方式下，系统中每一个通信设备都由一个发送器和一个接收器组成，通过收发开关接到通信线路上，如图 6-1b 所示。在这种方式中，数据能从 A 站传送到 B 站，也能从 B 站传送到 A 站，但是不能同时在两个方向上传送，即每次只能一个站发送，另一个站接收。收发开关通过半双工通信协议进行功能切换。

#### 3. 全双工方式

在全双工通信方式下，系统中每一个通信设备都由一个发送器和一个接收器组成，数据可以同时在两个方向上传送，如图 6-1c 所示。

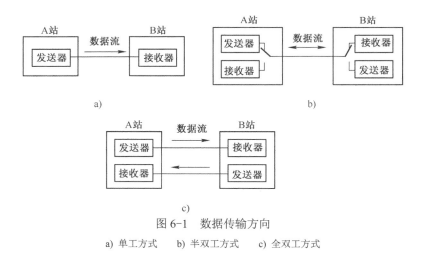

图 6-1 数据传输方向

a) 单工方式　　b) 半双工方式　　c) 全双工方式

## 6.1.3　传输介质

目前普遍使用的传输介质有同轴电缆、双绞线和光缆。其中双绞线（带屏蔽）成本低、安装简单；光缆的尺寸小、质量轻、传输距离远，但成本高、安装维修不方便。

## 6.1.4　串行通信接口

工业网络中大多采用串行通信在设备或网络之间传送数据，常用的有以下几种串行通信接口。

### 1. RS-232C 接口

RS-232C 接口是计算机普遍配备的接口，应用既简单又方便。它采用负逻辑，利用传输信号线与地线之间的电压差表示逻辑电平，用−5～−15V 表示逻辑"1"，用+5～+15V 表示逻辑"0"。RS-232C 可使用 9 针或 25 针 D 形连接器，当两台通信设备距离较近、不需应答信号时，只需连接三根线，如图 6-2 所示。

RS-232C 使用单端发送、单端接收的电路，如图 6-3 所示。发送器和接收器之间有公共的信号地线，共模干扰信号不可避免地要进入信号传送系统中，使信号"0"变成"1"，"1"变成"0"。因此这种电路限定了其传输的距离和速率，RS-232C 的最大通信距离为 15m，最高传输速率为 20kbit/s，只能进行一对一的通信。

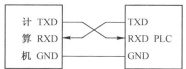

图 6-2　RS-232C 的信号线连接

### 2. RS-422 接口

RS-422 接口采用平衡驱动、差动接收电路，从根本上取消了信号地线，如图 6-4 所示。利用两条信号线之间的电压差表示逻辑电平，$(V_A-V_B)>+0.2V$ 表示逻辑"1"，$(V_A-V_B)<-0.2V$ 表示逻辑"0"。当外部的干扰信号作为共模信号出现时，两根传输线上的共模干扰信号相同，因接收器是差分输入，共模干扰信号可以互相抵消。RS-422 接口抗干扰能力强，有较高的传输速率，适合远距离传输。例如，距离为 1.2km 时，传输速率可达 100kbit/s，而在 12m 较短距离内，传输速率可达 10Mbit/s 以上。

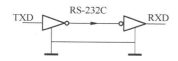

图 6-3　单端驱动、单端接收

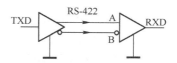

图 6-4　平衡驱动、差分接收

### 3. RS-485 接口

RS-485 接口是 RS-422 的变形，与 RS-422 不同的是：RS-422 是全双工的，如图 6-5 所示。RS-485 是半双工的，如图 6-6 所示。RS-485 只有一对平衡差分信号线，用最少的信号连线（双绞线）即可实现通信任务。许多工业计算机、PLC 和智能仪表均配有 RS-485 接口，可以方便地组成串行通信网络，系统中最多可以有 32 个站，新的接口器件已允许连接 128 个站。

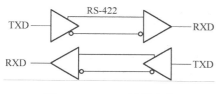

图 6-5　RS-422 连线方案

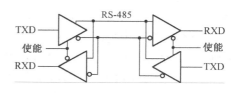

图 6-6　RS-485 连线方案

## 6.1.5　西门子工业网络通信

随着计算机网络技术的发展以及各企业对自动化程度要求的不断提高，自动控制从传统的集中式控制向多元化分布式方向发展。世界各 PLC 生产厂家纷纷给自己的产品增加了通信及联网的功能，并研制开发出自己的 PLC 网络系统。各厂家的网络结构大多采用了金字塔结构，这些金字塔的共同特点是：上层负责生产管理，底层负责现场控制与检测，中间层负责生产过程的监控及优化。西门子公司的 SIMATIC NET 网络结构如图 6-7 所示。

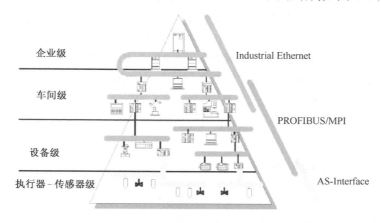

图 6-7　西门子工业网络

### 1. 工业以太网（Industrial Ethernet）

工业以太网是一个世界范围认可的工业标准。它支持广域的开放型网络模型，采用多种传输介质（同轴电缆、工业双绞线、光纤电缆），均具有高的传输速率。用于企业级和车间级的通信系统。工业以太网被设计为对实时性要求不高、需要传输大量数据的通信系统，可以通过网关设备来连接远程网络。

### 2．现场总线网络（PROFIBUS）

PROFIBUS 协议用于分布式 I/O 设备（远程 I/O）的高速通信。许多厂家生产的自动化控制设备都支持 PROFIBUS 协议。该协议使用 RS-485 串行口，通过屏蔽双绞线进行网络连接。PROFIBUS 网络中可以有若干个主站，每个主站配有属于自己的若干个从站。主站可以访问自己的从站，也可以有限地访问其他主站的从站。

现场总线通信方式彻底消除了拥挤、紊乱的接线，现场只需要一根总线电缆，用一根总线电缆替代复杂而又价格昂贵的成束电缆，系统运行抗干扰能力增强，更安全可靠。

### 3．多点接口（Multi-Point Interface，MPI）

MPI 是西门子的 S7-300/400CPU、操作员面板（OP）和编程器上集成的通信接口。通过 MPI 接口，不用附加的 CP 模块即可实现网络化，MPI 网络可用于车间级通信，可以在少数 CPU 之间传递少量数据。

MPI 协议可以是主/主协议也可以是主/从协议，这取决于网络中连接的设备类型。如果网络中只有 S7-300/400CPU，则建立主/主连接。如果网络中有 S7-200CPU，因为 S7-200 CPU 只能作从站，所以建立主/从连接。

### 4．执行器-传感器接口（Actuator-Sensor-Interface，AS-I）

执行器-传感器接口是位于自动控制系统最底层的网络，用于将二进制传感器和执行器连接到网络上，例如：接近开关、阀门、指示灯等。

采用 AS-I 接口，二进制传感器和执行器就具有了通信能力，它适于直接的现场总线连接不可取或不经济的场合。与强大的 PROFIBUS 不同，AS-I 只能传输少量的信息。

### 5．点到点接口（Point-to-Point Interface，PPI）

PPI 接口是 S7-200CPU 上的通信口，PPI 协议是西门子公司专为 S7-200PLC 开发的通信协议，通过屏蔽双绞线进行网络连接。

PPI 协议是一个主/从协议，主站向从站发送通信申请，从站进行响应，从站不能主动发出信息。一般情况下，网络中的 S7-200CPU 都默认为是从站，主站是 PC、编程器、TD200 文本显示器等。某些 S7-200CPU 在 RUN 模式下可以作为主站，用网络读（NETR）和网络写（NETW）指令访问其他 CPU 中的数据。方法是用户通过编写程序，将该 CPU 设置成允许 PPI 主站模式。作为主站的 CPU 仍可以作为从站来响应其他主站的申请或查询。

## 6.2　PROFIBUS 网络概述

PROFIBUS（Process Field Bus）是现场级通信网络，作为工厂数字通信网络的基础，沟通了生产过程现场及控制设备之间及其与更高控制管理层之间的联系，用于制造自动化、过程自动化、楼宇自动化等领域的现场智能设备之间中小数据量的实时通信。

### 6.2.1　PROFIBUS 的优点

现场总线被广泛应用，自然有它的优势所在。

## 1. 设计、调试简便，节省硬件安装费用

现场总线系统的接线十分简单，一对双绞线上可连接多个设备，因而电缆、端子、槽盒、桥架的用量大大减少，连线设计与接头校对的工作量也大大减少。当需要增加现场控制设备时，无需增设新的电缆，可就近连接在原有的电缆上，既节省了投资，也减少了设计、安装的工作量。据有关典型试验工程的测算资料，可节约安装费用60%以上。

## 2. 系统维护、设备更换和系统扩充方便

由于现场控制设备具有自诊断与简单故障处理的能力，并通过数字通信将相关的诊断维护信息传送到上位监控设备，用户可以查询所有设备的运行和诊断维护信息，能够早期分析故障原因并快速排除，缩短了维护停工时间，同时由于系统结构简化，连线简单而减少了维护工作量。由于它的设备标准化和功能模块化，因而还具有设备更换和系统扩充方便等优点。

## 3. 用户对系统配置、设备选型有最大的自主权

许多自动化产品企业的设备都支持 PROFIBUS 协议，这样就可以在一个企业中由用户根据产品的性能和价格选择不同厂商提供的设备来集成系统，不会为系统集成中不兼容的协议、接口而一筹莫展，避免因选择了某一品牌的产品而限制了设备的选择范围，降低了控制系统的成本，使系统集成过程中的自主权完全掌握在用户手中。

现场总线标准保证不同厂家的产品可以互操作，集成在一起，避免了传统控制系统中必须选用同一厂家的产品限制，促进了有效的竞争。

## 4. 提高了系统的可靠性，减少故障停机时间

由于现场总线设备的智能化、数字化，与模拟信号相比从根本上提高了测量与控制的准确度，并能在部件，甚至网络故障的情况下独立工作。同时，由于系统的结构简化，设备与连线减少，现场仪表内部功能加强，大大提高了整个控制系统的容错能力和可靠性。

由上可知，从控制系统的设计、安装、投运到正常生产运行及其检修维护，都体现出PROFIBUS 现场总线的优越性。

## 6.2.2 PROFIBUS 的访问机理

PROFIBUS 网络是以主从协议的令牌方式进行通信，支持主-从系统、纯主站系统、多主多从混合系统等几种传输方式。主站具有对总线的控制权，可主动发送信息。对多主站系统来说，连接到 PROFIBUS 网络上的主站（PLC、HMI、PG/PC 等）按照站地址顺序组成一个逻辑令牌环，如图 6-8 所示。令牌从低地址主站向高地址主站传递，到达最高站地址 126以后又回到最低地址重新开始。拥有令牌的主站可以轮询访问自己的从站（分布式 I/O 设备），从站是被动站点，不能得到令牌。

## 6.2.3 PROFIBUS 的通信协议

PROFIBUS 提供了三种标准和开放的通信协议：DP、FMS 和 PA。

## 1. PROFIBUS-DP

PROFIBUS-DP（Distributed Peripheral，分布式外设）使用了 ISO/OSI 网络互连参考模型的第一层和第二层，这种精简的结构保证了数据的高速传送，用于 PLC 与现场分布式 I/O设备之间的实时、循环数据通信。

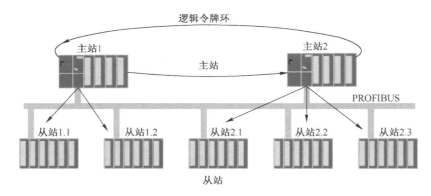

图 6-8  PROFIBUS 网络的逻辑令牌环

### 2．PROFIBUS-FMS

PROFIBUS-FMS（Fieldbus Message Specification，现场总线报文规范）使用了 ISO/OSI 网络互连参考模型的第一层、第二层和第七层，用于车间级（PLC 和 PC）的数据通信，可实现不同供应商的自动化系统之间传输数据。但是由于配置和编程比较繁琐，目前很少使用。

### 3．PROFIBUS-PA

PROFIBUS-PA（Process Automatization，过程自动化）使用扩展的 PROFIBUS-DP 协议进行数据传输，电源和通信数据通过总线并行传输，主要用于面向过程自动化系统中本质安全要求的防爆场合。

## 6.2.4  PROFIBUS 的网络特性

#### 1．传输介质
- 电气网络中为带屏蔽层双绞线电缆。
- 光纤网络中为光纤电缆（玻璃、PCF 和塑料）。
- 无线连接中为红外线。

#### 2．拓扑结构
- 电气网络中为线型、树形。
- 光纤网络中为线型、树形、环形。
- 无线连接中为点对点；点对多点。

#### 3．网络距离
- 电气网络中，使用中继器最大为 9.6 km。
- 光纤网络中，最大为 90 km。
- 无线连接中，最大为 15 m。

#### 4．传输速率
传输速率从 9.6 kbit/s～12 Mbit/s。

#### 5．站点数目
总线支持的最多站点数为 127 个，地址编号从 0～126。

#### 6．网络段的配置
电气传输时使用总线型拓扑结构，如图 6-9 所示。每一个 RS-485 网段最多支持 32 个站点和有源网络元件。网段的最大传输距离与通信速率有关，距离越远信号衰减的越严重，通信速率越低。PROFIBUS 传输距离与通信速率的关系见表 6-1。

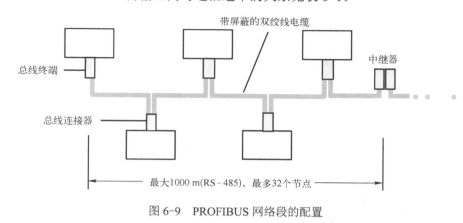

图 6-9  PROFIBUS 网络段的配置

表 6-1  PROFIBUS 传输距离与通信速率的关系

| 波特率/（kbit/s） | 9.6～187.5 | 500 | 1500 | 3000～12000 |
|---|---|---|---|---|
| 传输距离/m | 1000 | 400 | 200 | 100 |

## 6.2.5  PROFIBUS 网络连接部件

### 1. 总线连接器

PROFIBUS 的电气接口为 RS-485 接口，总线连接器使用 9 针 D 形连接器，D 形连接器插座连接总线站，D 形连接器插头与总线电缆相连。9 针 D 形总线连接器的针脚定义见表 6-2。

表 6-2  PROFIBUS 接口针脚定义

| 针脚号 | 信号名称 | 针脚定义 | 针脚号 | 信号名称 | 针脚定义 |
|---|---|---|---|---|---|
| 1 | SHIELD | 屏蔽或功能地 | 6 | VP | 终端电阻供电电压（5V） |
| 2 | M24 | 24V 输出电压地（辅助电源） | 7 | P24 | 24V 输出电压（辅助电源） |
| 3 | RXD/TXD-P | 接收/发送数据-正  B 线 | 8 | RXD/TXD-N | 接收/发送数据-负  A 线 |
| 4 | CNTR-P | 中继器控制信号-正 | 9 | CNTR-N | 中继器控制信号-负 |
| 5 | DGND | 数据基准电位（地） | | | |

西门子公司的总线连接器一般都配有终端电阻，有带编辑器接口的和不带编辑器接口的两种类型，进出线的角度有多种规格，快速连接插头可以不用工具快速连接总线电缆，如图 6-10 所示。

### 2. RS-485 中继器

如果一条 PROFIBUS 网络上超过 32 个站点或者网络传输距离需要扩展时，就要使用 RS-485 中继器（RS-485 Repeater）实现网段的隔离和扩展。

RS-485 中继器如图 6-11 所示，是一个有源的网络部件，具有信号放大和再生功能，需要占用一个站地址，在一条 PROFIBUS 网络上最多可以安装 9 个 RS-485 中继器。

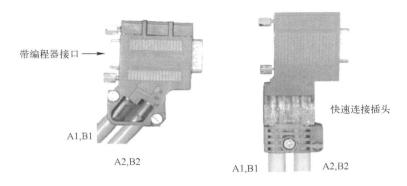

带编程器接口 →

快速连接插头

A1,B1

A2,B2

A1,B1        A2,B2

图 6-10    PROFIBUS 总线连接器

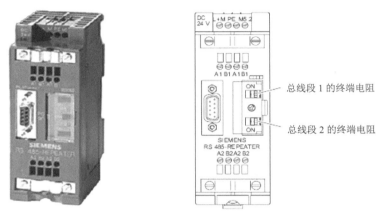

总线段 1 的终端电阻

总线段 2 的终端电阻

图 6-11    RS-485 中继器

例如，如果要求 PROFIBUS 网络的传输距离为 500m，通信速率达到 1.5Mbit/s。对照表 5-1 可知通信速率为 1.5Mbit/s 时最大的距离为 200m，要扩展到 500m 就需要使用两个 RS-485 中继器，这样就可以同时满足距离和通信速率的要求。

又如，如果一条 PROFIBUS 网络的距离不长，但总线上有 80 个站点，那么就需要两个 RS-485 中继器将网络分为 3 个网段。

应用 RS-485 中继器还可以构成树形网络，可以使网段之间相互实现电气隔离。

### 3．终端电阻

为了防止回波干扰，在总线的两端必须使用终端电阻。西门子的 PROFIBUS 总线连接器都带有终端电阻，总线两端应将终端电阻拨到 on 的位置，如图 6-12 所示。

需要终端电阻

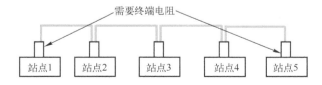

站点1    站点2    站点3    站点4    站点5

图 6-12    PROFIBUS 网络两端使用的终端电阻

在一条 PROFIBUS 总线上，位于总线中间的站点掉电，从电路连接上不会影响整个网络通信功能。但是如果总线两端任一站点掉电，终端电阻将失效，会导致整个网络通信中断。例如一个 PROFIBUS 主站带有几个从站，如果最后一个从站掉电，主站和其他从站通信可能也会中断，如果在总线两端各加入一个有源的终端电阻，这样就可以避免整个网络瘫痪。有两个元件可以作为有源的总线终端。

由于 RS-485 中继器有独立的电源，因此可以作为一个有源的总线终端，但是价格较高。

专用的有源总线终端（Active Bus Terminal）是一个有源的网络元件，在一个网段里本身也是一个站点，仅作为总线终端使用，无中继功能，如图 6-13 所示。

图 6-13　有源总线终端

## 6.3　PROFIBUS-DP 网络的主站与从站

### 6.3.1　PROFIBUS-DP 网络中的主站

#### 1．一类 DP 主站

一类 DP 主站（DPM1）是系统的中央控制器，可以主动地、周期性地与其所组态的从站进行数据交换，同时也可以被动地与二类主站进行通信。下列设备可以作一类 DP 主站：

① 集成了 DP 接口的 PLC，例如 CPU315-2DP、CPU313C-2DP 等。

② 没有集成 DP 接口的 CPU 加上支持 DP 主站功能的通信处理器（CP）。

③ 插有 PROFIBUS 网卡的 PC，例如 WinAC 控制器。用软件功能选择 PC 作一类主站或是作编程监控的二类主站。

#### 2．二类 DP 主站

二类 DP 主站（DPM2）是 DP 网络中的编程、诊断和管理设备，可以非周期性地与其他主站和 DP 从站进行组态、诊断、参数化和数据交换。下列设备可以作二类 DP 主站：

① 以 PC 为硬件平台的二类主站。PC 加 PROFIBUS 网卡可以作二类主站。西门子公司为其自动化产品设计了专用的编程设备，不过现在一般都用通用的 PC 和 STEP7 编程软件来作编程设备，用 PC 和 WinCC 组态软件作监控操作站。

② 操作员面板（OP）/触摸屏（TP）。操作员面板用于操作人员对系统的控制和操作，例如参数的设置与修改、设备的启动和停机，以及在线监视设备的运行状态等。有触摸按键的操作员面板俗称触摸屏，它们在工业控制中得到了广泛的应用。西门子公司提供了不同大小和功能的 OP 和 TP 供用户使用。

### 6.3.2　PROFIBUS-DP 网络中的从站

DP 从站是进行输入信息采集和输出信息发送的外围设备，只与组态它的 DP 主站交换用户数据，可以向该主站报告本地诊断中断和过程中断。DP 从站可以是分布式 I/O 模块、支持 DP 接口的传动装置、其他支持 DP 接口的 I/O 或智能设备。

西门子的分布式 I/O 模块为 ET200 系列。

### 1．ET200 系列从站

（1）ET200S

ET200S 是分布式 I/O 系统，特别适用于需要电动机启动器和安全装置的开关柜，一个站最多可接 64 个子模块，模块种类丰富，有带通信功能的电动机启动器和集成的安全防护系统，适用于机床及重型机械行业，集成有光纤接口。

（2）ET200M

ET200M 是多通道模块化的分布式 I/O，采用 S7-300 全系列模块，最多可扩展 8 个模块，可以连接 256 个 I/O 通道，适用于大点数、高性能的应用。它有支持 HART 协议的模块，可以将 HART 仪表接入现场总线。它具有集成的模块诊断功能，在运行时可以更换有源模块。提供与 S7-400H 系统相连的冗余接口模块和 IMl53-2 集成光纤接口。

ET 200M 户外型是为野外应用设计的，其温度范围为 –25～+60℃。

（3）ET200is

ET200is 是本质安全系统，通过紧固和本质安全的设计，ET200is 适用于有爆炸危险的区域。以点为单位的模块化 I/O 可以直接安装在 Zone 1 区域，而其传感器和执行器甚至能安装在 Zone 0 区域。能在运行时更换各种模块。

（4）ET200X

ET200X 是具有高防护等级 IP65/67 的分布式 I/O 设备，其功能相当于 S7-300 的 CPU 314，最多将 7 个具有多种功能的模块连接在一块基板上，可以连接电动机启动器、气动元件以及变频器，有气动模块和气动接口，实现了机、电、气动一体化。可以直接安装在机器上，节省开关柜的投资。它封装在一个坚固的玻璃纤维的塑料外壳中，可以用于有粉末和水流喷溅的场合。

（5）ET200eco

ET200eco 是经济实用的 I/O 系统，低成本的 ET200eco 数字量 I/O 具有很高的防护等级 IP67，能在运行时更换模块，不会中断总线或供电。

（6）ET200R

ET200R 适用于机器人，用于恶劣的工业环境。例如在汽车生产过程中，ET200R 直接安装在机器人内部。坚固的金属外壳和高的防护等级 IP65 使 ET200R 能抗焊接火花的飞溅。由于 ET200R 中集成有转发器功能，因而能减少机器人硬件部件的数量。ET200R 使 PROFIBUS 能直接连接到焊接机器人的焊钳上。

由于有高的防护等级，抗冲击、防尘和不透水，ET200X、ET200eco 和 ET200R 能适应严酷的工业环境，可以用于没有控制柜的 I/O 系统。它们只需要很少的附加部件。

（7）ET200L

ET200L 是小巧经济的分布式 I/O 系统，像明信片大小的 I/O 模块适用于小规模的任务，十分方便地安装在 DIN 导轨上。ET200L 分为以下 3 种：

ET200L 是整体式单元，不可扩展，只有数字量 I/O 模块。

ET200L-SC 是整体式单元，可以通过 SmartConnect 灵活连接端子板，扩展最多 8 个数字量或模拟量 I/O 模块。

IM SC 是完全模块化的灵活连接系统，最多可以扩展 16 个数字量或模拟量 I/O 模块。

（8）ET200B

ET200B 是整体式的一体化分布式 I/O 系统。有交流或直流的数字量 I/O 模块和模拟量 I/O 模块，具有模块诊断功能。

### 2．PLC 智能从站

除了 ET200 系列的分布式 I/O 从站，PROFIBUS-DP 支持智能从站。智能从站可以是带 DP 接口或 PROFIBUS-CP 模块的 S7-200CPU、S7-300CPU、S7-400CPU（V3.0 以上），带有 CPU 的 ET200S 等。CPU 通过用户程序驱动 I/O，在 CPU 的存储器中有一个特定区域作为与主站通信的共享数据区，主站通过通信间接控制从站 CPU 的 I/O。

### 3．具有 PROFIBUS-DP 接口的其他现场设备

西门子的 SINUMERIK 数控系统、SITRANS 现场仪表、MicroMaster 变频器、SIMOREGDC-MASTER 直流传动装置都有 PROFIBUS-DP 接口或可选的 DP 接口，可以作为 DP 从站。

其他公司支持 DP 接口的输入/输出模块、传感器、执行器、阀岛气动模块等其他智能设备，也可以接入 PROFIBUS-DP 网络。

## 6.3.3  PROFIBUS 通信处理器

### 1．CP342-5

CP342-5 是 S7-300CPU 的 DP 主/从站接口模块，最高通信速率为 12Mbit/s。

CP342-5 提供下列通信服务：PROFIBUS-DP 通信，S7 通信、S5 兼容通信功能和 PG/OP 通信，通过 PROFIBUS 进行配置和编程。

9 针 D 形插座连接器用于连接 PROFIBUS 总线，4 针端子用于连接外部 DC24V 电源。

CP342-5 作为 DP 主站提供同步、锁定和共享输入/输出功能。C342-5 也可以作为 DP 智能从站，使 S7-300 与其他 PROFIBUS 主站交换数据。

用嵌入 STEP 7 的 NCM S7 软件对 CP342-5 进行配置，CP 模块的配置数据存放在 CPU 中，CPU 启动后自动地将配置参数传送到 CP 模块。

### 2．CP342-5 FO 通信处理器

CP342-5 FO 是带光纤接口的 PROFIBUS-DP 主站或从站模块，通过 FO 接口可以直接连接到光纤 PROFIBUS 网络，即使有强烈的电磁干扰也能正常工作。模块的其他性能与 CP342-5 相同。

### 3．CP443-5 通信处理器

CP443-5 是用于 S7-400CPU 连接 PROFIBUS-DP 总线的通信处理器，它提供下列通信服务：S7 通信、S5 兼容通信，与 PC、PG/OP 的通信。可以通过 PROFIBUS 进行配置和远程编程，实现实时钟的同步，在 H 系统中实现冗余的 S7 通信或 DP 主站通信。通过 S7 路由器在网络间进行通信。

CP443-5 分为基本型和扩展型，扩展型作为 DP 主站运行，同步和锁定功能、从站到从站的直接通信和通过 PROFIBUS-DP 发送数据记录等。

### 4．用于 PC/PG 的通信处理器

用于 PC/PG 的通信处理器可以将编程器/工控机连接到 PROFIBUS 网络中，支持标准 S7 通信、S5 兼容通信以及 PG/OP 通信，OPC Server 软件包已经包含在通信软件中。用于带有 PCI 插槽的 PC 或工控机的通信处理器为 CP561x，如图 6-14a 所示。用于带有 PCMCIA 插

槽的编程器或笔记本电脑的通信处理器为 CP551x，如图 6-14b 所示。

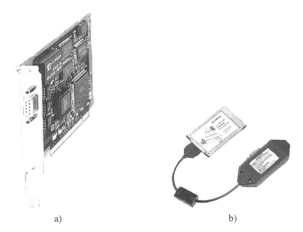

a)　　　　　　　　　　　　　　　　　b)

图 6-14　用于 PC/PG 的通信处理器

a) 用于带 PCI 插槽的 PC　b) 用于带 PCMCIA 插槽的笔记本电脑

（1）CP5611

CP5611 用于带有 PCI 插槽的 PC 或工控机。它有一个 PROFIBUS 接口，支持 PROFIBUS 主站和从站。

（2）CP5613、CP5613 FO

CP5613 集成有微处理器，通信性能高速、稳定，用于带有 PCI 插槽的 PC 或工控机。它有一个 PROFIBUS 接口，仅支持 PROFIBUS 主站。CP5613 FO 还带有光纤接口，用于将 PC/PG 连接到光纤 PROFIBUS 网络。

（3）CP5614、CP5614 FO

CP5614 集成有微处理器，通信性能高速、稳定，用于带有 PCI 插槽的 PC 或工控机。它有两个 PROFIBUS 接口，支持 PROFIBUS 主站和从站。CP5614 FO 还带有光纤接口，用于将 PC/PG 连接到光纤 PROFIBUS 网络。

（4）CP5511、CP5512

CP5511、CP5512，用于带有 PCMCIA 插槽的编程器或笔记本电脑。它有一个 PROFIBUS 接口，支持 PROFIBUS 主站和从站。

## 6.4　建立 PROFIBUS-DP 网络

### 6.4.1　集成 DP 接口的 CPU 作主站

集成了 PROFIBUS-DP 接口的 CPU 作为主站，连接分布式 ET200 系列从站。

**1. 网络组态及参数设置**

（1）组态 PROFIBUS-DP 主站

在 STEP7 中创建一个新项目，项目名 FILL-DP，插入 S7-300 的站。进入硬件组态窗口 HW Config，组态主机架模块。如图 6-15 所示，装入 CPU315-2DP 时会出现 PROFIBUS 属性设置窗口，选择 CPU 主站的 DP 地址，点击"新建"按钮，建立一个 PROFIBUS 网络，在网络属性中可以选择网络传输速率和网络种类。

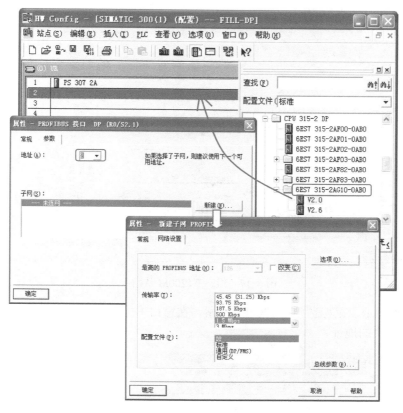

图 6-15　组态 PROFIBUS-DP 主站

设置好后点击"确定"按钮，返回到硬件组态窗口。在 CPU315-2DP 的副槽 DP 旁会出现新建的 PROFIBUS-DP 网络，如图 6-16 所示。在主站 CPU 的槽位中安装 I/O 模块，可以为各 I/O 模块重新组态通道地址。

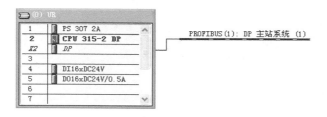

图 6-16　新建的 PROFIBUS 网络

（2）组态 ET200M 从站

如图 6-17 所示，在右边的产品目录窗口中打开 PROFIBUS DP，选择相应的 ET200M 型号用鼠标拖动到网线，出现十字时松开鼠标，会弹出从站模块属性设置窗口，设置从站的地址，在子网窗口中选中 PROFIBUS(1)，将 ET200M 从站挂到网线上。

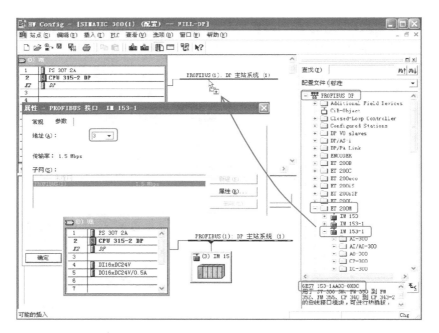

图 6-17　组态 ET200M 从站

如图 6-18 所示，鼠标选中 ET200M 从站，在窗口下方从站列表中插入 I/O 信号模块，并重新分配各模块的地址。

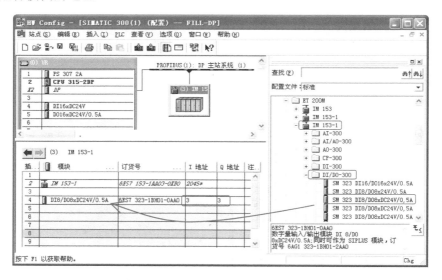

图 6-18　组态 ET200M 从站的 I/O 模块

**注意**：从站的地址不能与主站及其他从站的地址冲突，必须是唯一的。

（3）组态 ET200S 从站

如图 6-19 所示，选择相应的 ET200S 型号用鼠标拖动到网线，在从站模块属性窗口设置从站的地址，在子网窗口中选中 PROFIBUS(1)，将 ET200S 从站挂到网线上。

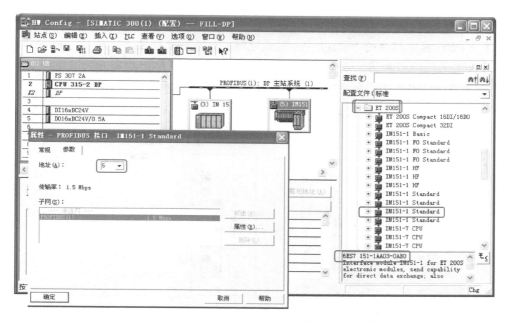

图 6-19　组态 ET200S 从站

如图 6-20 所示，鼠标选中 ET200S 从站，在窗口下方从站列表中插入 I/O 信号模块，1 号槽插入电源模块 PE，2 号和 3 号槽各插入两个点的输入模块，4 号和 5 号槽各插入两个点的输出模块，重新分配各模块的地址。还可以将位地址集成打包，选中相同类型的模块，点击"数据包地址"按钮，地址连续占用同一个字节。

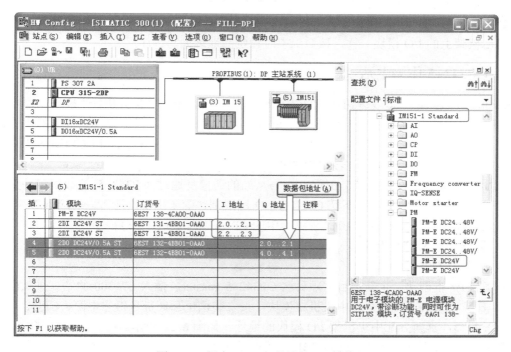

图 6-20　组态 ET200S 从站的 I/O 模块

**注意:**

设置 ET200 接口模块的 PROFIBUS 站地址时, 组态的站地址必须与 ET200 接口模块上拨码开关设定的站地址相同。以 ET200 接口模块为例子, 从站上拨码开关设定规则如图 6-21 所示。从站地址的更改应在断电的情况下操作, 修改的地址需重新上电后才有效。

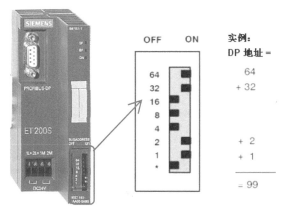

图 6-21　设置 ET200 接口模块的 PROFIBUS 站地址

（4）完成硬件组态

完成硬件组态后, 按工具栏中的 🖳 按钮保存和编译组态参数, 按 🔟 按钮将硬件组态参数下载到 CPU。

关闭硬件组态窗口, 在 SIMATIC Manager 中会出现所添加的 CPU 和 PROFIBUS 网络。

**2. 编程访问主从站的地址**

CPU 集成了 DP 端口组成的 PROFIBUS-DP 现场总线网络, 主站对从站的访问就像直接访问自己机架上的 I/O 模块一样, 按照组态时设定的地址编写程序。

## 6.4.2　CP342-5 作为主站

CP342-5 是 S7-300 系列的 PROFIBUS 通信模块, 带有 PROFIBUS 接口, 可以作为PROFIBUS-DP 的主站或从站, 但不能同时作主站和从站, 而且只能在 S7-300 的中央机架上使用。若是系统中没有选用集成 DP 接口的 S7-300 CPU, 那在进行 PROFIBUS-DP 的网络配置时, 可以选用 CP342-5 作为 DP 主站。

使用 CP342-5 作主站, S7-300CPU 与从站的通信是通过 CP342-5 的数据缓冲区完成的。所有从站的 I/O 地址可以不受 CPU 的 I/O 区限制, 除了 I/O 区还可以对应到 M 存储器或数据块。通信时需要调用 STEP 7 程序库中的 CP 通信程序 FC1 和 FC2。

**1. 网络组态及参数设置**

（1）组态 CP342-5 主站

在 STEP7 中创建一个新项目, 项目名 CP342-5 master, 插入 S7-300 的站。进入硬件组态窗口 HW Config, 首先组态中央机架模块, 按安装槽位和订货号组态电源、CPU、I/O 模块和 CP342-5, 重新分配中央机架 I/O 模块的地址。如图 6-22 所示。

装入 CP342-5 时会出现 PROFIBUS 属性设置窗口, 选择主站的 DP 地址, 点击"新建"按钮, 建立一个 PROFIBUS 网络, 在网络属性中可以选择网络传输速率和网络种类。

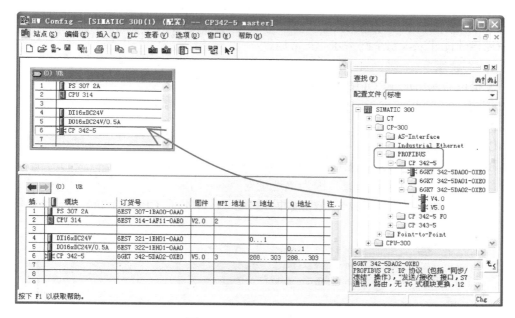

图 6-22　组态中央机架模块

双击 6 号槽的 CP342-5 模块,打开 CP342-5 接口模块的属性配置窗口,如图 6-23 所示。在"工作模式"选项卡中,选择"DP 主站"模式。在"地址"选项卡中,设置 CP342-5 的通信地址,该地址在调用 FC1 和 FC2 时要用到。

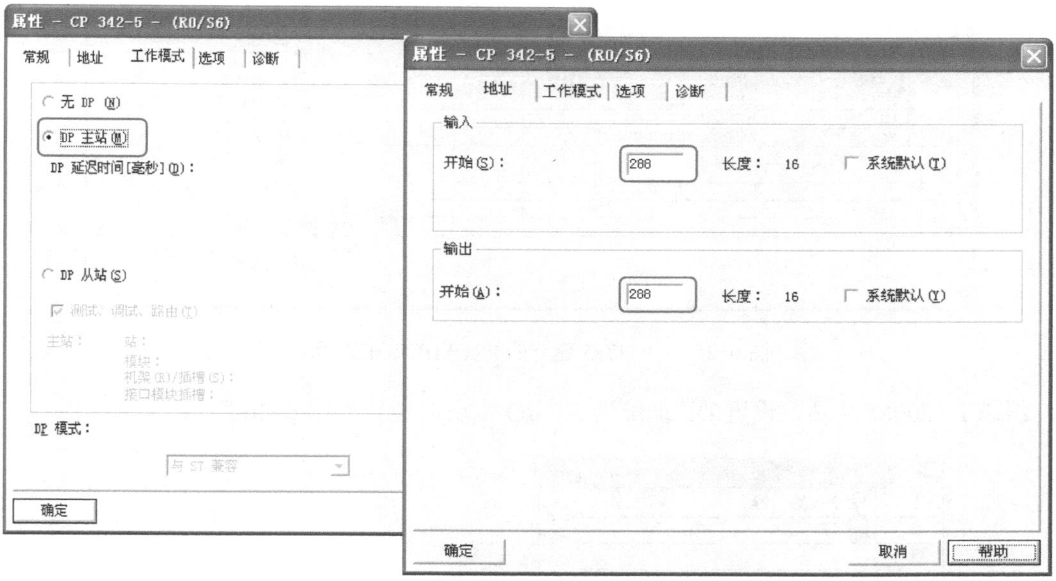

图 6-23　组态 CP342-5 主站

点击"确定"按钮,会弹出提示框,如图 6-24 所示。告知如果用 CP342-5 作 PROFIBUS-DP 主站或从站,必须在用户程序中调用 STEP7 程序库中的 FC1 和 FC2 进行 I/O 数据通信。如果 CPU 程序中没有调用 FC1 和 FC2,CP342-5 的网络故障指示灯"BUSF"将闪烁，只有在程序中调用 FC1 和 FC2 并下载到 CPU 后通信才能建立，整个网络才能正常运行。

点击"确定"按钮，主站组态完成，在 CP342-5 槽位右侧出现 PROFIBUS-DP 网线，如图 6-25 所示。

（2）组态从站

CP342-5 作为主站，组态从站的方法与上节介绍的相同，但是要注意从站配置的 I/O 模块的地址必须保持默认值，不能修改。因为该地址对

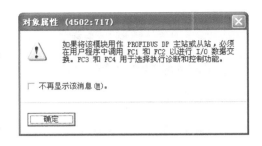

图 6-24　组态 CP342-5 提示框

应的是从站 I/O 模块在 CP342-5 数据缓冲区的地址，并不是 CPU 的 I/O 区地址，不会与 CPU 的 I/O 区地址相冲突。

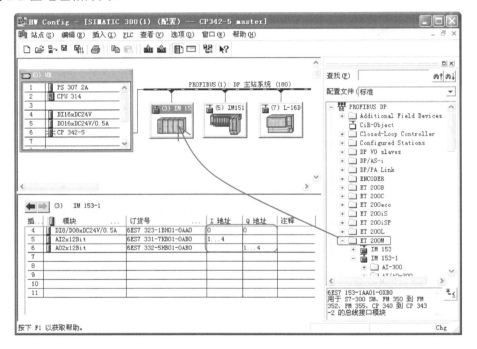

图 6-25　CP342-5 建立的 PROFIBUS-DP 网络

组态 ET200M 从站，设置 DP 地址为 3，I/O 模块的地址如图 6-26 所示。

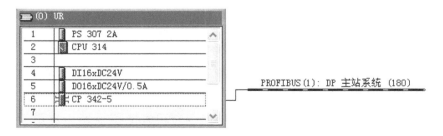

图 6-26　组态 ET200M 从站

组态 ET200S 从站，设置 DP 地址为 5，I/O 模块的地址如图 6-27 所示。

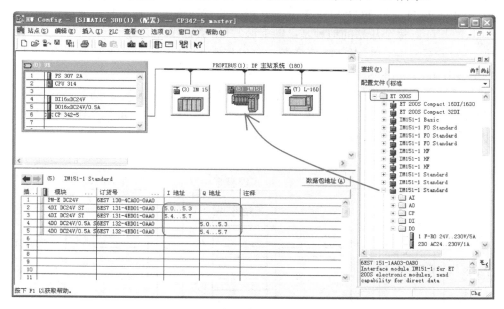

图 6-27　组态 ET200S 从站

组态 ET200L 从站，设置 DP 地址为 7，I/O 模块的地址如图 6-28 所示。

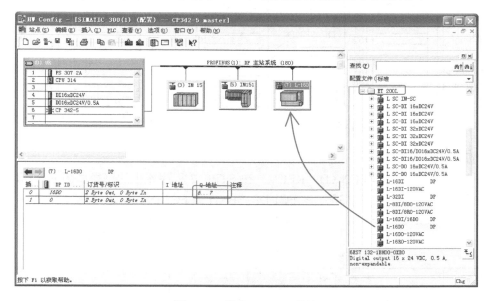

图 6-28　组态 ET200L 从站

## 2. CP342-5 主站与从站通信

在 CP342-5 作为主站的系统中，CPU 与从站的通信是通过 CP342-5 的数据缓冲区完成的。在硬件组态中所有从站的 I/O 地址就是其占用的 CP342-5 数据缓冲区的地址。而在 S7-300CPU 中所对应的地址空间，需要调用 STEP7 通信程序库中的 FC1（DP_SEND）和 FC2

（DP_RECV）来指定地址映射区，可以是 CPU 的 I/O 区，也可以是 M 存储器区或数据块区。

FC1（DP_SEND）和 FC2（DP_RECV）指定的发送映射区和接收映射区的地址是从站输出和输入的基址，每个从站的地址是：映射区基址+数据缓冲区地址。

例如，为了不占用 CPU 的 I/O 区资源，可以指定 MB150 开始的 8 个字节作为从站数据的输入区，MB160 开始的 8 个字节作为从站数据的输出区。

主站与从站通信的过程如图 6-29 所示。调用 FC2（DP_RECV），将各从站的输入信息通过 CP342-5 的数据缓冲区读到 CPU 的 M 存储器区，对应的地址从 MB150 开始；调用 FC1（DP_SEND），将 CPU 的 M 存储器区 MB160 开始的信息通过 CP342-5 的数据缓冲区发送到各从站。

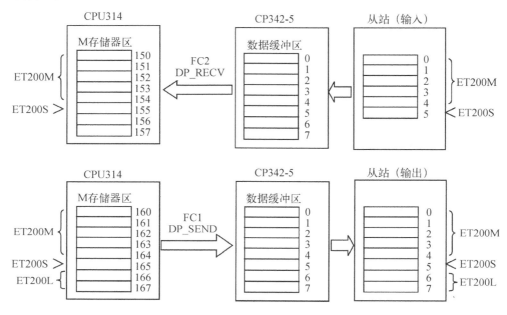

图 6-29　通过 CP342-5 主站与从站通信的过程

### 3. 编写程序

FC1（DP_SEND）和 FC2（DP_RECV）在 STEP 7 程序库中的路径如图 6-30 所示，库 → SIMATIC_NET_CP → CP 300 → FC1 DP_SEND 或 FC2 DP_RECV。

FC1（DP_SEND）和 FC2（DP_RECV）形参的定义见表 6-3。

表 6-3　FC1（DP_SEND）和 FC2（DP_RECV）的形参

| 参　数　名 | 参　数　说　明 | 参　数　名 | 参　数　说　明 |
|---|---|---|---|
| CPLADDR | 组态 CP342-5 时的输入/输出地址 | NDR | 接收完成一次产生一个脉冲 |
| SEND | 指定 CPU 发送映射区的首地址和长度，对应从站的输出区 | ERROR | 错误代码位 |
| RECV | 指定 CPU 接收映射区的首地址和长度，对应从站的输入区 | STATUS | 调用 FC1 和 FC2 时产生的状态字 |
| DONE | 发送完成一次产生一个脉冲 | DPSTATUS | PROFIBUS-DP 的状态字节 |

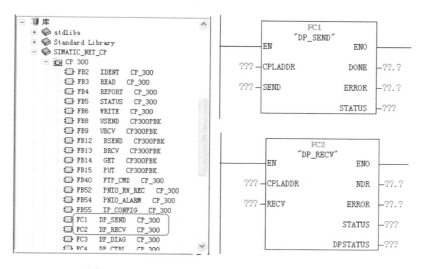

图 6-30　FC1（DP_SEND）和 FC2（DP_RECV）

举例说明 FC1（DP_SEND）和 FC2（DP_RECV）的应用，任务要求：

● 将主站 CPU 的时钟信号（MB10）发送到从站 ET200L 的输出字节（QB6）。

● 将主站输入字节（IB0）传送到从站 ET200M 的输出字节（QB0）。

● 将从站 ET200M 的输入字节（IB0）传送到从站 ET200S 的输出字节（QB5）。

（1）确定 CPLADDR 地址

在硬件组态中，双击 CP342-5 模块，可以查看该模块的输入/输出地址为 288，如图 6-31 所示。将其变换为十六进制的数据得到 CPLADDR 为 16#120。

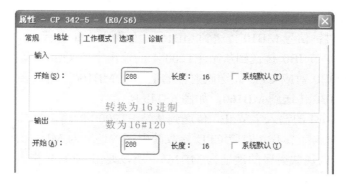

图 6-31　CP342-5 时的输入/输出地址

（2）调用 FC1（DP_SEND）

调用 FC1（DP_SEND）指定 CPU 发送映射区的首地址 MB160 和长度 8 个字节，如图 6-32 所示。地址书写格式为 ANY 型，P#M160.0 BYTE 8 表示指针（Point）指向 CPU 发送映射区的首地址 M160.0，长度为 8 个字节。

（3）调用 FC2（DP_RECV）

调用 FC2（DP_RECV）指定 CPU 接收映射区的首地址 MB150 和长度 8 个字节，如图 6-33 所示。

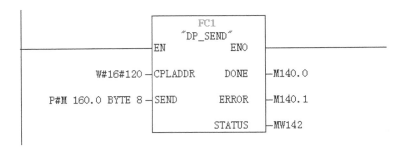

图 6-32 调用 FC1（DP_SEND）

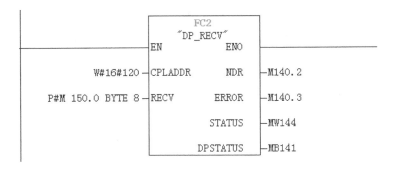

图 6-33 调用 FC2（DP_RECV）

（4）编写数据交换程序

1）将主站 CPU 的时钟信号（MB10）发送到从站 ET200L 的输出字节 QB6。从图 6-29 可知，从站 ET200L 输出字节 QB6 对应 CPU 发送映射区的地址为 MB166，所以要用 MOVE 指令将主站 CPU 的时钟信号 MB10 传送到 MB166，如图 6-34a 所示。

2）将主站输入字节 IB0 传送到从站 ET200M 的输出字节 QB0。从图 6-29 可知，从站 ET200M 输出字节 QB0 对应 CPU 发送映射区的地址为 MB160，所以要用 MOVE 指令将主站 CPU 的输入字节 IB0 传送到 MB160，如图 6-34b 所示。

3）将从站 ET200M 的输入字节 IB0 传送到从站 ET200S 的输出字节 QB5。从图 6-29 可知，从站 ET200M 输入字节 IB0 对应 CPU 接收映射区的地址为 MB150，从站 ET200S 输出字节 QB5 对应 CPU 发送映射区的地址为 MB165，所以要用 MOVE 指令将 CPU 接收映射区的 MB150 传送到 CPU 发送映射区 MB165，如图 6-34c 所示。

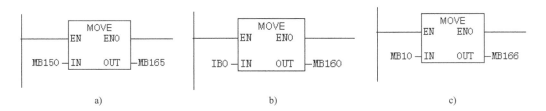

图 6-34 主从站数据交换指令

# 任务 13　组态 PROFIBUS-DP 网络

将灌装自动化生产线上的 I/O 信号连接到设备旁的分布式 ET200 上，构建 PROFIBUS-DP 网络，组态网络参数，编写控制程序。

## 6.5　PROFIBUS-DP 网络故障诊断

诊断功能的主要目标是检查已连接的 DP 从站是否准备就绪，可进行操作，并获取关于任何可能发生的故障的原因信息。

### 6.5.1　故障指示灯 LED

#### 1. CPU 的故障指示灯

如果 CPU 故障指示灯 SF 点亮、BF 点亮或闪烁，则表明 PROFIBUS 接口有错误。根据主站上 CPU 指示灯的显示状态，可以判断出 PROFIBUS DP 网络的故障，见表 6-4 和表 6-5。

表 6-4　CPU 的 BF 指示灯点亮

| 可能的错误 | CPU 反应 | 可能的纠正方法 |
| --- | --- | --- |
| ● 总线故障（硬件故障）<br>● DP 接口错误<br>● 多 DP 主站模式下的不同传输速率<br>● 如果 DP 从站/主站接口激活：总线短路<br>● 对于被动 DP 从站接口：传输速率搜索，即总线上没有其他激活的节点（例如主站） | 调用 OB86（CPU 处于 RUN 模式时）如果未装载 OB86，则 CPU 会切换到 STOP 模式 | ● 检查总线电缆有无短路或断路<br>● 分析诊断数据。编辑组态 |

表 6-5　CPU 的 BF 指示灯闪烁

| 可能的错误 | CPU 反应 | 可能的纠正方法 |
| --- | --- | --- |
| CPU 是 DP 主站：<br>● 连接的站有故障<br>● 至少一个已组态的从站无法访问<br>● 错误组态 | 调用 OB86（CPU 处于 RUN 模式时）如果未装载 OB86，则 CPU 会切换到 STOP 模式 | 　检验总线电缆已连接到 CPU，或者总线没有中断<br>　等到 CPU 完成启动过程。如果 LED 不停止闪烁，则检查 DP 从站或评估 DP 从站的诊断数据 |
| CPU 是活动的 DP 从站：<br>● 响应监视时间已过<br>● PROFIBUS-DP 通信中断<br>● 错误的 PROFIBUS 地址<br>● 错误组态 | 调用 OB86（CPU 处于 RUN 模式时）如果未装载 OB86，则 CPU 会切换到 STOP 模式 | ● 检查 CPU<br>● 验证总线连接器安装正确<br>● 检查连接 DP 主站的总线电缆是否有断路情况<br>● 检查组态数据和参数 |

#### 2. 从站的故障指示灯

根据从站上故障指示灯的显示状态，可以判断出 PROFIBUS-DP 网络的故障，见表 6-6。

表 6-6　从站的故障指示灯

| 从站指示灯 | | | 含　义 | 解 决 方 法 |
|---|---|---|---|---|
| SF | BF | ON | | |
| 灭 | 灭 | 灭 | 接口模块没有电压或接口模块存在硬件缺陷 | 打开接口模块的 DC24V 电源电压 |
| * | 闪烁 | 亮 | PROFIBUS 地址错误、组态错误或参数错误 | 检查接口模块<br>检查组态和参数<br>检查 PROFIBUS 地址 |
| * | 亮 | 亮 | PROFIBUS 地址无效 | 检查是否正确安装了总线连接器<br>重新设置有效的 PROFIBUS 地址<br>从站关闭后重新上电 |
| 亮 | * | 亮 | 从站组态与实际设置不符 | 检查是否缺失模块或模块发生故障 |
| 灭 | 灭 | 亮 | 主站与从站之间数据通信正常 | |

## 6.5.2　用 STEP7 软件进行网络诊断

在系统进入调试阶段后，使用 STEP7 软件的诊断缓冲区和硬件诊断工具可以对 PROFIBUS-DP 网络的故障进行诊断。

### 1．诊断缓冲区

如果 PROFIBUS-DP 网络故障导致 CPU 停机，则可以在"模块信息"工具的诊断缓冲区中看到故障信息，如图 6-35 所示。在本例中，引起 CPU 停机的原因是由于机架故障，信息显示分布式 I/O 的 5 号从站出了问题。

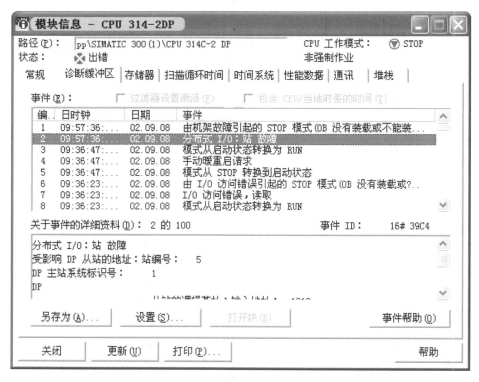

图 6-35　诊断缓冲区的 DP 从站故障信息

**2. 硬件诊断**

硬件诊断方法在 5.13 节故障诊断中已经作了介绍，利用"硬件诊断"工具可以快速地排查 PROFIBUS-DP 网络中主/从站硬件设备的故障。

打开硬件诊断窗口，显示项目下包含从站的所有模块，出现故障的模块前面会有红色的标记，如图 6-36 所示。在本例中，可以检测出 PROFIBUS-DP 网络中的 5 号从站出现故障。双击出故障的从站，可以查看更详细的故障诊断信息。在本例中，检测出该从站的 6 号插槽有故障，没有找到模拟量输入模块。

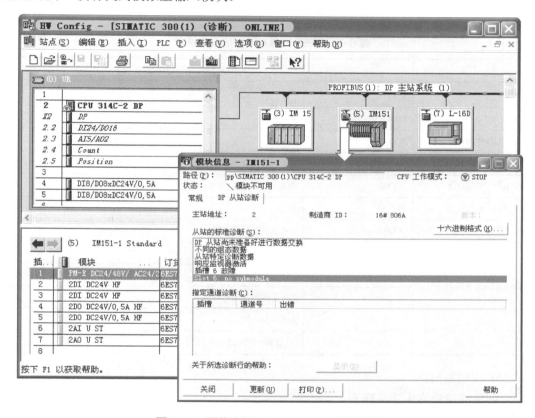

图 6-36　硬件诊断 PROFIBUS-DP 网络故障

## 6.5.3　通过组织块 OB86 进行诊断

当扩展机架故障、DP 主站系统故障或分布式 I/O 故障出现时，如果 CPU 中没有下载处理这类错误的组织块 OB82，出于对设备和人身安全的保护，操作系统会停止 CPU 运行，故障指示灯点亮。如果 CPU 中下载了 OB82，出现故障时操作系统调用 OB86，那么 CPU 会忽略这些故障继续运行，但故障指示灯会点亮。

用户通过编写 OB86 程序，可以从 OB86 的启动信息中读出故障信息，并进一步分析错误原因。

OB86 的变量声明表如图 6-37 所示。当 DP 站发生故障时 OB86 变量声明表中的启动信息说明见表 6-7。

| 名称 | 数据类型 | 地址 | 注释 |
|---|---|---|---|
| OB86_EV_CLASS | Byte | 0.0 | 16#38/39 Event class 3 |
| OB86_FLT_ID | Byte | 1.0 | 16#C1/C4/C5, Fault identifcation code |
| OB86_PRIORITY | Byte | 2.0 | Priority of OB Execution |
| OB86_OB_NUMBR | Byte | 3.0 | 86 (Organization block 86, OB86) |
| OB86_RESERVED_1 | Byte | 4.0 | Reserved for system |
| OB86_RESERVED_2 | Byte | 5.0 | Reserved for system |
| OB86_MDL_ADDR | Word | 6.0 | Base address of IM module in rack with fault |
| OB86_RACKS_FLTD | Array [0..31] Of Bool | 8.0 | |
| OB86_DATE_TIME | Date_And_Time | 12.0 | Date and time OB86 started |

图 6-37　OB86 的变量声明表

表 6-7　OB86 变量声明表的启动信息

| 变　　量 | 类　　型 | 描　　述 |
|---|---|---|
| OB86_EV_CLASS | BYTE | 事件等级和标识符<br>B#16#38：离开事件，B#16#39：到来事件 |
| OB86_FLT_ID | BYTE | 错误代码 |
| OB86_PRIORITY | BYTE | 优先级 |
| OB86_OB_NUMBR | BYTE | OB 编号(86) |
| OB86_RESERVED_1 | BYTE | 保留 |
| OB86_RESERVED_2 | BYTE | 保留 |
| OB86_MDL_ADDR | WORD | DP 主站的逻辑基址 |
| OB86_RACKS_FLTD | 位 0～7 | DP 站的编号 |
| | 位 8～15 | DP 主站系统 ID |
| | 位 16～30 | DP 从站的诊断地址 |
| | 位 31 | I/O 标识符 |
| OB86_DATE_TIME | DATE_AND_TIME | 调用 OB 时的时间和日期 |

OB86 应用举例：

**1. 判断故障是发生还是离开**

当 PROFIBUS-DP 网络中发生故障时或故障排除时都会调用 OB86，用户可以利用 OB86 的启动信息 OB86_EV_CLASS 来判断故障的状态。如果需要的话，可以将此状态传送至 HMI 监控系统。

（1）取消 LAD 编程的语法检查

在程序编辑器窗口的"选项"下拉菜单中选择"自定义"，在弹出的窗口中点击 "LAD/FBD"选项卡，取消激活"地址的类型检查"，如图 6-38 所示。

（2）编辑程序

在 OB86 中编写程序，当 PROFIBUS-DP 网络发生故障时，将标志位 M21.4 置位；当 PROFIBUS-DP 网络故障消失后，将标志位 M21.4 复位，如图 6-39 所示。

**2. 判断出是哪个 PROFIBUS-DP 网络中的哪个站点发生故障**

为了快速地找到并排除故障，可以通过 OB86 判断出是哪个 PROFIBUS-DP 网络中的哪个站点发生故障。在 OB86 的变量声明表中的临时变量 OB86_RACKS_FLTD 是 32 位的

BOOL 型，其中的每个位的含义见表 6-7。可以将其类型改为 DWORD，编写程序读取相应的字节单元，判断故障发生在哪个站点。

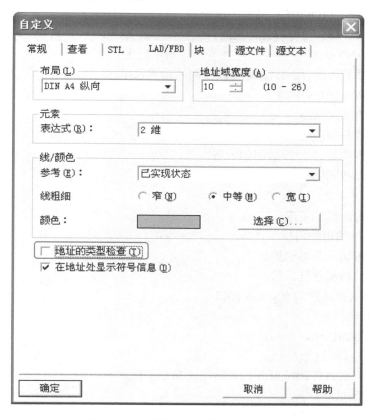

图 6-38　取消激活"地址的类型检查"

OB86 :　"Loss Of Rack Fault"

**程序段 1**：标题：

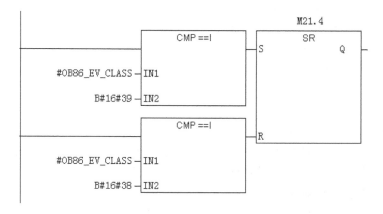

图 6-39　OB86 的程序

### 6.5.4　用 BT200 进行硬件测试与诊断

BT200 是手持式 PROFIBUS 硬件测试设备，如图 6-40 所示。BT200 是对 RS-485 物理层进行检测，操作简单、方便、快捷，不需要 PROFIBUS 专门知识，并可将诊断信息上传到 PC，进而通过软件分析进行。BT200 可以检测的功能包括：

（1）测试 PROFIBUS 电缆

● 线路中断/屏蔽中断。

● 线之间或线与屏蔽之间短路。

● 确定数据线的断路/短路故障的位置。

● 检查可引起故障的反射。

● 线路变化。

● 确定安装的电缆的长度。

（2）检查从站的可访问性

● 列出所有可访问从站的地址。

● 单个从站的特定寻址。

（3）检查主站和从站的 RS-485 接口

● RS-485 驱动器。

● 电缆端接器的供电。

● PROFIBUS–DP 地址显示。

用 BT200 对网络进行测试可分为普通模式和专家模式。

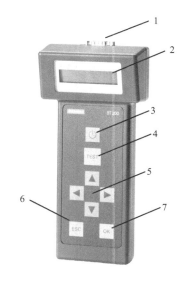

图 6-40　BT200
1-RS485 接口　2-显示屏
3-开/关按钮　4-TEST 开始测试键
5-光标移动键　6-ESC 退出键
7-OK 确认键

**1．普通模式测试**

在普通模式下只能测试接线的状态。长时间按下"开/关"按钮，启动 BT200。屏幕显示开始测试，如图 6-41 所示。

在系统设备安装阶段（设备未上电），将测试连接器安装在总线的一端，用 BT200 对总线依次进行测试。总线上不连任何站点，总线段的两端需要配备终端电阻，如图 6-42 所示。依据逐次测量原则，一段一段进行总线测量，逐次排除每一段的总线电缆 A、B 是否短路以及与屏蔽层的短接故障。

如果测试正常，会显示图 6-43 中两个信息之一。如果测试有问题，会显示站点连接中断、接线反相、短路、AB 相或屏蔽层断路、没有或多于 2 个终端电阻等错误信息，如图 6-44 所示。

**2．专家模式测试**

如果需要进一步的测试，可以将 BT200 切换到专家模式。同时按下〈ESC〉和〈OK〉键，可以将设备从普通模式切换到专家模式。专家模式不仅具有普通模式下的所有功能，还具有 RS-485 接口测试、路径测试、网络距离测量和信号反射测试等功能。

（1）站点（RS-485）测试

将 BT200 连接到已上电的从站，对于单个从站的 RS-485 接口，可以检测出 RS-485 正常或已经损坏，还可以测量实际总线电平（5V）；如果 BT200 没有反应，则表示没有收到任何信号或从站地址设置错误。若无法连续收到信号需重复测试。

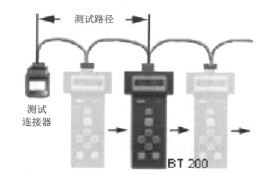

测试路径

测试
连接器

BT 200

图 6-42　测试 PROFIBUS 总线电缆

```
Start test:
            → TSET
```

图 6-41　BT200 开机显示

```
Cabeling o.k.
（1R）       → OK
```

a)

```
Cabeling o.k.
（2R）       → OK
```

b)

图 6-43　测试总线电缆显示

a) 电缆正常，总线上只有一个终端电阻　　b) 电缆正常，总线上有两个终端电阻

```
Change
A-B         → TSET
```

```
Fix short cir-
Cuit A-B    → TSET
```

```
Fix all wire
            → TSET
```

```
Fix broken wire
A           → TSET
```

```
Fix broken wire
B           → TSET
```

```
Fix broken wire
shield      → TSET
```

图 6-44　测试总线电缆故障信息显示

（2）路径测试

路径测试可以跨越中继器或光纤对整个网络进行测试，不仅可以检测 PROFIBUS 总线上所有从站是否激活，还可以显示所能找到的站地址，如图 6-45 所示。

（3）距离测试

可以测量 PROFIBUS 电缆的长度。

```
2，3，5，7，8，9，10，
12，15        → OK
```

图 6-45　路径测试显示从站

（4）反射测试

可以用来决定故障是否存在（如断路和短路），还可以确认距离测量的结果是否正确。

在下列场合会发生反射：

● 存在分支电路。

● 终端电阻太多或没有终端电阻。

● 测量路径中含有其他类型的电缆。

● 电缆安装不正确。

以上这些故障都可以通过反射测试检测出来。

# 第 7 章　WinCC 监控系统

## 7.1　人机界面概述

### 7.1.1　HMI 的主要任务

对于一个有实际应用价值的 PLC 控制系统来讲，除了硬件设备和控制软件之外，还应有适于用户操作的方便的人机界面（Human Machine Interface，HMI）。HMI 系统承担的主要任务如下：

1．运行过程可视化

在 HMI 上显示当前设备的工作状态，显示画面包括指示灯、按钮、文字、图形、曲线等，画面可根据过程的变化动态更新。

2．操作员对过程进行控制

操作员可以通过图形界面对设备的运行过程进行控制。例如，操作员可以通过 HMI 画面中的按钮启动电动机，可以通过数据输入操作预置控件的参数。

3．归档过程值

HMI 系统可以连续、顺序地记录过程值，可以检索以前的生产数据，并打印输出生产数据。

4．显示报警

运行过程的临界状态能够自动触发报警，例如，当压力值超出设定值时显示报警信息。

5．过程和设备的参数管理

HMI 系统可以将过程和设备的参数存储在配方中。例如，可以一次性将这些参数从 HMI 设备下载到 PLC，以便改变产品版本进行生产。

### 7.1.2　HMI 产品

HMI 产品的类型主要有薄膜键输入的 HMI，触摸屏输入的 HMI，基于 PC 的高性能 HMI。

HMI 编程软件对设备或过程进行操作并使其可视化，根据需要尽量精确地把设备或过程映射在 HMI 上，这个过程称为组态过程。所以，HMI 编程软件也叫组态软件。

组态软件是数据采集监控系统（Supervisory Control and Data Acquisition，SCADA）的软件平台工具，是工业应用软件的一个组成部分。OPC（OLE for Process Control）的出现，以及现场总线尤其是工业以太网的快速发展，大大简化了不同厂家设备间的互联方式，降低了开发 I/O 设备驱动软件的工作量。

国际上流行的基于 PC 的组态软件主要有 Intellution 公司的 iFIX、Wonderware 公司的 InTouch，以及 Siemens 公司的 WinCC 等。

### 7.1.3  WinCC 的特点

西门子公司的 SIMATIC WinCC（Windows Control Center）组态软件是基于 Windows 操作系统的强大的 HMI 系统，能为各种工业领域提供完备的监控与数据采集（SCADA）功能，涵盖单用户系统、配有冗余服务器的分布式多用户系统，以及远程 Web 客户机的解决方案。WinCC 是跨公司垂直集成交换信息的基础，它采用了工厂智能，可以实现更大程度的生产过程的透明性。

WinCC 集生产自动化和过程自动化于一体，实现了相互之间的整合，在各种工业领域中得到了广泛的应用，包括：汽车工业、化工和制药行业、印刷行业、能源供应行业、贸易和服务行业、塑料和橡胶行业、机械和设备成套工程、金属加工业、食品和饮料行业、烟草行业、造纸和纸品加工行业、钢铁行业、运输行业、水处理和污水净化行业等。

WinCC 具有丰富的设置项目、可视窗口和菜单选项，使用方式灵活，功能齐全。用户在其友好的界面下进行组态、编程和数据管理，可形成所需的操作画面、监视画面、控制画面、报警画面、实时趋势曲线、历史趋势曲线和打印报表等。它为操作者提供了图文并茂、形象直观的操作环境，不仅缩短了软件设计周期，而且提高了工作效率。WinCC 的另一个特点在于其整体开放性，它可以方便地与各种软件和用户程序组合在一起，建立友好的人机界面，满足实际需要。用户也可将 WinCC 作为系统扩展的基础，通过开放式接口，开发其自身需要的应用系统。

由于 WinCC 具有基于 Microsoft SQL Server 2000 的集成的 Historian 系统（实时历史数据记录系统），可以通过智能化的功能和工具，获取重要的生产数据。对于操作人员、工厂经理和公司内的任何一个员工来说，可以利用企业内部信息，改进企业的各项流程，降低工厂成本，避免浪费，提高生产设施利用率，并通过最终分析来确保企业高效生产，获取更高利润。

### 7.1.4  HMI 项目设计方法

监控系统组态是通过 PLC 以"变量"方式实现 HMI 与机械设备或过程之间的通信。图 7-1 为监控系统组态的基本结构，过程值通过 I/O 模块存储在 PLC 中，HMI 设备通过变量访问 PLC 相应的存储单元。

图 7-1  系统组态的基本结构

根据工程项目的要求，设计 HMI 监控系统需要做的主要工作包括：

**1. 新建 HMI 监控项目**

在组态软件中创建一个 HMI 监控项目。

**2. 建立通信连接**

建立 HMI 设备与 PLC 之间的通信连接，HMI 设备与组态 PC 之间的通信连接。

**3. 定义变量**

在组态软件中定义需要监控的过程变量。

### 4．创建监控画面

绘制监控画面，组态画面中的元素与变量建立连接，实现动态监控生产过程。

### 5．过程值归档

采集、处理和归档工业现场的过程值数据，以趋势曲线或表格的形式显示或打印输出。

### 6．编辑报警消息

编辑报警消息，组态离散量报警和模拟量报警。

### 7．组态配方

组态配方以快速适应生产工艺的变化。

### 8．用户管理

分级设置操作权限。

## 7.2　项目管理器

WinCC 系统全部的管理功能都是由项目管理器完成的，WinCC 项目管理器的主要工作包括：创建和打开项目，管理项目数据和归档，打开各种编辑器，激活或取消激活项目等。

### 7.2.1　启动 WinCC 项目管理器

在计算机上安装了 WinCC 软件以后，桌面上会有 WinCC 软件图标，双击图标启动 WinCC 项目管理器。或者在 Windows "开始" 菜单中选择 "所有程序" → "Simatic" → "WinCC" → "WinCC V6.2 ASIA" 命令，也可以启动 WinCC 项目管理器。

WinCC 项目管理器一次只能打开一个项目，启动 WinCC 后，自动打开上次退出时正在访问的项目。如果希望启动 WinCC 项目管理器时不打开已有项目，可以在启动 WinCC 时，同时按下〈Shift〉和〈Alt〉键，直到出现 WinCC 项目管理器窗口，这时 WinCC 项目管理器打开，但不打开项目。

如果在退出 WinCC 项目管理器时，所打开的项目处于激活（运行）状态，则再次启动 WinCC 项目管理器时，将自动激活该项目。若希望在启动 WinCC 时打开项目但不立即激活运行系统，可以在启动 WinCC 时，同时按下〈Shift〉和〈Ctrl〉键，直到出现 WinCC 项目管理器窗口，这时 WinCC 项目管理器打开项目，但不激活项目。

### 7.2.2　WinCC 项目管理器的结构

WinCC 项目管理器的结构如图 7-2 所示，主界面包括：标题栏、菜单栏、工具栏、状态栏、浏览窗口和数据窗口。

### 1．标题栏

项目管理器的标题栏显示所打开的 WinCC 项目当前的存储路径以及该项目是否激活。

### 2．菜单栏和工具栏

菜单栏和工具栏是大型软件应用的基础，可以通过 WinCC 的菜单栏和工具栏访问它所提供的全部功能。当鼠标指针移动到工具栏的一个按钮上时，会出现工具的提示。有一些命令只有在选择某个元素后，在鼠标右键弹出的快捷菜单中才可使用。菜单栏中浅灰色的命令和工具栏中浅灰色的按钮表明该命令和按钮在当前条件下不能使用。

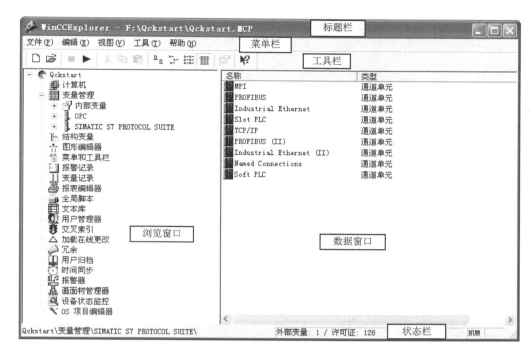

图 7-2　WinCC 项目管理器窗口

**3．状态栏**

项目管理器的状态栏包含与项目有关的常规信息以及与编辑有关的一些提示，如当前正在使用的编辑器，编辑器中对象的数目，已组态外部变量的数目/授权允许的最大变量数目等。

**4．浏览窗口**

项目管理器的浏览窗口显示 WinCC 项目管理器中的编辑器和功能的列表，包括所有已安装的 WinCC 组件，双击列表或使用鼠标右键快捷菜单可以打开相应的编辑器。

**5．数据窗口**

鼠标选中浏览窗口中某个编编器或文件夹，在项目管理器的数据窗口将显示相应编辑器或文件夹的元素，数据窗口所显示的信息随编辑器的不同而变化。

## 7.2.3　项目类型

**1．单用户项目**

单用户项目是指用户创建的 WinCC 项目只在一台计算机上工作。运行 WinCC 项目的计算机既可作为 WinCC 数据库的服务器，又可作为访问这些数据库的客户机（操作站）。通过过程总线可将计算机与多台 PLC 相连接，其他计算机不能访问该项目。典型的单用户项目如图 7-3 所示。

**2．多用户项目**

多用户项目由一至多台服务器和多个客户机组成，任意一台客户机可以访问多台服务器上的数据，任意一台服务器上的数据也可以被多台客户机访问。

在服务器上创建多用户项目，通过过程总线将服务器与多台 PLC 相连接，所有数据均位于服务器上，服务器为客户机提供过程值、归档数据、消息、画面和协议等。在多用户项目中，定义对服务器进行访问的客户机，多个客户机可以访问服务器上的项目，每个客户机可以执行同样的或不同的任务，例如一个客户机用来显示过程画面，另一个客户机专门负责显示和确认消息。

通常对于比较小的监控系统，即数据不需要分布到多个服务器的情况，可以组态单服务器多用户项目。

如果希望使用多个服务器进行工作，可将多用户项目复制到另一台服务器上并作出相应的调整，运行系统数据分布于不同服务器上，组态数据位于服务器和客户机上，客户机可以访问多台服务器。典型的多用户项目如图 7-4 所示。

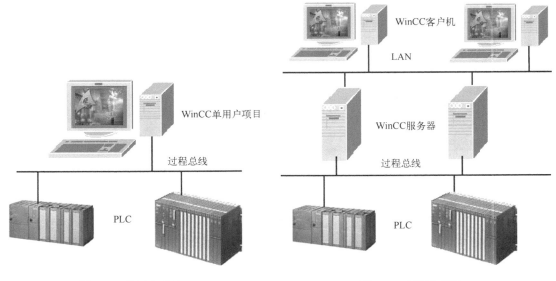

图 7-3　单用户项目　　　　　　　　　图 7-4　多用户项目

### 3．客户机项目

如果创建多用户项目，则随后必须在作为客户机的计算机上创建客户机项目，组态对服务器进行访问的客户机，客户机不需要建立与 PLC 的连接。

如果组态只有一个服务器的多用户项目，所有数据均位于服务器上，并在客户机上进行引用。对于这样的多用户项目，不需要在 WinCC 客户机上创建单独的客户机项目。

如果组态具有多个服务器的多用户项目，运行系统数据分别于不同的服务器上，多用户项目中的组态数据位于相关服务器上。客户机上的客户机项目中可以存在本机的组态数据：画面、脚本和变量。对于这样的多用户项目，必须在每台客户机上创建独立的客户机项目。

Web 客户机：可组态通过 Intranet 或 Internet 对服务器进行访问的客户机。如果需要这种类型的访问，可使用 WinCC Web Navigator 选件创建一个 Web 客户机。

## 7.2.4　创建和编辑项目

为了更有效地创建 WinCC 项目，应该在创建项目前对项目的结构给出一些初步的考虑。根据所规划项目的大小以及所涉及的状态工程的数量，确定系统的项目类型、项目路径、项目名称、变量组和画面层次等。

在开始创建项目之前，应该清楚需要的是单用户项目，还是多用户项目。不要将 WinCC 项目创建在安装有 WinCC 的同一分区里。最好为项目创建一个单独的分区，并确保有容纳大量数据的足够空间。如果归档大量的数据，WinCC 项目可能占用好几个 GB 的空间。单独的分区还可确保 WinCC 项目及其包含的所有数据在系统崩溃时都不会丢失。一旦完成创建项目，想要修改项目的名称将涉及许多步骤。因此，建议在创建项目之前就决定好合适的名称。为了节省组态时间，应在创建项目之前对项目中的变量进行分组，以及规划好项目的画面层次。

### 1. 创建新项目

单击 WinCC 项目管理器工具栏中的"新建"□按钮，或在菜单栏中选择"文件"→"新建"命令，打开"WinCC 项目管理器"对话框，如图 7-5 所示，指定所需要的项目类型，并点击"确定"按钮进行确认。

在打开的图 7-6 所示的"创建新项目"对话框中指定项目名称和项目的存放路径。在"项目名称"框中输入所需要的项目名称。如果希望项目文件夹名称与项目名称不同，在"新建子文件夹"框中输入所需的文件夹名称。在"项目路径"下的"驱动器"列表框中，选择希望存放项目的驱动器，在"项目路径"下的"文件夹"列表框中，选择希望存放项目的文件夹路径。单击"创建"按钮进行确认，WinCC 将创建该名称的项目，并在 WinCC 项目管理器中打开该项目。

图 7-5 "WinCC 项目管理器"对话框

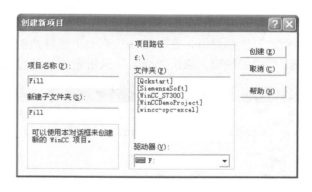

图 7-6 "创建新项目"对话框

**注意**：输入的项目名不要用中文字符，确定项目路径中也不能用中文字符，因为中文项目名和中文路径将影响过程归档和报警功能的运行。

### 2. 设置项目的属性

单击 WinCC 项目管理器浏览窗口中的项目名称，并在鼠标右键快捷菜单中选择"属性"命令，打开"项目属性"对话框，如图 7-7 所示。

在图 7-7 所示"项目属性"对话框的"常规"选项卡中显示当前项目的类型、项目创建者、创建日期和最后一次修改日期等信息，用户可以修改项目的类型，并注明修改者及版本。

图 7-7　打开"项目属性"对话框

在图 7-8 所示"项目属性"对话框的"更新周期"选项卡中，显示 WinCC 提供的系统运行更新周期，用户还可以自定义 5 个范围在 100ms～10 h 之间的更新周期。

在图 7-9 所示的"项目属性"对话框的"热键"选项卡中，可以设置项目登录、退出和硬拷贝的 3 个热键。"登录"将打开一个窗口，用于运行系统中用户登录；"退出"将打开一个窗口，用于在运行系统中注销用户；"硬拷贝"将打开一个对话框，用于在运行系统中打印画面。设置热键时，在"动作"列表中选择热键激活的动作，然后在"以前分配到"窗口中按下期望的热键，点击"分配"按钮完成热键的设置。

图 7-8　"项目属性"对话框的"更新周期"选项卡

图 7-9　"项目属性"对话框的"热键"选项卡

### 3．更改计算机的属性

创建项目后，WinCC 运行系统将采用项目的默认设置。然而，为了适应当前的工程项目，有一些设置必须自己进行设定，要对计算机的属性进行调整，如果是多用户项目，则必须单独为每台创建的计算机调整属性。

单击 WinCC 项目管理器浏览窗口中的"计算机"组件，WinCC 将在数据窗口中显示计算机的列表。选择所需要的计算机，并在鼠标右键快捷菜单中选择"属性"命令，打开"计算机属性"对话框，如图 7-10 所示。

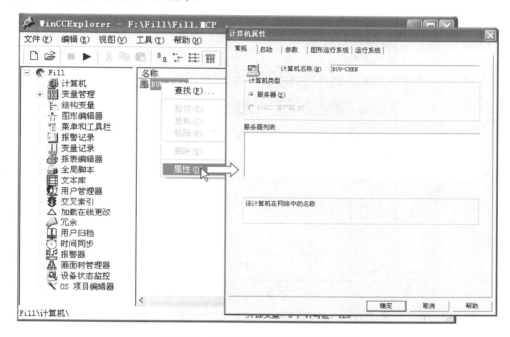

图 7-10　打开"计算机属性"对话框

（1）"常规"选项卡

在"常规"选项卡中，检查"计算机名称"输入框中是否输入了正确的计算机名称。此名称必须与 Windows 的计算机名称一致。在桌面"我的电脑"右键快捷菜单中选择"属性"命令，可以找到 Windows 的计算机名称。

在"计算机类型"区域会显示此计算机是用做服务器还是客户机。

如果已在该项目中插入了其他计算机，则会在"客户机列表"或"服务器列表"区域中显示这些计算机。

可以在项目中改变计算机名称。改变计算机名称后必须退出 WinCC 项目管理器，然后重新打开项目，WinCC 才接受修改后的计算机名称。

**注意**：将其他计算机组态的 WinCC 项目复制到本计算机时，一定要修改"计算机属性"中的计算机名称与本机一致，否则项目无法运行。

（2）"启动"选项卡

计算机属性的"启动"选项卡如图 7-11 所示，在"WinCC 运行时的启动顺序"列表框中列出了 WinCC 运行系统的模块和应用程序。用户可以激活运行系统启动时要装载的模块和应用程序，默认状态下始终启动并激活"图形运行系统"。为了提高运行系统的性能，如果项目目前没有使用到某个应用程序，则不要选择激活。使用"编辑"按钮，打开一个对话框，可以在其中输入应用程序的启动参数。

图 7-11　"计算机属性"对话框的"启动"选项卡

在"附加任务/应用程序"中，可以添加使用 WinCC 运行系统启动的程序或任务。如果希望在启动运行系统时打开附加的程序或任务，单击"添加"按钮，打开"添加应用程序"对话框。在"应用程序"输入框中输入所需要的应用程序及其完整路径，图 7-11 所示为添加 Microsoft Excel 应用程序。

（3）"参数"选项卡

计算机属性的"参数"选项卡如图 7-12 所示，在"参数"选项卡中可以对运行系统的语言环境、时间基准的默认设置进行修改，可以禁用某些 Windows 操作系统的快捷键。

（4）"图形运行系统"选项卡

计算机属性的"图形运行系统"选项卡如图 7-13 所示，在该选项卡中可以修改运行系统中使用过程画面的默认设置。包括：定义启动画面，这样在项目激活时将首先打开所选择的启动画面；设置运行系统中的窗口属性，如是否显示标题栏、边框和状态栏，是否允许最大化、最小化或调整画面等；关闭一些窗口属性；设置切换浏览画面的热键。

（5）"运行系统"选项卡

计算机属性的"运行系统"选项卡如图 7-14 所示，在该选项卡中可以设置 Visual Basic 画面脚本和全局脚本的调试特性，还可设置是否启用监视键盘（软键盘）等选项。

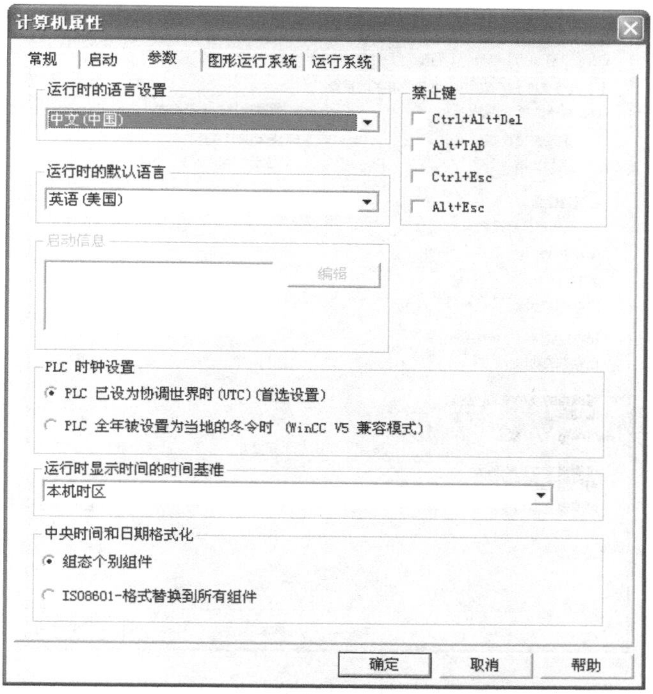

图 7-12    "计算机属性"对话框的"参数"选项卡

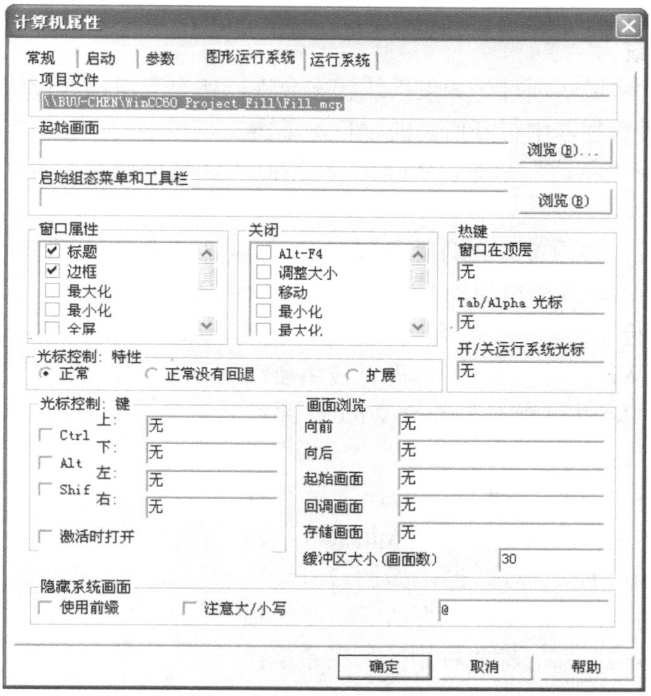

图 7-13    "计算机属性"对话框的"图形运行系统"选项卡

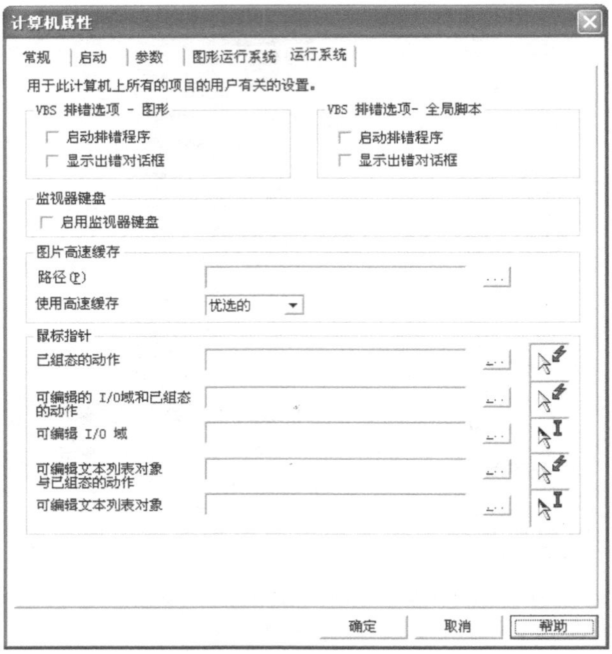

图 7-14　"计算机属性"对话框的"运行系统"选项卡

### 7.2.5　运行项目

**1．启动运行系统**

启动运行系统时将激活项目。如果系统状态允许，所有已组态的过程都将启动和运行。

在 WinCC 项目管理器中打开所需的项目，单击工具栏中的"激活"▶按钮，或在菜单栏中选择"文件"→"激活"命令，WinCC 将按照"计算机属性"对话框中所选择的设置启动运行系统。

对于多用户项目，必须首先启动所有 WinCC 服务器上的运行系统。只有当所有服务器上的项目都已经激活后，才可以启动 WinCC 客户机上的运行系统。

**2．设置自动运行**

在启动计算机 Windows 系统时，可以应用自动运行设置启动 WinCC，并可指定在启动 WinCC 系统时立即激活项目运行。

在 Windows 的"开始"菜单中选择"所有程序"→"Simatic"→"WinCC"→"Autostart"命令，打开"AutoStart 组态"对话框，如图 7-15 所示。单击"项目"框旁的 ⋯ 按钮，选择所需要的项目，将项目文件及其完整路径输入框中。如果希望在"运行系统"中打开项目，选中"启动时激活项目"框。单击"添加到 AutoStart"按钮。下一次启动计算机时，WinCC 将自动启动，并激活所选择的项目。

图 7-15　"AutoStart 组态"对话框

如果在启动计算机时不再希望启动 WinCC，则可从 Autostart 中删除项目。打开"AutoStart 组态"对话框，并单击"从 AutoStart 中删除"按钮，WinCC 将从自动启动中删除，项目路径仍然在"项目"框中。

### 3．退出运行系统

退出运行系统时将取消激活项目，所有激活的过程都将停止运行。

在 WinCC 项目管理器中，单击工具栏中的"取消激活" ■ 按钮，或在菜单栏中选择"文件"→"取消激活"命令，WinCC 将退出运行系统，"WinCC 运行系统"窗口被关闭。

### 7.2.6　复制项目

可以将某个项目或所有的重要数据从一台计算机复制到另一台计算机上或存储设备上。建议在创建组态时定期对项目进行备份。

在 Windows 的"开始"菜单中选择"所有程序"→"Simatic"→"WinCC"→"Tools"→"Project Duplicator"命令，打开"WinCC 项目复制器"对话框，如图 7-16 所示。在"选择要复制的源项目"框中输入希望复制的项目路径及项目文件<项目名>.MCP，或使用 ┄┄ 按钮，浏览选择所需要的项目。单击"另存为"按钮，打开"另存为 WinCC 项目"对话框，选择复制项目的存储文件夹，并在"文件名"框中输入项目名，项目名可以与原项目名相同，也可以不相同。单击"保存"按钮即可。

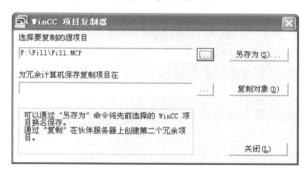

图 7-16　"WinCC 项目复制器"对话框

如果将项目复制到另一台计算机，由于原计算机名称仍然保留在项目属性中，因此必须更改项目计算机属性中的计算机名称才能在新的计算机中编辑项目。

## 任务 14　建立物料灌装自动生产线监控项目

启动 WinCC，新建物料灌装自动生产线监控项目——FILL。

## 7.3　组态变量

变量系统是组态软件的重要组成部分。在 WinCC 运行的环境下，工业现场的生产状况将实时地反映在变量的数值中，操作人员可以监视过程数据。同时，操作人员在计算机上发布的指令也是通过变量传送给生产现场。

### 7.3.1 变量管理器

变量管理器对项目所使用的变量和通信驱动程序进行管理。WinCC 与自动化控制系统之间的通信依靠通信驱动程序来实现，自动化控制系统与 WinCC 工程之间的数据交换通过过程变量来完成。

**1. 变量的类型**

按照功能可分为外部变量、内部变量、系统变量和脚本变量四种。

（1）外部变量

与外部控制器（例如 PLC）具有过程连接的变量称为外部变量或过程变量。外部变量必须在特定的过程驱动程序及其通道单元下定义，定义外部变量对应的数据地址和一个在项目中使用的符号名，数据地址用于与自动化系统进行通信。最多可使用的外部变量数目与授权有关，鼠标选中项目名，已经定义的外部变量数目和授权允许使用的外部变量数目显示在 WinCC 管理器右下角的状态栏中。

（2）内部变量

与外部控制器没有过程连接的变量称为内部变量。内部变量没有对应的过程驱动程序和单元通道，不需要建立相应的通道连接。内部变量在变量管理器的"内部变量"文件夹中定义，数量不受限制，可以无限制地创建。

（3）系统变量

WinCC 应用程序预定义了一些项目内部管理所需的中间变量，称为系统变量。每个系统变量均有明确的意义，这些变量的名称以"@"字符开头，不能删除或重新命名这些变量，用户可以查看但不能更改这些变量的值。

（4）脚本变量

脚本变量是用户在使用脚本编程时，在程序中定义和使用的变量。脚本变量只能在其定义时所规定的范围内使用。

**2. 变量的数据类型**

创建 WinCC 项目的变量时，需要为变量分配数据类型，数据类型取决于用户使用变量的用途。WinCC 变量的数据类型分为数值型、字符串类型和其他类型。

（1）数值型变量

① 二进制变量。数据类型与位相对应，二进制变量取值为 TRUE 或"1"和 FALSE 或"0"。二进制变量以字节形式存储在系统中。

② 有符号 8 位数。数据类型为 1 个字节长的有符号数，取值范围为 $-128\sim127$。

③ 无符号 8 位数。数据类型为 1 个字节长的无符号数，取值范围为 $0\sim255$。

④ 有符号 16 位数。数据类型为 2 个字节长的有符号数，取值范围为 $-32768\sim32767$。

⑤ 无符号 16 位数。数据类型为 2 个字节长的无符号数，取值范围为 $0\sim65535$。

⑥ 有符号 32 位数。数据类型为 4 个字节长的有符号数，取值范围为 $-2147483648\sim2147483647$。

⑦ 无符号 32 位数。数据类型为 4 个字节长的无符号数，取值范围为 $0\sim4294967295$。

⑧ 32 位浮点数。数据类型为 4 个字节长的有符号数，取值范围为 $-3.402823\times10^{+38}\sim+3.402823\times10^{+38}$。

⑨ 64 位浮点数。数据类型为 8 个字节长的有符号数，取值范围为−1.79769313486231×$10^{+308}$～+1.79769313486231×$10^{+308}$。

（2）字符串类型

① 8 位字符集文本变量。在该变量中每个字符都为 1 个字节长，可以用来表示 ASCII 字符集中的字符串。

② 16 位字符集文本变量。在该变量中每个字符都为 2 个字节长，可以用来表示 Unicode 字符集中的字符串。

（3）其他类型

① 文本参考。它是指 WinCC 文本库中的条目，只能将文本参考组态为内部变量。例如，要求交替显示不同的文本块时，使用文本参考可以将文本库中条目的相应文本 ID 分配给变量。

② 原始数据类型。外部和内部"原始数据类型"变量均可在 WinCC 变量管理器中创建。原始数据变量的格式和长度都不是固定的，其长度范围为 1～65535 个字节。原始数据类型既可以由用户来定义，也可以是特定应用程序的结果。原始数据类型变量的内容是不固定的，只有发送方和接收方能够解释原始数据类型变量的内容，WinCC 不会对其进行解释。原始数据变量不能在"图形编辑器"中显示。

## 7.3.2 通信驱动程序

通信驱动程序用于 WinCC 与所连接的自动化系统之间的数据通信。在创建过程变量之前，必须安装与自动化系统相匹配的通信驱动程序，并至少创建一个过程连接。

### 1. 添加新的驱动程序

单击 WinCC 项目管理器浏览窗口中的"变量管理"，并在鼠标右键快捷菜单中选择"添加新的驱动程序"命令，打开"添加新的驱动程序"窗口，如图 7-17 所示。在"添加新的驱动程序"窗口中显示 WinCC 集成的驱动程序，支持不同厂商的自动化装置。SIMATIC S7 Protocol Suite.chn 是 SIMATIC S7 协议组，支持西门子 S7-300/400CPU 的各种通信协议。选中"SIMATIC S7 Protocol Suite.chn"后点击"打开"按钮，在"变量管理"中添加 S7 协议组驱动程序，如图 7-18 所示。该驱动程序协议组包含西门子工业网络常用的通信协议，如：工业以太网通信、MPI 通信、PROFIBUS 现场总线通信等。

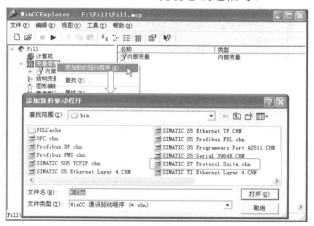

图 7-17　添加驱动程序

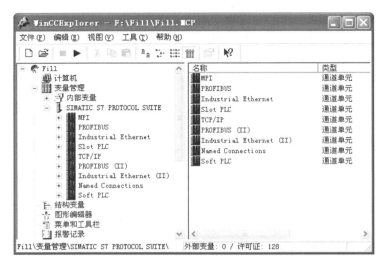

图 7-18　SIMATIC S7 PROTOCOL SUITE

### 2. 建立新驱动程序的连接

在"变量管理"浏览窗口中，选择 WinCC 项目与所连接的 PLC 之间的通信协议（例如 MPI 通信方式），并在鼠标右键快捷菜单中选择"新驱动程序的连接"命令，打开"连接属性"对话框，如图 7-19 所示，为逻辑连接命名，如以连接的 CPU 命名"CPU315-2DP"。

点击图 7-19 中的"属性"按钮，打开"连接参数"对话框，设置与 WinCC 项目连接的 PLC 的网络地址，包括 CPU 的 MPI 地址、CPU 所在的机架号和插槽号等参数。

图 7-19　建立新驱动程序的连接

### 3. 系统参数设置

在"变量管理"浏览窗口中，选择 WinCC 项目与所连接的 PLC 之间的通信协议 MPI，并在鼠标右键快捷菜单中选择"系统参数"命令，打开"系统参数"对话框，如图 7-20 所示。在"单元"选项卡的"逻辑设备名称"下拉菜单中，选择 PLC 与 WinCC 项目通信所使用的硬件设备，如"PC Adapter(MPI)"或"CP5613"等。更改逻辑设备名称后，需要重新启动 WinCC 才有效。

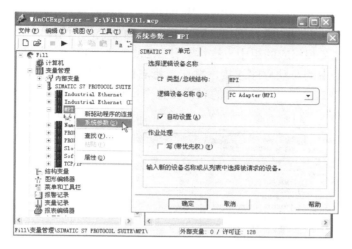

图 7-20    打开"系统参数"对话框

### 4．检查通信连接状态

运行项目，在项目管理器工具栏中选择"驱动程序连接状态"，检查连接是否建立。

首先 PLC 处于"RUN"模式，然后点击 WinCC 项目管理器工具栏中的"激活"▶按钮，使 WinCC 项目运行。在 WinCC 项目管理器菜单栏中选择"工具"→"驱动程序连接状态"命令，打开"状态-驱动连接"窗口，如图 7-21 所示，查看 WinCC 与 PLC 的连接情况是否为"确定"。如果连接不成功，检查连接电缆、PLC 的硬件组态参数、WinCC 的"连接参数"及"系统参数"。

图 7-21    检查通信连接状态

点击 WinCC 项目管理器工具栏中的"取消激活"■按钮，停止项目运行。

### 7.3.3 创建和编辑变量

#### 1. 新建变量组

在项目中创建大量变量时，为了便于变量的管理，一般可以将完成同一功能的变量或属于同一设备的变量归结为同一组。例如，可在项目中为每个画面创建一个变量组，将在某个画面中使用的变量定义到相应的组中，这样会使 WinCC 分配和检索变量更容易。

单击变量管理器中的驱动程序连接，并在鼠标右键快捷菜单中选择"新建组"命令，输入变量组名，如图 7-22 所示。变量组的名称在整个项目中必须唯一，创建变量组时 WinCC 不区分名称中的大小写字符。

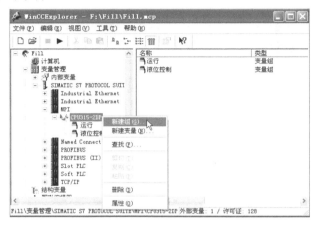

图 7-22　新建变量组

#### 2. 新建变量

单击变量管理器中的变量组名，并在鼠标右键快捷菜单中选择"新建变量"命令，打开"变量属性"对话框，如图 7-23 所示。在"常规"选项卡中定义变量名称，选择变量的数据类型。有些变量还可以进行线性标定，对于 PLC 的两个过程值，给出变量对应的实际工程值。这样可以省去模拟量规范化的数据处理，在 WinCC 项目中直接得到现场的工程值。

在"变量属性"对话框的"限制/报告"选项卡中，可以设置变量的上/下限、起始值和替换值，如图 7-24 所示。

图 7-23　"变量属性"对话框的"常规"选项卡

图 7-24　"变量属性"对话框的"限制/报告"选项卡

如果创建的是过程变量，还要设置变量的"地址属性"，如图 7-25 所示。例如，生产线灌装位置接近开关对应 PLC 的地址为 I8.6，在图 7-23 的"常规"选项卡中定义变量名称为"灌装位置"，数据类型选"二进制变量"。单击"选择"按钮，在弹出的"地址属性"对话框中设置所连接的 PLC 数据区域为"输入"，其地址是"I8.6"。

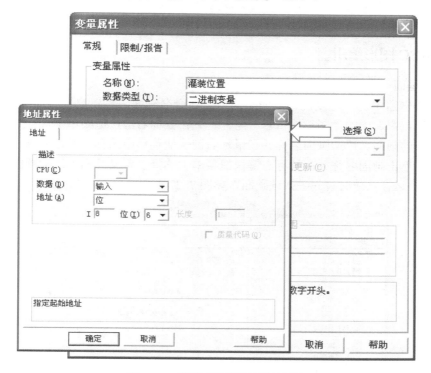

图 7-25　设置过程变量的地址属性

**注意：**由于软件的原因，在变量的数据窗口显示的变量区域符为德文，即输入类型的区域符为"E"，输出类型的区域符为"A"，如图 7-26 所示。

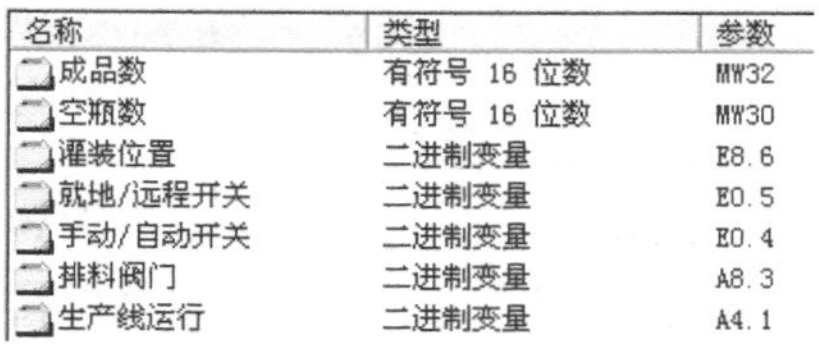

命名变量时，变量名在整个项目中必须唯一，WinCC 不区分变量名中的大小写字符，变量名不得超过 128 个字符。

| 名称 | 类型 | 参数 |
|------|------|------|
| 成品数 | 有符号 16 位数 | MW32 |
| 空瓶数 | 有符号 16 位数 | MW30 |
| 灌装位置 | 二进制变量 | E8.6 |
| 就地/远程开关 | 二进制变量 | E0.5 |
| 手动/自动开关 | 二进制变量 | E0.4 |
| 排料阀门 | 二进制变量 | A8.3 |
| 生产线运行 | 二进制变量 | A4.1 |

图 7-26　变量的数据窗口显示的变量区域符为德文

# 任务 15　建立 WinCC 与 PLC 的通信连接

添加新的驱动程序，建立新驱动程序的连接，设置连接的系统参数，检查通信连接状态。

自动化控制系统与 HMI 设备之间的数据交换是通过变量实现通信的。使用 WinCC 的变量编辑器生成监控系统所需的变量，设置变量的属性。

## 7.4　创建过程画面

操作员通过过程画面监视和控制生产设备的运行，过程画面是 HMI 系统的首要组成部分。图形编辑器是用于创建过程画面并使其动态化的编辑器。只有在 WinCC 项目管理器中打开的项目，才能启动图形编辑器进行过程画面的组态。

### 7.4.1　WinCC 图形编辑器

#### 1．新建画面

在图形编辑器中用户可以创建新的画面，重新命名画面，设置启动画面。单击 WinCC 项目管理器浏览窗口中的"图形编辑器"组件，并在鼠标右键快捷菜单中选择"新建画面"命令，创建新的画面。单击画面名称并在鼠标右键快捷菜单中选择"重命名画面"命令，修改画面命名。单击画面名称并在鼠标右键快捷菜单中选择"定义画面为启动画面"命令，则在激活 WinCC 运行系统时首先进入该画面，如图 7-27 所示。

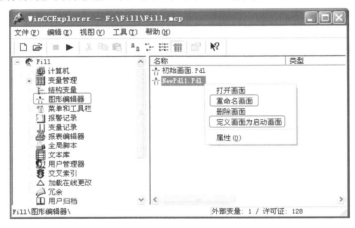

图 7-27　重命名画面和定义启动画面

#### 2．图形编辑器窗口

双击图形画面名称，打开图形编辑器窗口，或单击 WinCC 项目管理器浏览窗口中的"图形编辑器"组件，并在鼠标右键快捷菜单中选择"打开"命令，打开图形编辑器，如图 7-28 所示。图形编辑器窗口中集成了用于图形编辑的常用工具和选项板，包括调色板、缩放工具、图层、对齐板、对象选项板、样式选项板和动态向导等。在菜单栏中选择"视图"→"工具栏"，在弹出的工具栏窗口中可以设置打开或隐藏的各种工具和选项板。

（1）绘图区

绘图区位于图形编辑器的中央，在绘图区中，水平方向为 X 轴，垂直方向为 Y 轴，画面的左上角为坐标原点，其坐标为（X=0，Y=0）。坐标以像素为单位。

绘图区中每个对象的坐标原点是对象矩形轮廓的左上角。

（2）对象选项板

对象选项板包含在过程画面中频繁使用的各种类型的对象，它包括"标准"和"控件"两个选项卡。

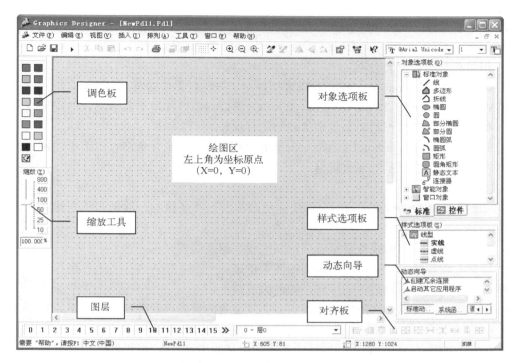

图 7-28　图形编辑器

"标准"选项卡包括的对象组有：

- 标准对象。例如线条、多边形、椭圆、圆、矩形、静态文本等。
- 智能对象。例如应用程序窗口、画面窗口、OLE 对象、I/O 域、棒图、状态显示等。
- 窗口对象。例如钮、复选框、选项组、滚动条对象等。

图 7-29　对象选项板的"控件"

"控件"选项卡如图 7-29 所示，包含由 WinCC 提供的最重要的 ActiveX 控件，用户也可以添加其他控件。WinCC 提供的 ActiveX 控件有：

- WinCC Digital/Analog Clock Control。WinCC 数字/模拟时钟用于将时间显示集成到过程画面中，显示方式可以是数字时钟，也可以是模拟时钟。
- WinCC Gauge Control。WinCC 量表控件可以模拟测量时钟形式显示监控的测量值。
- WinCC Online Table Control。WinCC 在线表格控件用于显示归档变量表单中的数值。
- WinCC Online Trend Control。WinCC 在线趋势控件用于将变量和归档变量的数值显示为趋势图形式。
- WinCC Push Button Control。WinCC 按钮控件用于组态命令按钮，后者与某个指定命令的执行相连接。

- WinCC Slider Control。WinCC 滚动条控件用于显示滚动条形式的监控测量值。
- WinCC User Archive – Table Element。WinCC 用户归档表格元素提供了访问用户归档和用户归档视图的选项。
- WinCC Alarm Control。WinCC 报警控件用于在运行系统时显示消息。
- WinCC Function Trend Control。WinCC 函数趋势控件用于显示随其他变量改变的变量的数值，并将该趋势与设定值趋势进行比较。
- Siemens HMI Symbol Library。Siemens HMI 符号库包含全部收集用于过程画面中系统和系统组件显示的现有符号。

（3）样式选项板

样式选项板如图 7-30 所示，允许快速更改线型、线条粗细、线端和填充图案。包括的对象组有：
- 线型。包含不同的线条显示选项，如虚线、点画线等。
- 线宽。设置线的宽度，线的粗细按像素指定。
- 线端样式。显示线两端的形式，如箭头或圆形。
- 填充图案。可以为封闭对象选择实心的或透明的背景以及各种填充图案。

（4）动态向导

动态向导如图 7-31 所示，它提供了大量预定义的 C 动作，可以简化频繁重复出现的过程组态。动态向导按类分为多个选项卡，各选项卡包括不同的 C 动作。

图 7-30　图形编辑器的"样式选项板"

图 7-31　图形编辑器的"动态向导"

## 2．图形编辑器基本设置

在组态过程画面之前，为了提高画面的质量以及运行系统的效率，需要对图形编辑器的一些公共属性进行设置。在图形编辑器的菜单栏中选择"工具"→"设置"，打开图形编辑器的"设置"对话框，如图 7-32 所示。

在图 7-32 所示的"网格"选项卡中，可以选择激活"对齐网格"和"显示网格"。系统默认的网格像素为 10，为了在设计画面时更加精细，可以将网格像素的数值设置得小一些。

在图 7-33 所示的"缺省对象设置"选项卡中，需要为运行系统触发器设置更新时间。

为触发器指定的缺省数值是所有动态化对象的默认更新周期，也可以为动态化对象的每一个属性单独分配一个更新周期。更新周期时间长，动态化对象反应速度慢；更新周期时间短，运行系统负担过重，性能下降。系统默认的更新周期为 2 秒钟，可以修改为"有变化时"，这种触发器当动态化对象发生变化时更新对象。修改的缺省触发器更新周期，只对在这之后组态的动态化对象有效，在这之前组态的动态化对象仍保持原更新周期。

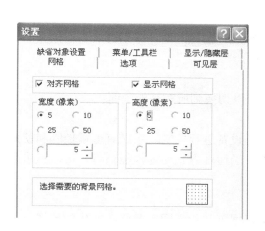

图 7-32　图形编辑器的网格设置

图 7-33　图形编辑器的缺省对象设置

### 3. 图形编辑器的图形库

WinCC 为用户提供了丰富的图形对象，利用这些图形对象可以组态生动的过程画面。单击图形编辑器工具栏中的"显示库"按钮，或在菜单栏中选择"视图"→"库"，打开图形库，如图 7-34 所示。选中某个图形库，单击图形库工具栏中的"超大图标"按钮和"预览"按钮，在右侧窗口中会显示该库中的图形对象。用户也可以建立自己的项目库。

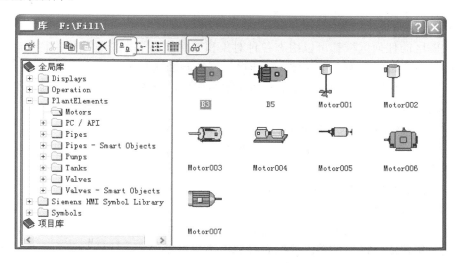

图 7-34　显示 WinCC 图形库中的图形元素

## 7.4.2　组态过程画面

### 1．设计画面结构

工程项目一般是由多幅画面组成的，各个画面之间应能按要求互相切换。根据控制系统的要求，首先需要对画面进行总体规划，规划需要创建哪些画面以及每个画面的主要功能。其次需要分析各个画面之间的关系，应根据操作的需要安排切换顺序。各画面之间的相互关系应层次分明、操作方便。

经过分析，物料灌装自动生产线需要设置 5 幅过程监控画面，分别命名为初始画面、运行画面、参数设置画面、趋势视图画面和报警画面。

（1）初始画面

初始画面是开机时显示的画面，从初始画面可以切换到所有其他画面。

（2）运行画面

运行画面可以显示现场设备工作状态、对现场设备进行控制。系统有远程控制和就地控制两种运行方式，由控制面板上的选择开关设置。当运行方式为远程控制时，可以通过画面中的按钮启动和停止设备运行。

（3）参数设置画面

参数设置画面用于通过触摸屏来设置现场中根据工艺的不同需要修改变化的数据，如限制值、设备运行时间等参数。在本例中，参数设置画面作为画中画出现。

（4）趋势视图画面

趋势图画面用于监视现场过程值的变化曲线，如物料温度的变化、流量的变化、液罐中液位的变化等。

（5）报警画面

报警画面实时显示当前设备运行状态的故障消息文本和报警记录，在该画面中对消息变量、消息类别、消息文本、故障点以及报警消息的"进入"、"离开"、"已确认"等状态进行组态。

### 2．设计画面布局

画面绘图区的任何区域都可以组态各种对象和控件。为了方便监视和控制生产现场的操作，通常将画面的布局分为 3 个区域：总览区、现场画面区和按钮区。

① 总览区。通常包括在所有画面中都显示的信息，例如项目标志、运行日期和时间、报警消息以及系统信息等。

② 现场画面区。组态设备的过程画面，显示过程事件。

③ 按钮区。显示可以操作的按钮，例如画面切换按钮、调用信息按钮等。按钮可以独立于所选择的现场画面区域使用。

常用的画面布局如图 7-35 所示。

### 3．画面对象的属性

为了使对象适合过程画面的要求，需要对每一个对象的属性进行设置，例如定义对象的形状、外观、位置或可操作性等。鼠标右键单击某个对象，并在快捷菜单中选择"属性"命令，打开"对象属性"对话框，如图 7-36 所示。"对象属性"窗口有两个选项卡，即"属性"和"事件"。

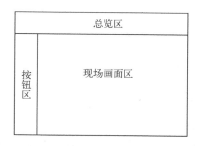

图 7-35　常用的画面布局

"属性"选项卡主要是指对象的物理属性，图 7-36 显示的是一个矩形的物理属性。在右边数据窗口显示的列有"属性"、"静态"、"动态"、"更新周期"和"间接"。

- "属性"列。显示所选属性组的所有属性名称，如位置 X、宽度、高度等。
- "静态"列。显示所选对象属性的当前值。双击属性名称可以改变属性的静态值。如果"动态"列中没有进行组态，则在系统运行状态下对象属性为设定的静态值。
- "动态"列。设置对象属性的动态化。如果组态了对象的动态属性，则在系统运行状态下对象属性可以动态变化。白色灯泡表示没有做动态连接。
- "更新周期"列。如果设置了属性的动态化，显示设置的动态更新周期。双击数值，可以改变属性的更新周期。
- "间接"列。属性可以通过直接或间接的方式实现动态化。

图 7-37 所示为"对象属性"窗口的"事件"选项卡。"事件"选项卡用于组态触发整个对象动作的事件，事件是由系统或操作员产生的。如果在对象的事件中组态了一个动作，那么当有事件产生时，对象将执行组态的动作。白色闪电表示事件没有组态动作。

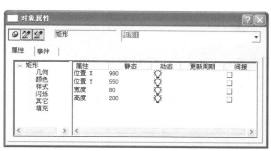

图 7-36　"对象属性"窗口的"属性"选项卡　　图 7-37　"对象属性"窗口的"事件"选项卡

对象的属性包括静态属性和动态属性。静态属性是指组态时设置的对象属性在系统运行过程中保持不变。动态属性是指组态时设置的对象属性要与变量进行连接，在系统运行过程中对象的属性随变量的变化而动态变化。对象的某个属性被动态化后，其属性名称将以黑体字显示。对象的静态属性可以直接在对象属性对话框中设置，对象的动态属性设置方法将在 7.4.3 小节中介绍。

### 4．创建过程画面

使用对象选项板中的标准对象、智能对象、窗口对象和控件以及图形库中的图形元素创建过程画面。

（1）初始画面

单击 WinCC 项目管理器浏览窗口中的"图形编辑器"组件，在右边数据窗口显示已经新建的画面名称。双击"初始画面"，进入"初始画面"的编辑窗口。设置画面对象的几何属性，宽度 1024、高度 768。

在初始画面的总览区，添加 WinCC 时钟控件，显示系统当前运行时间。在对象选项板的"控件"选项卡中，单击"WinCC Digital/Analog Clock Control"控件放到绘图区，系统默认的是模拟时钟，如图 7-38 所示。鼠标右键单击"时钟"对象，在快捷菜单中选择"属性"命令，打开"对象属性"对话框，如图 7-39 所示。将"控件属性"中"模拟"属性改为"否"，以显示数字时钟。还可以修改"字体"属性，设置显示时钟显示数字的字体、字形和大小。

图 7-38　添加 WinCC 时钟控件

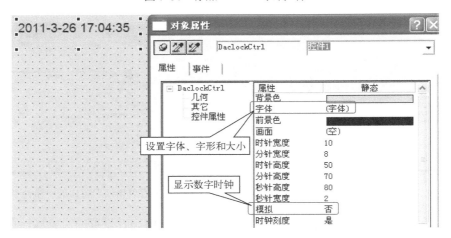

图 7-39　设置时钟控件的属性

从对象选项板的"标准"选项卡中打开"标准对象"选项卡，单击"静态文本"添加到初始画面的现场画面区，设置"静态文本"的静态属性，如图 7-40 所示。在"文本"属性中输入"物料灌装自动生产线监控系统"，设置"字体"为"华文隶书"，"字体大小"为 38，"X 对齐"和"Y 对齐"均设置为"居中"。在"颜色"属性中可以设置"边框"、"背景"和"字体"的颜色。

图 7-40 设置"静态文本"的属性

选择对象选项板的"标准"选项卡→"智能对象"→"图形对象",添加到初始画面的现场画面区。在"图形对象组态"窗口中单击"查找"命令,选择已经保存在计算机上的图形或图片,如图 7-41 所示。可插入的图形或图片的格式有 BMP、DIB、ICO、CUR、EMF、WMF、GIF 和 JPG。

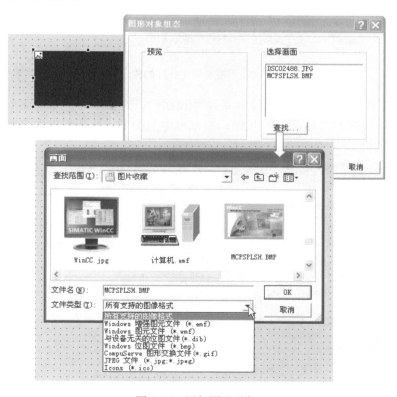

图 7-41 添加图形对象

（2）运行画面

单击 WinCC 项目管理器浏览窗口中的"图形编辑器"组件，在右边数据窗口显示已经新建的画面名称。双击"运行画面"，进入"运行画面"的编辑窗口。设置画面对象的几何属性，宽度 1024、高度 768。在总览区添加 WinCC 时钟控件，显示系统当前运行时间。

从对象选项板的"标准"选项卡中打开"标准对象"选项卡。在运行画面的现场画面区，使用标准对象中的直线、圆和多边形等几何元素绘制传送带和瓶子，如图 7-42 所示。可以将构成传送带的多个元素组合成一个对象，方法是选中所有元素，在鼠标右键快捷菜单中选择"组对象"→"编组"命令。瓶子用封闭的多边形绘制，为了形象地反映瓶子在不同位置的状态，修改多边形的"填充"属性。空瓶位置的"填充量"为 0；灌装位置的"填充量"为 30，"动态填充"为"是"；成品位置的"填充量"为 80，"动态填充"为"是"。

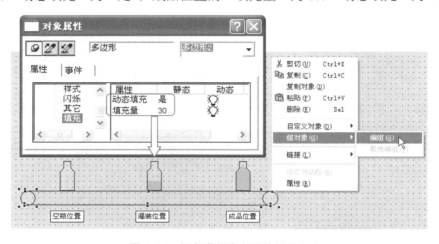

图 7-42　组态灌装生产线的传送带

单击图形编辑器工具栏中的"显示库" 🎯 按钮，打开图形库。单击图形库工具栏中的"超大图标" 🔳 按钮和"预览" 👓 按钮，显示库中的图形。从图形库中将罐、阀、管道和电机拖动到现场画面区，如图 7-43 所示。

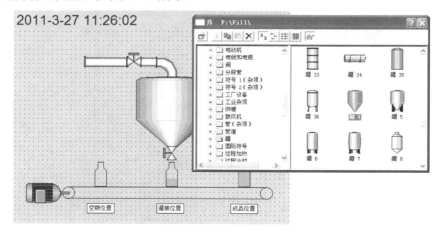

图 7-43　应用图形库中的元素组态运行画面

### 5．组态对象动态属性

WinCC 提供了对过程画面的对象进行动态化的多种方法，包括组态对话框、动态向导、变量连接、动态对话框、直接连接、C 动作和 VB 动作，见表 7-1。将在 7.4.3 小节中举例说明这些方法的应用。

对象的物理属性无动态时显示白色灯泡，对象的事件无动态时显示白色闪电。右键单击白色灯泡或白色闪电可以对对象进行动态化设置。

表 7-1　组态对象动态化的方法

| 方　　法 | 说　　明 | 类　型 | 显　示　标　志 |
|---|---|---|---|
| 组态对话框（快速组态） | 智能对象 Windows 对象 | I/O | 物理属性——绿色灯泡（变量连接）事件——蓝色闪电（直接连接） |
| 动态向导（组态助手） | 用 C 脚本组态复杂功能 | I/O | 绿色闪电 黄色闪电（未通过编译） |
| 变量连接（1 对 1 的连接） | 对象的物理属性 | O | 绿色灯泡 |
| 动态对话框（复杂的连接） | 对象的物理属性 | O | 红色闪电 |
| 直接连接 | 对象的事件 | I | 蓝色闪电 |
| C 动作（C 语言编程） | 对象的物理属性 | O | 绿色闪电 黄色闪电（未通过编译） |
| | 对象的事件 | I | |
| VB 动作（VB 语言编程） | 对象的物理属性 | O | 浅蓝色闪电 |
| | 对象的事件 | I/O | |

## 7.4.3　对象动态化举例

### 1．组态对话框

"组态对话框"是图形编辑器提供的快速组态工具。当插入的对象具有组态对话框功能时，"组态对话框"窗口将会自动打开，用户可以快捷地为对象的特定属性连接变量，设置属性参数。具有组态对话框功能的对象有：

● 智能对象中有控件、I/O 域、棒图、图形对象、状态显示、文本列表。
● 窗口对象中有按钮和滚动条。

**注意**：在图形编辑器的菜单栏中，选择"工具"→"设置"→"选项"命令，激活"使用组态对话框"，这样才能在插入智能对象和窗口对象时自动弹出"组态对话框"，或者在右键单击对象时能够选择"组态对话框"。

有些场合应用"组态对话框"设置对象属性时具有更多的灵活性。例如用"组态对话框"可以设置"输入/输出域"为"输入"、或"输出"、或"输入/输出"三种类型，而用"动态对话框"组态"输入/输出域"时只能作为输出使用。

【例 7-1】　画面切换按钮。

物料灌装自动生产线的监控系统设计了 5 个过程画面，除了"参数设置画面"设计成画中画，其他 4 个画面需要在各自画面的按钮区放置画面切换按钮，这样才能在系统运行后切换显示不同的过程画面。

在初始画面中，选择"对象选项板"→"窗口对象"→"按钮"，并放置到画面的按钮区。在弹出的"按钮组态"对话框中输入文本"运行画面",设置字体、颜色等属性。点击 按钮,在弹出的"画面"对话框中选择单击按钮时打开的画面"运行画面"。用相同的方法添加"趋势视图"、"报警画面"和"初始画面"按钮,分别连接到"趋势视图画面"、"报警画面"和"初始画面",如图7-44所示。

图 7-44　设置画面切换"按钮"的"组态对话框"

利用对齐板设置 4 个按钮大小一致、等间距对齐。

将 4 个画面切换按钮复制到每个过程画面的按钮区,并将切换到本画面的按钮的"允许操作员控制"属性设置为"否",按钮上的文字变为灰色,使切换到本画面的操作无效,如图 7-45 所示。

图 7-45　设置操作无效的按钮

保存所有画面,点击 WinCC 项目管理器工具栏中的"激活" ▶按钮运行项目,观察画面切换结果。

提示：鼠标选中对象选项板中的某个工具，右键点击"属性"，对该工具的属性作设置，以后应用该工具时将具有相同的属性。

**【例7-2】** 输入/输出域。

应用"输入/输出域"显示现场的过程值，如空瓶数、成品数、液位值等。

在运行画面中，选择"对象选项板"→"智能对象"→"输入/输出域"放置到现场画面区。在弹出的图 7-46 所示的"I/O 域组态"对话框中点击▢按钮，选择需要连接的变量"成品数"。设置"输入/输出域"的类型、显示数字的字体大小、字体、颜色等属性。

保存运行画面，点击 WinCC 项目管理器工具栏中的"激活"▶按钮运行项目，同时在 SIMATIC STEP7 中打开 PLC 仿真器，启动 CPU 运行物料自动灌装生产线程序，改变成品数 MW32 的值，观察运行画面"输入/输出域"中成品数的数值变化。

**【例7-3】** 棒图。

应用棒图实时显示灌装罐中液位的状态。

在运行画面中，选择"对象选项板"→"智能对象"→"棒图"，并放置到现场画面区。在弹出的图 7-47 所示的"棒图组态"对话框中点击▢按钮，选择需要连接的变量"实际液位值"，设置棒图的最大值和最小值。在对象属性中还可以设置"颜色"和"轴"等参数。

图 7-46  设置"输入/输出域"的"组态对话框"

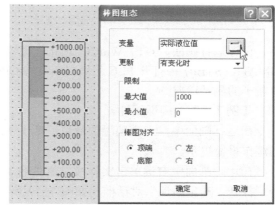

图 7-47  设置"棒图"的"组态对话框"

保存运行画面，点击 WinCC 项目管理器工具栏中的"激活"▶按钮运行项目，同时在 SIMATIC STEP7 中打开 PLC 仿真器，启动 CPU 运行物料自动灌装生产线程序，改变灌装罐实际液位值 MD60 的数值，观察"棒图"填充量的变化。

**2. 变量连接**

将对象的某个物理属性与变量进行连接，变量的值直接传递给对象的属性，使对象的某个物理属性动态化。

在对象属性窗口的"属性"选项卡中，选中想要动态化的对象属性，右键单击"动态"列上的白色灯泡，在快捷菜单中选择"变量..."命令，在弹出的"变量-项目"窗口中选择需要连接的变量，"动态"列上的绿色灯泡和连接的变量名称简要说明了利用变量连接进行动态化的过程。图形编辑器中的默认触发器设置将用作更新周期。

**【例 7-4】** 显示属性。

在运行画面中，灌装位置接近开关没有检测到瓶子时，灌装位置上的瓶子不显示，只有在瓶子到达灌装位置时，瓶子才显示。即要求在画面中，变量"灌装位置"为 1 时，瓶子显示；变量"灌装位置"为 0 时，瓶子不显示。

在运行画面中右键单击传送带上灌装位置的瓶子，在快捷菜单中选择"属性"命令，打开"对象属性"对话框，如图 7-48 所示。在"属性"选项卡中选择"其他"，在右侧窗口中设置"显示"的静态属性为"是"。右键单击"显示"属性"动态"列上的白色灯泡，在快捷菜单中选择"变量..."命令，在弹出的"变量-项目"窗口中选择连接的变量"灌装位置"。

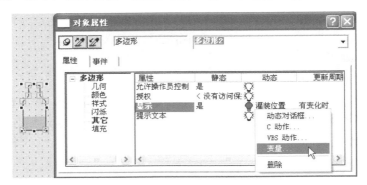

图 7-48　应用"变量连接"组态瓶子的"显示"属性

保存运行画面，点击 WinCC 项目管理器工具栏中的"激活" ▶按钮运行项目，同时在 SIMATIC STEP7 中打开 PLC 仿真器，启动 CPU 运行物料自动灌装生产线程序，观察灌装位置瓶子的显示情况。

**【例 7-5】** 闪烁属性。

在运行画面中，当灌装罐的液位值低于下限时，实际液位值"输入输出域"显示的数值闪烁作报警提示。

在运行画面中右键单击实际液位值"输入输出域"对象，在快捷菜单中选择"属性"命令，打开"对象属性"对话框，如图 7-49 所示。在"属性"选项卡中选择"闪烁"，在右侧窗口中设置"激活闪烁文字"的静态属性为"否"，右键单击"激活闪烁文字"属性"动态"列上的白色灯泡，在快捷菜单中选择"变量..."命令，在弹出的"变量-项目"窗口中选择连接的变量"液位值过低"。设置"闪烁文字颜色关"为红色，"闪烁文字颜色开"为黑色，"文本闪烁频率"为中等。

保存运行画面，点击 WinCC 项目管理器工具栏中的"激活" ▶按钮运行项目，同时在 SIMATIC STEP7 中打开 PLC 仿真器，启动 CPU 运行物料自动灌装生产线程序，改变实际液位值 MD60 的数值，观察当实际液位值过低时，液位显示值的闪烁情况。

**【例 7-6】** 填充量。

为了演示应用"变量连接"使对象属性"填充量"动态化，设计一个椭圆、一个滚动条和一个内部变量，并将椭圆的填充量和滚动条两个属性与同一个内部变量连接。

在变量管理器的内部变量文件夹中新建"FillLevel"内部变量，数据类型为"无符号 8 位数"。

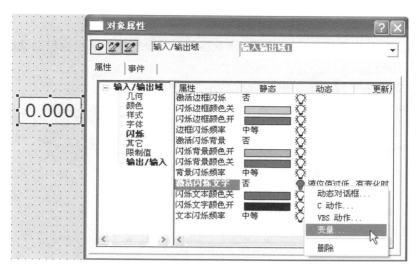

图 7-49　应用"变量连接"组态液位值的"闪烁"属性

新建一个 test 画面，选择"对象选项板"→"标准对象"→"椭圆"，并放置到现场画面区。右键单击椭圆，在快捷菜单中选择"属性"命令，打开"对象属性"对话框，如图 7-50 所示。在"属性"选项卡中选择"填充"，在右侧窗口中设置"动态填充"的静态属性为"是"，"填充量"的静态属性为"30"，右键单击"填充量"属性"动态"列上的白色灯泡，在快捷菜单中选择"变量..."命令，在弹出的"变量-项目"窗口中选择连接的内部变量"FillLevel"。在"属性"选项卡中选择"颜色"，在右侧窗口中设置"背景颜色"为绿色。

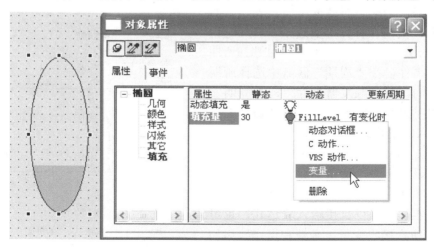

图 7-50　应用"变量连接"组态椭圆的"填充量"属性

在 test 画面中，选择"对象选项板"→"窗口对象"→"滚动条"，并放置到现场画面区。在弹出的图 7-51 所示的"滚动条组态"对话框中点击█按钮，在弹出的"变量-项目"窗口中选择连接的内部变量"FillLevel"。设置"最大值"、"最小值"和"步长"的限制值。

保存 test 画面，点击图形编辑器工具栏中的"激活"▶按钮运行该画面，拖动画面中的滚动条，观察椭圆填充量的变化情况。

### 3. 动态对话框

如果需要执行范围选择、状态判断、函数运算等复杂控制，则可以借助动态对话框来连接所要动态化的属性。

动态对话框如图 7-52 所示，其选项与设置说明如下：

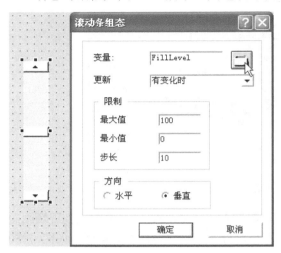

图 7-51 设置"滚动条"的"组态对话框"

图 7-52 "动态对话框"设置窗口

① 事件名称。设置触发器的周期。如果没有设置触发器，则由系统指定触发事件的默认值。默认值取决于动态对话框中公式表达式的内容。单击 按钮，打开"更改触发器"对话框，如图 7-53 所示。在"事件"区域选择所期望的触发器事件，在"周期"区域中选择所期望的周期时间。对于触发器事件"标准周期"、"画面周期"和"窗口周期"，可在"触发器名称"域中输入触发器的指定名称。

② 表达式/公式。指定用于控制对象属性的表达式。可以给出多个变量的运算关系。如算术运算（加+、减-、乘*、除/）和逻辑运算（与&&、或||、非!）。可以直接输入表达式，也可以使用 按钮直接将变量、函数和操作数添加到表达式中。单击图 7-52 中的"检查"按钮，对表达式的语法进行检查。

图 7-53 更改触发器的周期

③ 表达式/公式的结果。设置与"数据类型"相关的对象的属性。

④ 数据类型。有 4 种数据类型可供选择，分别如下：

● 模拟量：可定义模拟量限制值内的多个数值范围的状态。

● 布尔型：用"真/假"语句定义两种状态。

● 位：定义某个字节（或字或双字）的一个位，其状态确定了将被控制的属性值。

● 直接：将动态表达式的值用做属性值（与"变量连接"不同的是只能用于输出量）。

⑤ 变量状态。用于监视运行系统中 WinCC 变量的状态。

⑥ 质量代码。用于监视运行系统中 WinCC 变量的质量代码。

下面是"动态对话框"4 种数据类型的应用实例。

（1）模拟量

【例 7-7】 棒图的颜色设置。

在运行画面中，设置棒图的显示颜色，变量"实际液位值"≤200 时为橙色，200＜"实际液位值"≤800 时为绿色，"实际液位值"＞800 时为红色。

在运行画面中右键单击棒图，在快捷菜单中选择"属性"命令，打开"对象属性"对话框，如图 7-54 所示。在"属性"选项卡中选择"颜色"，在右侧窗口中右键单击"棒图颜色"属性"动态"列上的白色灯泡，在快捷菜单中选择"动态对话框"命令。在图 7-55 所示的"动态值范围"窗口中选择数据类型为"模拟量"，点击 按钮连接变量"实际液位值"。在"表达式/公式的结果"区点击"添加"按钮，添加变量值的分段范围，设定不同的颜色。"数值范围 1"表示"实际液位值"在 0～200 之间时棒图颜色为橙色，"数值范围 2"表示"实际液位值"在 200～800 之间时棒图颜色为绿色，"其他"表示"实际液位值"在大于 800 时棒图颜色为红色。

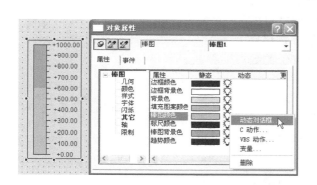

图 7-54　应用"动态对话框"组态"棒图颜色"

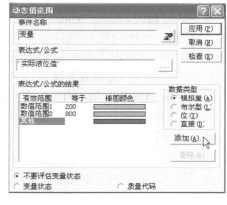

图 7-55　设置"棒图"的显示颜色

保存运行画面，点击 WinCC 项目管理器工具栏中的"激活" ▶按钮运行项目，同时在 SIMATIC STEP7 中打开 PLC 仿真器，启动 CPU 运行物料自动灌装生产线程序，改变灌装罐液位值 MD60 的数值，观察棒图颜色的变化情况。

【例 7-8】 显示液位值提示信息。

在运行画面中，设置静态文本的显示内容，变量"实际液位值"≤200 时显示"液位过低"，200＜"实际液位值"≤800 时显示"液位正常"，"实际液位值"＞800 时显示"液位过高"。

在运行画面中添加"静态文本"，右键单击"静态文本"，在快捷菜单中选择"属性"命令，打开"对象属性"对话框，如图 7-56 所示。在"属性"选项卡中选择"字体"，在右侧窗口中设置"文本"的静态属性为"液位正常"，右键单击"文本"属性"动态"列上的白色灯泡，在快捷菜单中选择"动态对话框"命令。在图 7-57 所示的"动态值范围"窗口中选择数据类型为"模拟量"，点击 🖿 按钮连接变量"实际液位值"。在"表达式/公式的结果"区点击"添加"按钮添加变量值的分段范围，设定不同的文本显示内容。"数值范围 1"表示"实际液位值"在 0～200 之间时显示文本为"液位过低"，"数值范围 2"表示"实际液位值"在 200～800 之间时显示文本为"液位正常"，"其他"表示"实际液位值"在大于 800时显示文本为"液位过高"。

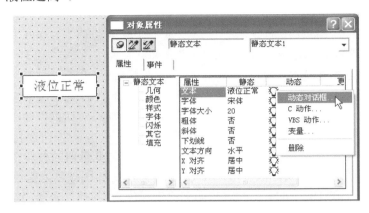

图 7-56  应用"动态对话框"组态"静态文本"

保存运行画面，点击 WinCC 项目管理器工具栏中的"激活"▶ 按钮运行项目，同时在 SIMATIC STEP7 中打开 PLC 仿真器，启动 CPU 运行物料自动灌装生产线程序，改变灌装罐液位值 MD60 的数值，观察静态文本显示内容的变化情况。

（2）布尔型

【例 7-9】  生产线运行指示灯。

在运行画面中，放置一个指示灯，当生产线运行时显示绿色，生产线停机时显示红色。

在运行画面中添加一个圆作为指示灯，右键单击"指示灯"在快捷菜单中选择"属性"命令，打开"对象属性"对话框。如图 7-58 所示，在"属性"选项卡中选择"颜色"，在右侧窗口中设置指示

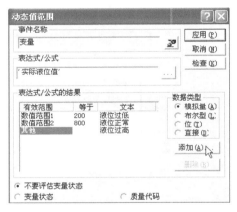

图 7-57  "模拟量"设置"静态文本"的显示内容

灯"背景颜色"的静态属性为绿色。右键单击"背景颜色"属性"动态"列上的白色灯泡，在快捷菜单中选择"动态对话框"命令。在图 7-59 所示的"动态值范围"窗口中选择数据类型为"布尔型"，点击 🖿 按钮连接变量"生产线运行"，在"表达式/公式的结果"区设定指示灯的显示颜色，"是/真"表示变量"生产线运行"为 1 时指示灯显示绿色，"否/假"表示变量"生产线运行"为 0 时指示灯显示红色。

保存运行画面，点击 WinCC 项目管理器工具栏中的"激活"▶ 按钮运行项目，同时在 SIMATIC STEP7 中打开 PLC 仿真器，启动 CPU 运行物料自动灌装生产线程序，启动或停止生产线运行，当生产线运行状态发生改变时，观察指示灯颜色的变化情况。

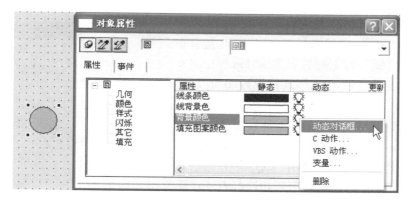

图 7-58    应用"动态对话框"组态指示灯

**【例 7-10】**    文本显示内容。

在运行画面中，设置静态文本的显示内容，"运行模式"显示当前系统处于手动模式还是自动模式，"控制方式"显示当前系统处于就地控制还是远程控制。

在运行画面中添加"静态文本"，其静态属性显示"运行模式"。右键单击"运行模式"文本框，在快捷菜单中选择"属性"命令，打开"对象属性"对话框。如图 7-60 所示，在"属性"选项卡中选择"字体"，右键单击"文本"属性"动态"列上的白色灯泡，在快捷菜单中选择"动态对话框"命令。在图 7-61 所示的"动态值范围"窗口中选择数据类型为"布尔型"，点击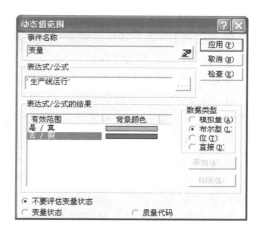

图 7-59    "布尔型"设置"指示灯"的显示颜色

型"，点击┅按钮连接变量"手动/自动选择"，在"表达式/公式的结果"区设定不同的文本显示内容，"是/真"表示变量"手动/自动选择"为 1 时显示文本"自动模式"，"否/假"表示变量"手动/自动选择"为 0 时显示文本"手动模式"。

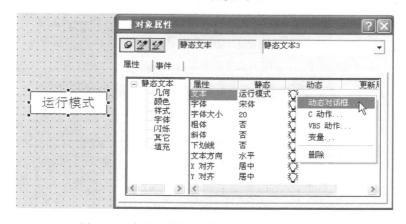

图 7-60    应用"动态对话框"组态"运行模式"

用同样的方法组态静态文本"控制方式"，连接布尔型变量"就地/远程选择"，"是/真"表示变量"就地/远程选择"为 1 时显示文本"远程控制"，"否/假"表示变量"就地/远程选择"为 0 时显示文本"就地控制"。

保存运行画面，点击 WinCC 项目管理器工具栏中的"激活"▶按钮运行项目，同时在 SIMATIC STEP7 中打开 PLC 仿真器，启动 CPU 运行物料自动灌装生产线程序，改变运行模式和控制方式，观察静态文本显示内容的变化情况。

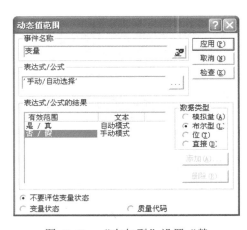

图 7-61　"布尔型"设置"静态文本"的显示内容

（3）位

【例 7-11】　运输车去料仓取料。

配送中心有 5 个料仓，利用选项组控制运输车停在不同的料仓取不同的料。

新建一个"取料位置"变量 MB91，数据类型为无符号 8 位数。

在 test 画面中一字排开放置 5 个料仓，每个料仓下面放置一辆运输车，如图 7-62 所示。设置每个位置运输车的显示属性，连接"取料位置"变量 MB91 的对应位。右键单击 A 号料仓下的运输车，在快捷菜单中选择"属性"命令，打开"对象属性"对话框。如图 7-63 所示，在"属性"选项卡中选择"其他"，在右侧窗口中右键单击"显示"属性"动态"列上的白色灯泡，在快捷菜单中选择"动态对话框"命令。在图 7-64 所示的"动态值范围"窗口中选择数据类型为"位"，点击变量选择┄按钮连接变量"取料位置"，点击位地址选择┄按钮，在弹出的"位选择"对话框中选择第 0 位。在"表达式/公式的结果"区设置显示属性，"置位"表示 M91.0 为 1 时运输车显示，"未置位"表示 M91.0 为 0 时运输车不显示。

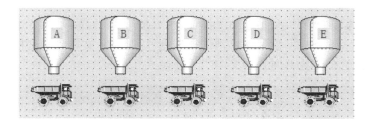

图 7-62　运输车取料画面

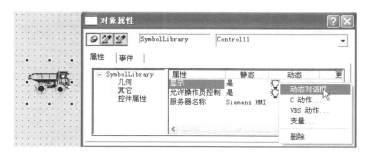

图 7-63　应用"动态对话框"组态运输车显示属性

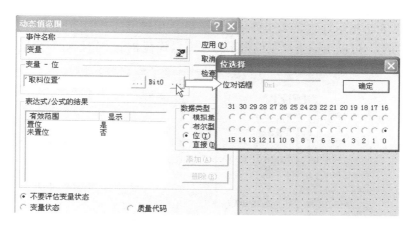

图7-64　组态运输车显示属性的位地址

应用同样的方法组态 B 料仓、C 料仓、D 料仓和 E 料仓下面的运输车，显示属性分别连接到"取料位置"变量的第 1 位 M91.1、第 2 位 M91.2、第 3 位 M91.3 和第 4 位 M91.4。

在 test 画面中放置一个"选项组"，选择"对象选项板"→"窗口对象"→"选项组"放置到现场画面区。右键单击"选项组"，在快捷菜单中选择"属性"命令，打开"对象属性"对话框。在"属性"选项卡中选择"几何"，在右侧窗口中设置"框数量"为 5。在"属性"选项卡中选择"字体"，在右侧窗口中设置"索引"和"文本"的对应关系，如图 7-65所示，索引 1 的文本为"A 料"，索引 2 的文本为"B 料"，索引 3 的文本为"C 料"，索引 4的文本为"D 料"，索引 5 的文本为"E 料"。在图 7-66 所示的"属性"选项卡中选择"输入/输出"，右键单击"选择框"属性"动态"列上的白色灯泡，在快捷菜单中选择"变量..."命令，在弹出的"变量-项目"窗口中选择连接的变量"取料位置"。

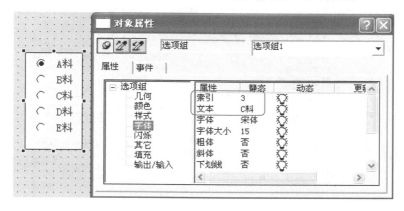

图7-65　组态"选项组"的"字体"属性

保存 test 画面，点击图形编辑器工具栏中的"激活"▶按钮运行该画面，同时在SIMATIC STEP7 中打开 PLC 仿真器，启动 CPU 运行。在画面的选项组中分别选择取 A料、B 料、C 料、D 料和 E 料，观察运输车停放位置的变化情况。

【例7-12】　设置工位指示灯。

一条生产线有 8 个工位，每个工位对应一个指示灯。当工件到达某个工位时，相应的指示灯闪烁。如果 8 个指示灯建立 8 个外部变量，将占用较多的外部变量数。应用"动态对话框"的"位"功能，可以用一个"工位指示灯"变量代替 8 个"指示灯"变量。

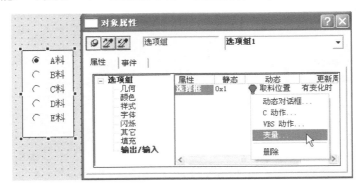

图 7-66　组态"选项组"的"输入/输出"属性

新建一个"工位指示灯"变量 MB90，数据类型为无符号 8 位数。

在 test 画面中一字排开画 8 个圆作为"工位指示灯"，设置每个指示灯的闪烁属性，连接"工位指示灯"变量 MB90 的对应位。右键单击 1 号工位的指示灯，在快捷菜单中选择"属性"命令，打开"对象属性"对话框。如图 7-67 所示，在"属性"选项卡中选择"闪烁"，在右侧窗口中右键单击"闪烁背景激活"属性"动态"列上的白色灯泡，在快捷菜单中选择"动态对话框"命令。在图 7-68 所示的"动态值范围"窗口中选择数据类型为"位"，点击变量选择 按钮连接变量"工位指示灯"，点击位地址选择 按钮，在弹出的"位选择"对话框中选择第 0 位。在"表达式/公式的结果"区设置"闪烁背景激活"属性，"置位"表示 M90.0 为 1 时 1 号工位的指示灯激活背景闪烁，"未置位"表示 M90.0 为 0 时 1 号工位的指示灯不激活背景闪烁。在"属性"选项卡中选择"闪烁"，在右侧窗口中设置"闪烁背景颜色开"为绿色，设置"闪烁背景颜色关"为白色，设置"背景闪烁频率"为中等。

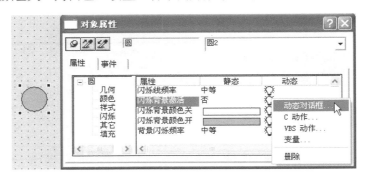

图 7-67　组态"位置指示灯"的"闪烁背景激活"属性

应用同样的方法组态 2 号工位指示灯至 8 号工位指示灯，"闪烁背景激活"属性分别连接到"工位指示灯"变量 MB90 的第 1 位 M90.1 至第 7 位 M90.7。

保存 test 画面，点击图形编辑器工具栏中的"激活" ▶按钮运行该画面，同时在 SIMATIC STEP7 中打开 PLC 仿真器，启动 CPU 运行。改变工位指示灯变量 MB90 各位的状态，观察各个位置指示灯的闪烁情况。

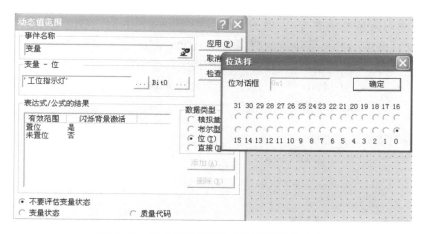

图 7-68　组态位置指示灯闪烁属性的位地址

（4）直接

【例 7-13】　液罐透明窗口显示液位状态。

在灌装罐上开矩形窗口，能够看到罐中液位的状态。由于矩形的填充量是按百分比计算的，因此不能直接将实际液位值（0~1000mm）与矩形的"填充量"属性相连接，需要进行换算，用除法运算得到对应填充量的百分数，"实际液位值"/10。

在运行画面的灌装罐上添加一个矩形，打开矩形的"对象属性"对话框。在"属性"选项卡中选择"颜色"，在右侧窗口中设置矩形窗口"背景颜色"的静态属性为橙色。如图 7-69 所示，在"属性"选项卡中选择"填充"，在右侧窗口中设置"动态填充"的静态属性为"是"，"填充量"的静态属性为"60"。右键单击"填充量"属性"动态"列上的白色灯泡，在快捷菜单中选择"动态对话框"命令。在图 7-70 所示的"动态值范围"窗口中选择数据类型为"直接"，在"表达式/公式"栏中输入计算公式："实际液位值"/10。

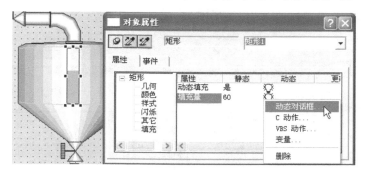

图 7-69　组态"矩形"的"填充量"属性

保存运行画面，点击 WinCC 项目管理器工具栏中的"激活"▶按钮运行项目，同时在 SIMATIC STEP7 中打开 PLC 仿真器，启动 CPU 运行物料自动灌装生产线程序，改变实际液位值 MD60 的数值，观察灌装罐上矩形窗口填充量的变化情况。

【例 7-14】　液位显示位置跟随液位移动。

在灌装罐的矩形窗口旁边显示实际液位值，且显示数值的位置随液位高低的变化而上下浮动。这就要求对液位值的高度 Y 作动态化。以图 7-71 为例，液罐矩形窗口的位置坐标 X=510，Y=180，高度=120。液位值的范围为 0~1000。则：

显示数值的位置=Y+高度−"变量"×高度/最大液位值

= 180+120−"实际液位值"×120/1000

= 300−"实际液位值"×0.12

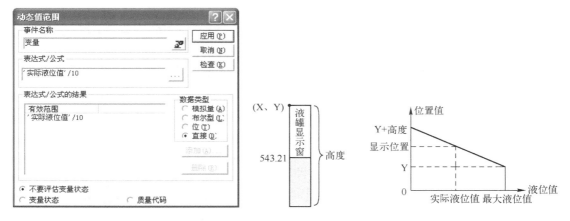

图 7-70　"直接"设置"矩形"的填充量　　　　　图 7-71　液位值高度位置关系图

　　在灌装罐的矩形窗口旁边添加"输入/输出域"，在弹出的"I/O 域组态"对话框中点击□ 按钮，选择需要连接的变量"实际液位值"。设置"输入/输出域"的类型、显示数字的字体大小、字体、颜色等静态属性。打开"输入/输出域"的"对象属性"对话框，如图 7-72 所示，在"属性"选项卡中选择"几何"，在右侧窗口中右键单击"Y 位置"属性"动态"列上的白色灯泡，在快捷菜单中选择"动态对话框"命令。在图 7-73 所示的"动态值范围"窗口中选择数据类型为"直接"，在"表达式/公式"栏中输入计算公式：300−'实际液位值'×0.12，将运算结果送给"输入/输出域"的显示位置 Y。

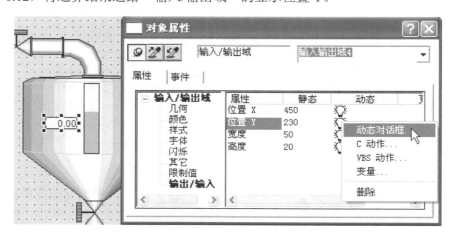

图 7-72　组态"输入/输出域"的"位置 Y"属性

　　保存运行画面，点击 WinCC 项目管理器工具栏中的"激活"▶按钮运行项目，同时在

SIMATIC STEP7 中打开 PLC 仿真器，启动 CPU 运行物料自动灌装生产线程序，改变实际液位值 MD60 的数值，观察灌装罐上液位值显示位置的变化情况。

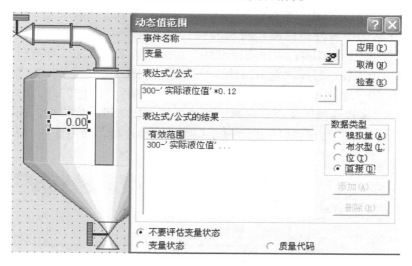

图 7-73　"直接"设置"输入/输出域"的位置 Y 值

#### 4．直接连接

直接连接用于对对象的事件属性进行设置，当事件发生时会完成相应的动作。直接连接的优点是组态简单，运行系统中的时间响应快。

直接连接的组态窗口如图 7-74 所示，左侧是"源"，包括常量、属性和变量等源元素；右侧是"目标"，包括当前窗口、画面中的对象和变量等目标元素。如果事件在运行系统中发生，则源元素的"数值"将直接连接到目标元素。

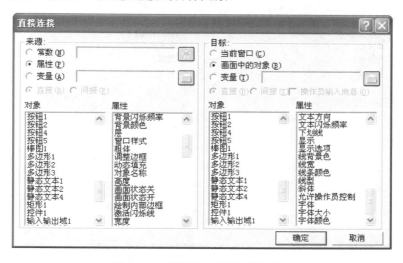

图 7-74　"直接连接"的组态窗口

前面列举的动态化实例都是监视现场运行情况。在"直接连接"应用举例中，介绍控制现场运行的实例。一是设置运行参数，二是启动/停止设备运行。

**【例 7-15】** 显示画中画。

为了在上位机上设置运行参数，设计一个"参数设置画面"，平时隐藏在运行画面中。当需要设置运行参数时，点击"参数设置"按钮，弹出"参数设置画面"。

在参数设置画面中打开画面的"对象属性"对话框，在"属性"选项卡中选择"几何"属性，设置画面宽度=200、画面高度=250。在画面的下方添加一个按钮，文本为"退出设置"。右键单击按钮，打开"对象属性"对话框。如图 7-75 所示，在"事件"选项卡中选择"鼠标"，在右侧窗口中右键单击"鼠标动作"属性"动作"列上的白色闪电，在快捷菜单中选择"直接连接"命令。在弹出的"直接连接"组态窗口中，选择将左侧来源"常量 0"与右侧目标"当前窗口"的"显示"属性直接连接，如图 7-76 所示。保存参数设置画面。

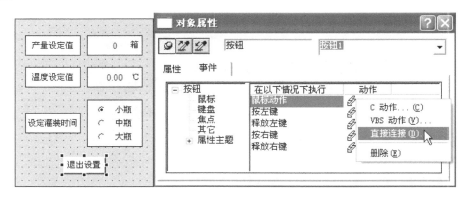

图 7-75 应用"直接连接"组态"退出"按钮的动作属性

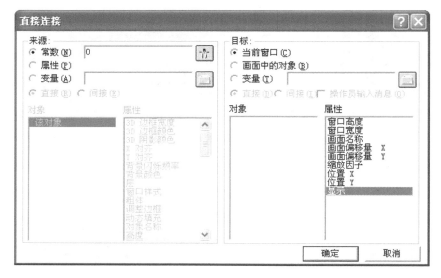

图 7-76 组态关闭"画面窗口"的动作

如图 7-75 所示，在参数设置画面中放置两个"输入/输出域"，分别连接过程变量"产量设定值"和"温度设定值"，用于 PLC 的程序控制。在画面中放置一个"选项组"，连接过程变量"罐装时间设置"MB23，可以选择小瓶（M23.0=1）、中瓶（M23.1=1）或大瓶（M23.2=1）。同时要在 PLC 控制程序中编写对应的指令，设置不同的灌装时间，如图 7-77 所示。

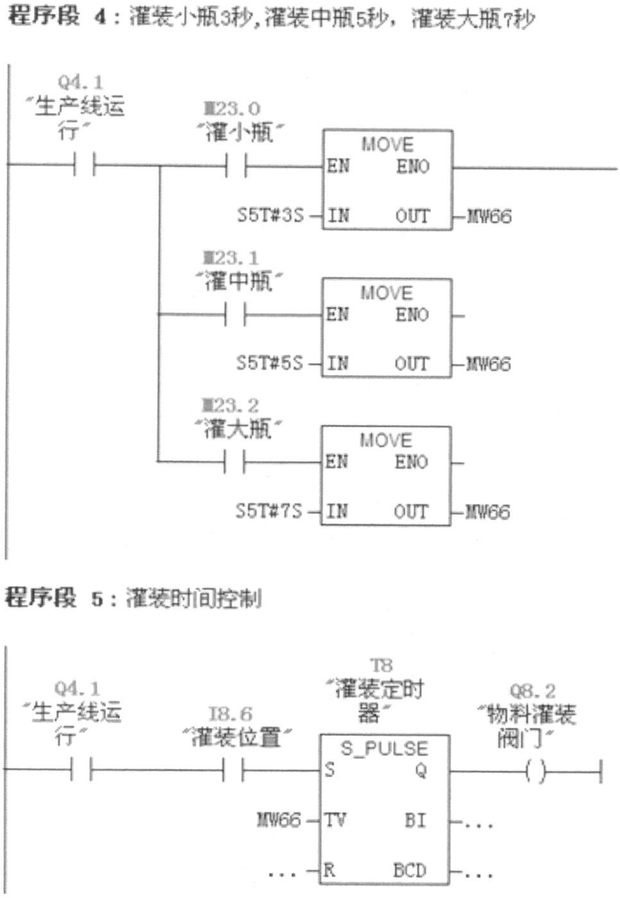

图 7-77 设置灌装时间的程序

在运行画面中选择"对象选项板"→"智能对象"→"画面窗口"，并放置到现场画面区，可以覆盖在当前画面的上面。右键单击"画面窗口"，在快捷菜单中选择"属性"命令，打开"对象属性"对话框。在"属性"选项卡中选择"几何"属性，设置画面宽度=210、画面高度=280。如图 7-78 所示，在"属性"选项卡中选择"其他"，在右侧窗口中设置"显示"的静态属性为"否"，"边框"和"标题"的静态属性为"是"，"画面名称"的静态属性为"参数设置画面"，"标题"的静态属性为"参数设置"。

在运行画面中添加按钮，文本为"设置参数"。右键单击按钮，在快捷菜单中选择"属性"命令，打开"对象属性"对话框。在"事件"选项卡中选择"鼠标"，在右侧窗口中右键单击"鼠标动作"属性"动作"列上的白色闪电，在快捷菜单中选择"直接连接"命令。在弹出的"直接连接"组态窗口中，选择将左侧来源"常量 1"与右侧目标"画面中的对象"中"画面窗口 1"的"显示"属性直接连接，如图 7-79 所示。

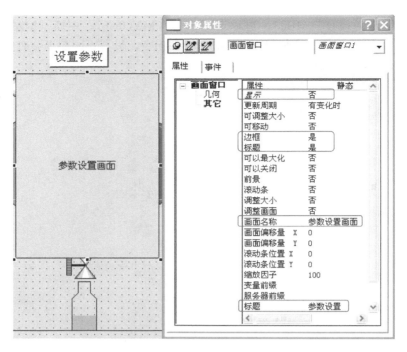

图 7-78  组态"画面窗口"的静态属性

图 7-79  应用"直接连接"组态按下"参数设置"按钮的动作

保存所有画面，点击 WinCC 项目管理器工具栏中的"激活" ▶ 按钮运行项目，同时在 SIMATIC STEP7 中打开 PLC 仿真器，启动 CPU 运行物料自动灌装生产线程序。在运行画面中点击"参数设置"按钮，会出现"参数设置画面"窗口，操作员可以设置运行参数。点击参数设置画面中的"退出设置"按钮，会关闭"参数设置画面"窗口。

【例 7-16】  远程启动和停止按钮。

为了在上位机上操控设备的运行，在运行画面中添加启动按钮和停止按钮。右键单击

"启动"按钮，打开"对象属性"对话框。如图 7-80 所示，在"事件"选项卡中选择"鼠标"，在右侧窗口中右键单击"按左键"属性"动作"列上的白色闪电，在快捷菜单中选择"直接连接"命令。在弹出的"直接连接"组态窗口中，选择将左侧来源"常量 1"与右侧目标"变量"的"远程启动"M1.0 直接连接，如图 7-81 所示。右键单击"释放左键"属性"动作"列上的白色闪电，在快捷菜单中选择"直接连接"命令。在弹出的"直接连接"组态窗口中，选择将左侧来源"常量 0"与右侧目标"变量"的"远程启动"M1.0 直接连接，如图 7-82 所示。

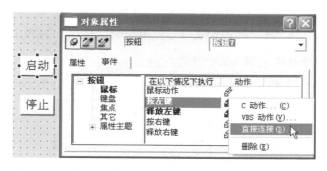

图 7-80　应用"直接连接"组态"启动"按钮的动作属性

图 7-81　应用"直接连接"组态按下"启动"按钮的动作

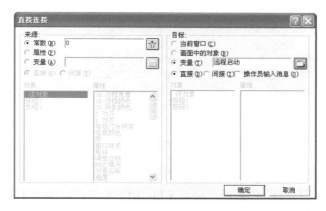

图 7-82　应用"直接连接"组态释放"启动"按钮的动作

用同样的方法组态"停止"按钮，"按左键"时"常量 1"与目标"变量"的"远程停止" M1.1 直接连接，"释放左键"时"常量 0"与目标"变量"的"远程停止" M1.1 直接连接。

为了避免设备操作面板上的启动/停止按钮与 WinCC 过程画面上的启动/停止按钮同时操作可能产生的不安全因素，在操作面板上设置了一个"就地/远程"控制选择开关（I0.5），由开关的状态决定是就地操作有效，还是远程操作有效。

为了协调启动/停止设备运行的"就地和远程"控制，需要修改 PLC 程序，在 FC20（手动模式）和 FC30（自动运行）程序块中增加相应的控制指令。

在 FC20（手动模式）中增加就地/远程控制模式选择的程序，如图 7-83 所示。当 I0.5=1 时"远程控制"有效，Q4.5=1；当 I0.5=0 时"就地控制"有效，Q4.4=1。

**程序段 3**：就地/远程控制模式选择

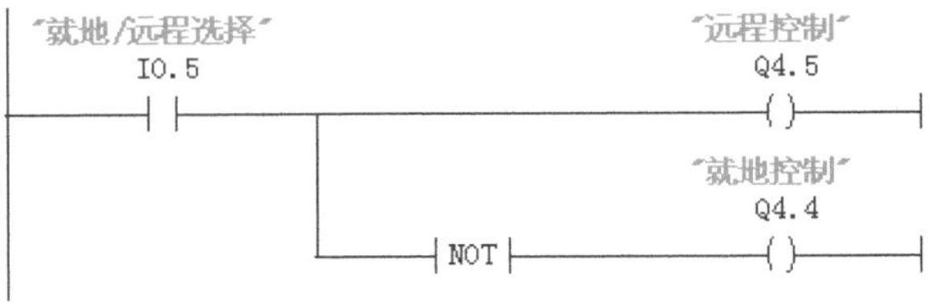

图 7-83　上位/下位控制模式选择的程序

修改 FC30（自动运行），修改后的控制生产线启动/停止的程序如图 7-84 所示。"就地控制"模式有效时，就地操作面板上的启动按钮（I0.0）和停止按钮（I0.1）可以控制系统的运行。"远程控制"模式有效时，WinCC 运行画面上的启动按钮（M1.0）和停止按钮（M1.1）可以控制系统的运行。

FC30：自动运行
**程序段 1**：启动/停止灌装生产线

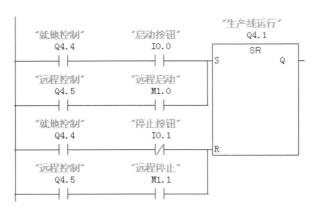

图 7-84　上位/下位均可控制系统启动/停止的程序

保存所有画面，点击 WinCC 项目管理器工具栏中的"激活" ▶按钮运行项目，同时在 SIMATIC STEP7 中打开 PLC 仿真器，启动 CPU 运行物料自动灌装生产线程序。当"就地/远程"控制选择开关 I0.5=1 时，点击运行画面中的"启动"按钮，使生产线运行，点击运行画面中的"停止"按钮，使生产线停止运行。此时，就地操作面板上的启动/停止按钮无效。当"就地/远程"控制选择开关 I0.5=0 时，点击就地操作面板上的"启动"按钮，使生产线运行，点击就地操作面板上的"停止"按钮，使生产线停止运行。此时，远程 WinCC 运行画面上的启动/停止按钮无效。

**5．C 动作**

C 动作是由函数构成的。可以使用的函数包括系统提供的内部函数、标准函数和项目函数，如图 7-85 所示。用户也可以根据需要自己编制设计函数。C 的函数相当于其他语言中的子程序，可以用函数来实现特定的功能。如果变量连接、动态对话框和直接连接等手段不能解决对象属性动态化的问题，则应使用 C 动作。

C 动作既可用于对象物理属性的动态化，也可用于对图形对象上发生的事件作出反应。

【例 7-17】　点击按钮在有效与无效之间转换。

在运行画面中放置一个按钮，控制灌装罐排料阀门的打开和关闭。

在前面已经介绍的方法中，如果远程控制阀门的打开和关闭，需要应用两个按钮，一个打开阀门，另一个关闭阀门。现在用 C 动作实现只用一个按钮就可以控制阀门的打开和关闭。

新建一个"排料阀门"变量 Q8.2，数据类型为二进制变量。

在运行画面中添加一个按钮，文本显示"排料阀门开关"。右键单击按钮，在快捷菜单中选择"属性"命令，打开"对象属性"对话框，在"属性"选项卡中选择"字体"，右键单击"文本"属性"动态"列上的白色灯泡，在快捷菜单中选择"动态对话框"命令。在图 7-86 所示的"动态值范围"窗口中选择数据类型为"布尔型"，点击━按钮连接变量"排料阀门"，在"表达式/公式的结果"区设定不同的文本显示内容，"是/真"表示变量"排料阀门"为 1，当前排料阀处于打开状态，点击该按钮的动作应关闭排料阀，所以显示文本为"关闭排料阀门"；"否/假"表示变量"排料阀门"为 0，当前排料阀处于关闭状态，点击该按钮的动作应打开排料阀，所以显示文本为"打开排料阀门"。

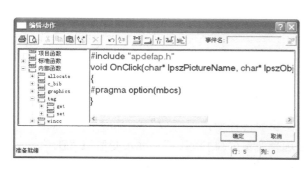

图 7-85　C 动作编辑窗口

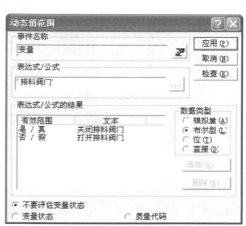

图 7-86　应用"动态对话框"组态按钮上的"文本"属性

如图 7-87 所示，在"事件"选项卡中选择"鼠标"，在右侧窗口中右键单击"鼠标动作"属性"动作"列上的白色闪电，在快捷菜单中选择"C 动作"命令，打开 C 动作编辑窗口。

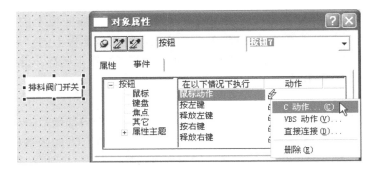

图 7-87　应用"C 动作"组态"排料阀门开关"按钮的动作属性

在 C 动作编辑窗口中编写如下程序：

```
{
BOOL B1;                          //定义一个 BOOL 型变量
B1=GetTagBit("排料阀门");          //获取位变量"排料阀门"当前的值
B1=!B1;                           //将获取值取反
SetTagBit("排料阀门",B1);           //将取反后的值赋值给位变量"排料阀门"
}
```

GetTagBit 函数应用如图 7-88 所示。在左侧窗口选择"内部函数"→"tag"→"get"→"GetTagBit"，在弹出的"分配参数"对话框中选择变量"排料阀门"。

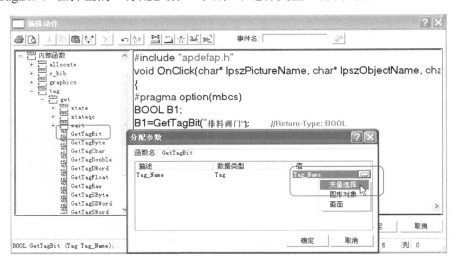

图 7-88　内部函数 GetTagBit 的应用

SetTagBit 函数应用如图 7-89 所示。在左侧窗口选择"内部函数"→"tag"→"set"→"SetTagBit"，在弹出的"分配参数"对话框中选择变量"排料阀门"，键入变量值"B1"。

单击工具栏中创建动作 按钮，完成 C 动作的编辑。如果程序中有错误，会有错误信息提示。单击"确定"按钮，退出 C 动作编辑。

保存运行画面，点击 WinCC 项目管理器工具栏中的"激活" ▶按钮运行项目，同时在 SIMATIC STEP7 中打开 PLC 仿真器，启动 CPU 运行物料自动灌装生产线程序。点击画面中的"排料阀门开关"按钮,"排料阀门"打开,再点击"排料阀门开关"按钮,"排料阀门"关闭。

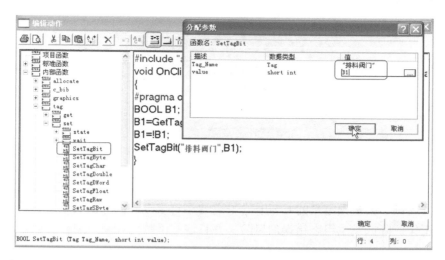

图 7-89　内部函数 SetTagBit 的应用

【例 7-18】　设置登录对话框。

WinCC 项目属性中,可以设置弹出和退出管理员登录对话框的热键。如果客户不知道热键,则无法登录。

现在在启动画面中设置一个"登录"按钮和一个"退出"按钮。点击"登录"按钮弹出登录对话框,点击"退出"按钮退出登录状态。

组态"登录"按钮的 C 动作如下:

```
#include "apdefap.h"
void OnClick(char* lpszPictureName, char* lpszObjectName, char* lpszPropertyName)
{
#pragma    code("useadmin.dll")
#include "PWRT_api.h"
#pragma    code()
PWRTLogin('c');
}
```

组态"退出"按钮的 C 动作如下:

```
#include "apdefap.h"
void OnClick(char* lpszPictureName, char* lpszObjectName, char* lpszPropertyName)
{
#pragma    code("useadmin.dll")
#include "PWRT_api.h"
#pragma    code()
PWRTLogout();
}
```

保存启动画面,点击 WinCC 项目管理器工具栏中的"激活"▶按钮运行项目。点击画面中的"登录"按钮，弹出系统登录对话框，如图 7-90 所示，用户可以输入用户名和密码。点击画面中的"退出"按钮，退出登录状态。

图 7-90  用按钮打开系统登录对话框

### 6. 动态向导

动态向导提供了大量预定义的 C 动作，它包含了许多动态向导函数。这将减轻频繁重复出现的组态工作，降低发生组态错误的风险。并且这些函数允许用户用自己创建的函数进一步扩充。

**【例 7-19】**  设置"退出 WinCC 运行"按钮。

在启动画面中利用动态向导设置"退出 WinCC 运行"按钮。选择"对象选项板"→"窗口对象"→"按钮"放置到画面的按钮区。鼠标选中按钮，在图 7-91 所示的动态向导"系统功能"选项卡中，双击"退出 WinCC 运行系统"命令，按向导提示完成需要的组态步骤。

图 7-91  应用"动态向导"组态"退出 WinCC 运行"按钮

打开"退出 WinCC 运行"按钮的 C 动作编辑窗口，可以看到退出 WinCC 运行系统的函数为 DeactivateRTProject ()。

保存启动画面，点击 WinCC 项目管理器工具栏中的"激活" ▶按钮运行项目。点击画面中的"退出 WinCC 运行"按钮，WinCC 将退出运行系统。

**【例 7-20】**  弹出操作确认对话框。

为了防止有人误操作，在启动画面中点击"退出 WinCC 运行"按钮时，弹出确认对话框，确认后操作才有效。

鼠标选中"退出 WinCC 运行"按钮，在动态向导的"图画功能"选项卡中，双击"显示错误框"命令，如图 7-92 所示。按向导提示在"设置选项"窗口中输入对话框参数，"对话框标题"为"操作提示"，"对话框文本"为"确认要退出吗？"，激活带有"取消"按钮的框，如图 7-93 所示。

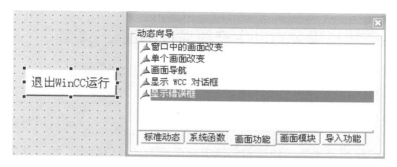

图 7-92　应用"动态向导"组态"确认对话框"

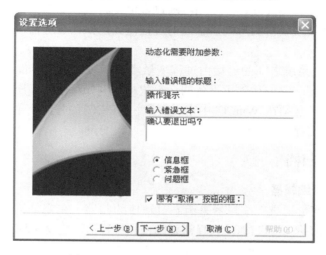

图 7-93　设置"确认对话框"的参数

打开"退出 WinCC 运行"按钮的 C 动作编辑窗口，添加条件调用退出 WinCC 运行系统的函数 DeactivateRTProject ()，修改后的程序如下：

```
#include "apdefap.h"
void OnClick(char* lpszPictureName, char* lpszObjectName, char* lpszPropertyName)
{
#pragma option(mbcs)
if (MessageBox(NULL,"确认要退出吗？ ","操作提示",MB_OKCANCEL)==IDOK)
DeactivateRTProject ();
else
{
}
}
```

保存启动画面，点击 WinCC 项目管理器工具栏中的"激活" ▶ 按钮运行项目。点击画面中的"退出 WinCC 运行"按钮，弹出确认对话框，如图 7-94 所示。点击"确认"按钮，WinCC 退出运行系统，点击"取消"按钮，操作无效。

图 7-94　确认"退出 WinCC 运行"

# 任务 16  组态物料灌装自动生产线监控画面

根据物料灌装自动生产线监控系统的要求，设计过程监控画面。

## 7.5  过程值归档

过程值归档的目的是采集、处理和归档工业现场的过程值数据，用于获取与设备的操作状态有关的管理和技术参数。

系统运行过程中，采集并处理需要归档的过程值，将其存储在归档数据库中。在运行系统中，可以以趋势曲线或表格的形式显示当前过程值或已归档过程值，也可将所归档的过程值作为记录打印输出。

WinCC 与自动化系统之间的连接由过程变量实现，过程值是存储在所连接的自动化系统中某个内存中的数据，它们代表了设备的运行状态，例如，温度、压力、流量和液位等过程值。要使用过程值，必须在 WinCC 中定义变量。WinCC 的外部变量用来从所连接的自动化系统中访问过程值内存地址，因此外部变量就是过程变量。

### 7.5.1  组态过程值归档

#### 1. 打开变量记录编辑器

WinCC 使用"变量记录"编辑器来组态过程值的归档。在变量记录编辑器中，选择归档类型是过程值归档还是压缩归档，选择需要归档的过程值，定义采样周期和归档周期。

单击 WinCC 项目管理器浏览窗口中的"变量记录"组件，并在鼠标右键快捷菜单中选择"打开"命令，打开"变量记录"编辑器。

#### 2. 组态定时器

定时器用于设置过程变量的采样周期和归档周期。

单击"变量记录"编辑器浏览窗口中的"定时器"，在右侧数据窗口中可以看到系统已经提供的 5 个定时器：500 毫秒、1 秒、1 分钟、1 小时和 1 天，如图 7-95 所示。如果这 5 个定时器不能满足用户的需要，可以右键单击"定时器"，在快捷菜单中选择"新建"命令，打开"定时器属性"对话框，创建所需的定时器。

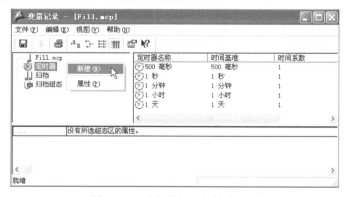

图 7-95  "变量记录"的定时器

### 3．创建归档

单击"变量记录"编辑器浏览窗口中的"归档"，并在右键快捷菜单中选择"归档向导"命令，打开"创建归档"对话框，如图 7-96 所示。输入归档名称"Fill_ProcessValue Archive"（不支持中文字符），选择归档类型为"过程值归档"，点击"下一步"按钮。

图 7-96　定义归档名称及类型

在下一个对话框中点击"选择"按钮，打开"变量管理器"，添加需要归档的多个变量，如图 7-97 所示。点击"完成"按钮，在归档系统中生成了一个名为"Fill_ProcessValue Archive"的过程值归档，如图 7-98 所示。

图 7-97　添加需要归档的变量

目前该归档包含"实际液位值"和"温度值"两个变量。可以右键单击过程归档名称"Fill_ProcessValueArchive"，在快捷菜单中选择"新建变量"命令，继续添加需要归档的变量。

### 4．归档设置

（1）修改归档变量的设置

在图 7-99 所示的"变量记录"编辑器变量列表中，用鼠标选中某一行过程变量，并在右键快捷菜单中选择"属性"命令，打开"过程变量属性"对话框，在"归档变量"选项卡中可以修改归档变量的名称。在图 7-100 所示的"归档"选项卡中，设置采集周期和归档周期等。采集周期是指读取过程变量过程值的时间间隔，由 WinCC 运行系统的启动时间确定采集周期的起始点。归档周期是指何时将过程值保存到归档数据库中，归档周期总是采集周期的整数倍。在图 7-100 所示的"参数"选项卡中，设置在归档周期内采集的过程值如何进行数据归档。例如，采集周期为 1 秒。归档周期为 10 秒，归档时要对已经采集的 10 个过程值进行处理，可以选择第 10 秒采集的过程值，也可以取 10 个数值中的最大值或最小值，或取 10 个数值的平均值等。

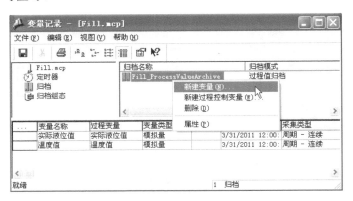

图 7-98 "Fill_ProcessValueArchive"的过程值归档

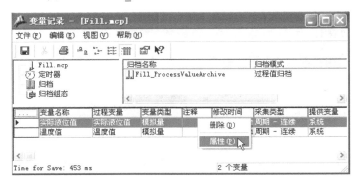

图 7-99 打开"过程变量属性"对话框

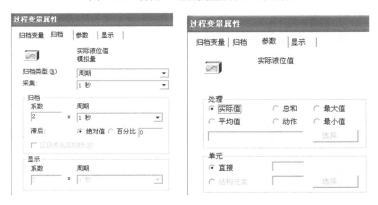

图 7-100 修改归档变量的设置

（2）指定归档数据的存储位置

右键单击过程归档名称"Fill_ProcessValueArchive"，在快捷菜单中选择"属性"命令，打开"属性"对话框，设置归档数据的"存储位置"，如图 7-101 所示。过程值可存储在归档数据库中的硬盘上，或存储在变量记录运行系统的主存储器中。在主存储器中归档的过程值只有在系统激活时才有效，然而，其优点是可以非常快速地写入和读出数值。

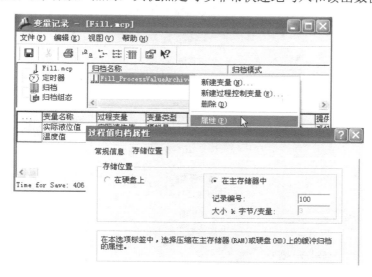

图 7-101　指定归档数据的存储位置

### 5．保存归档组态

单击变量归档编辑器工具栏中的"保存"🖪按钮，保存归档组态，关闭变量记录编辑器。

## 7.5.2　显示过程数据

### 1．组态 WinCC 在线趋势控件

在图形编辑器中组态"WinCC Online Trend Control"控件，可以在系统运行时以趋势图形式显示过程数据的趋势曲线。

在趋势视图画面中，选择"对象选项板"→"控件"→"WinCC Online Trend Control"，将 WinCC 在线趋势控件拖放到画面的绘图区，拖动到满意的尺寸后释放。关闭自动弹出的属性对话框。双击 WinCC Online Trend Control 控件对象，打开完整的"WinCC 在线趋势控件的属性"对话框，如图 7-102 所示。

在"曲线"选项卡中，设置趋势 1 的名称为"实际液位值"，颜色为橙色。点击"选择"按钮，打开"选择归档/变量"对话框，选择已组态的归档"Fill_ProcessValueArchive"下的过程变量"实际液位值"。点击"添加" ┊ 按钮，可以添加趋势 2，设置名称为"温度值"，颜色为绿色。同趋势 1 类似，选择已组态的归档"Fill_ProcessValueArchive"下的过程变量"温度值"。

在"常规"选项卡中，输入窗口标题为"灌装罐过程值"；激活"公共 X 轴"和"使用颜色"，公共 X 轴的颜色选黑色；激活"装载归档数据"，这样可以显示以前的趋势值，如图 7-103 所示。

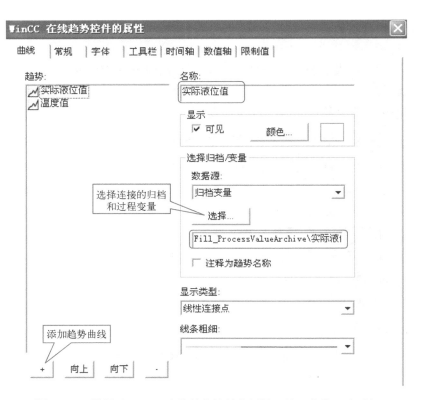

图 7-102　设置"WinCC 在线趋势控件的属性"的"曲线"选项卡

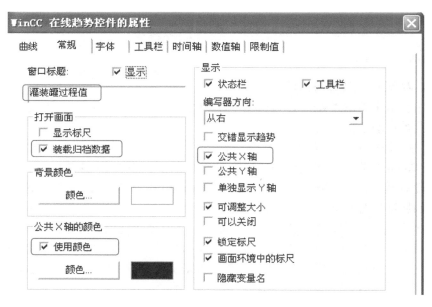

图 7-103　设置"WinCC 在线趋势控件的属性"的"常规"选项卡

在"时间轴"选项卡中,选择"时间格式"为 hh:mm:ss,选择"时间范围"为 30×1 分钟,显示最近 30 分钟的趋势值,如图 7-104 所示。

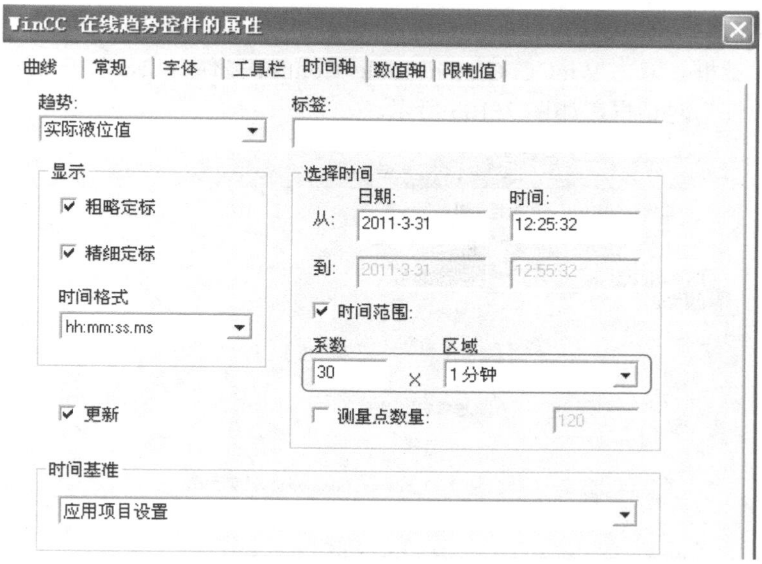

图 7-104　设置 "WinCC 在线趋势控件的属性" 的 "时间轴" 选项卡

在 "数值轴" 选项卡中，选择 "实际液位值" 的 "粗略定标" 为 100，"精细定标" 为 10，"范围选择" 为 0~1000。选择 "温度值" 的 "粗略定标" 为 10，"精细定标" 为 5，"范围选择" 为 0~100，如图 7-105 所示。

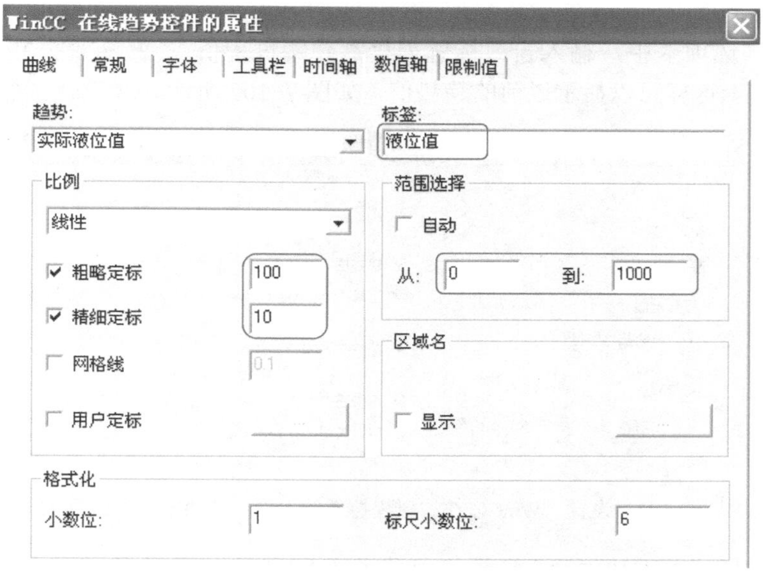

图 7-105　设置 "WinCC 在线趋势控件的属性" 的 "数值轴" 选项卡

## 2. 组态 WinCC 在线表格控件

在图形编辑器中组态 "WinCC Online Table Control" 控件，可以在系统运行时以表格形式显示过程数据。

在趋势视图画面中，选择 "对象选项板" → "控件" → "WinCC Online Table

Control"，将 WinCC 在线表格控件拖放到画面的绘图区，拖动到满意的尺寸后释放。关闭自动弹出的属性对话框。双击 WinCC Online Table Control 控件对象，打开完整的"WinCC 在线表格控件的属性"对话框，如图 7-106 所示。

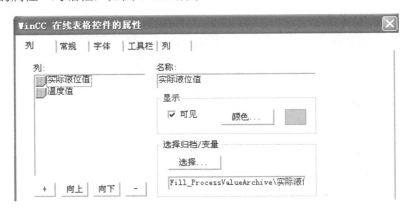

图 7-106　设置"WinCC 在线报表控件的属性"的过程变量

在图 7-106 所示的左边"列"选项卡中，设置列 1 的名称为"实际液位值"，颜色为橙色。点击"选择"按钮，打开"选择归档/变量"对话框，选择已组态的归档"Fill_Process ValueArchive"下的过程变量"实际液位值"。点击"添加" · 按钮可以添加列 2，设置名称为"温度值"，颜色为绿色。同列 1 类似，选择已组态的归档"Fill_ProcessValueArchive"下的过程变量"温度值"。

在"常规"选项卡中，输入窗口标题为"灌装罐过程值"；激活"公共 X 轴"；激活"装载归档数据"，这样可以显示以前的趋势值，如图 7-107 所示。

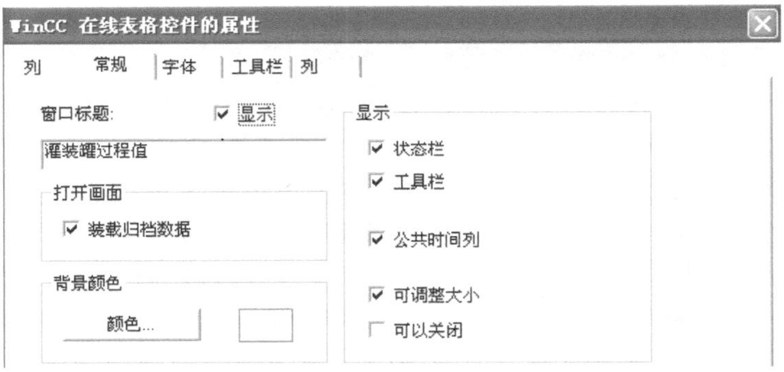

图 7-107　设置"WinCC 在线报表控件的属性"的"常规"选项卡

在图 7-108 所示的右边"列"选项卡中，选择"时间格式"为 hh：mm：ss；"小数位"为 2；选择"时间范围"为 30×1 分钟，显示最近 30 分钟的趋势值。

保存趋势视图画面。

### 3．显示过程数据

在计算机属性中，激活"变量记录运行系统"，如图 7-109 所示。

点击 WinCC 项目管理器工具栏中的"激活" ▶ 按钮运行项目，同时在 SIMATIC STEP7

中打开 PLC 仿真器，启动 CPU 运行。改变"实际液位值"MD60 和"温度值"MD70 的数值，观察趋势图中过程变量曲线的变化情况，观察表格中过程变量数值的变化情况。

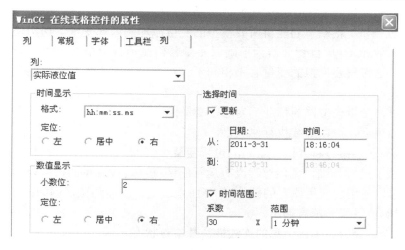

图 7-108　设置"WinCC 在线报表控件的属性"的"列"标签

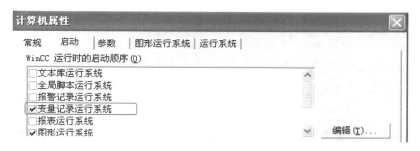

图 7-109　激活"变量记录运行系统"

### 7.5.3　使用 WinCC 变量模拟器

在 WinCC 监控系统没有连接过程外围设备或连接了过程外围设备但过程没有运行的情况下，未来对组态进行检测，可以应用 WinCC 提供的变量仿真软件"WinCC Tag Simulator"。

变量模拟器既可以用来模拟内部变量，又可以模拟过程变量。在没有连接过程外围设备时，只能模拟内部变量。如果已连接了过程外围设备，过程变量的值将由变量模拟器直接提供，这样可以使用户用原有的硬件对 HMI 系统进行功能测试。

**警告：**

变量模拟器把过程值写入到所连接的自动化系统。这意味着必须考虑所连接过程外围设备的可能响应。

**1．模拟没有过程外围设备时的过程变量**

在没有连接过程外围设备的情况下，只能模拟内部变量。为了对过程进行离线模拟，需要按下列步骤进行操作：

通过复制项目文件夹来创建一份用户的项目备份并将其重命名（例如 xxx_sim）。使用该备份副本作为测试对象，并用此项目副本来打开 WinCC。目的是保留原项目中的外部过程变量。

使用"剪切"和"粘贴"功能将所要模拟的变量添加到内部变量。切勿使用"复制"和"粘贴"，否则，WinCC 项目管理器为了确保变量名称在项目中是唯一的，会自动生成变量名称的扩展名，这就与要模拟的变量名不相同了。对于已声明为内部变量的变量，其地址信息将因此而丢失。

这样就可以在变量模拟器的帮助下为这些变量提供数值。

测试阶段结束后，可以继续执行原项目。

### 2．模拟具有已连接过程外围设备时的过程变量

对于已连接了过程外围设备但过程没有运行的情况，过程变量的值可以由变量模拟器直接提供。这样可以使用户应用原有的硬件对 HMI 系统进行功能测试，例如：

① 检查限制值等级、消息输出。

② 测试报警、警告、出错消息的连续性，并检查状态显示。

③ 预置、读取和修改数字量和模拟量的输入和输出。

④ 报警模拟。

### 3．使用 WinCC 变量模拟器仿真调试过程值归档

为了不依赖于外部设备调试过程值归档，可以使用 WinCC 提供的变量仿真软件"WinCC Tag Simulator"。为此，在内部变量中定义"实际液位值"和"温度值"两个变量，数据类型均为浮点数 32 位。

**注意：**

如果已经在外部变量中定义了"实际液位值"和"温度值"两个过程变量，需要先删除，变量管理器不允许有重复的变量名。

在计算机操作系统"开始"菜单中，选择"所有程序"→"Simatic"→"WinCC"→"Tools"→"WinCC Tag Simulator"，启动 WinCC 变量模拟器。（注意：只有 WinCC 项目处于运行状态时，变量模拟器才能正确运行）。

变量模拟器提供了 6 种仿真函数，如图 7-110 所示，包括：

① Sine：正弦函数。正弦函数作为非线性周期性函数，需设置振幅、零点和振荡周期等参数。

② Oscillayion：振荡函数。振荡函数用于模拟参考变量的跳转，需设置超调量、设置点、振荡周期和阻尼等参数。

③ Random：随机函数。随机数函数为用户提供随机产生的数值，需设置最小值和最大值。

④ Inc：自增 1。向上计数器，达到最大值后又从最小值开始。

⑤ Dec：自减 1。向下计数器，达到最小值后又从最大值开始。

⑥ Slider：滑块。允许用户设置固定值的滑块。

在 WinCC 变量模拟器中添加需要模拟的变量，单击变量模拟器菜单栏 Edit，在下拉菜单中选择"New Tag"命令，如图 7-111 所示，选择要模拟的变量"温度值"。在"Properties"属

性选项卡中，为过程变量"温度值"指定仿真函数为 Sine，并设置相应参数，Amplitude（幅值）为 10，Zero Point（零点）为 50，Oscillation Period（振荡周期）为 60，激活"active"选项。用同样方法添加变量"实际液位值"，指定仿真函数为 Oscillayion，设置相应参数，Overshoot（超调量）为 10，Zero Point（设置点）为 50，Oscillation Period（振荡周期）为 60，Damping（阻尼）为 10，激活"active"选项。最多可以添加 300 个变量。

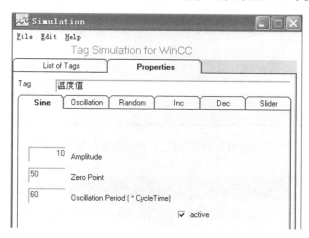

图 7-110　WinCC 变量模拟器的 6 种仿真函数

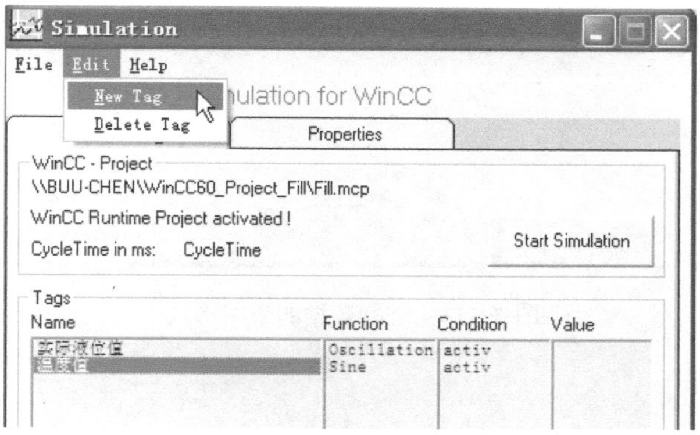

图 7-111　添加需要仿真的变量

　　点击 WinCC 项目管理器工具栏中的"激活" ▶按钮，运行项目，在 WinCC 变量模拟器变量列表"List of Tag"选项卡中，点击"Start Simulation"按钮，开始模拟过程变量，调整设置的参数，仿真结果如图 7-112 和图 7-113 所示。

# 任务 17　显示液位值和温度值趋势图

　　归档物料灌装自动生产线的过程值"实际液位值"和"温度值"，以趋势图的形式显示过程数据。

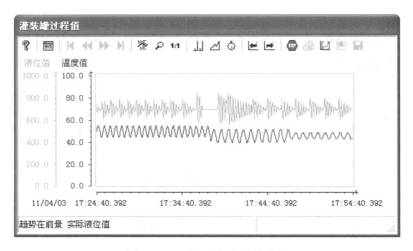

图 7-112　过程数据的趋势曲线

| 日期/时间 | 实际液位值 | 温度值 |
|---|---|---|
| 11-04-03 17:43:48.392 | 651.74 | 48.63 |
| 11-04-03 17:43:50.392 | 669.79 | 47.25 |
| 11-04-03 17:43:52.392 | 700.00 | 45.79 |
| 11-04-03 17:43:54.392 | 727.64 | 44.35 |
| 11-04-03 17:43:56.392 | 740.38 | 43.00 |
| 11-04-03 17:43:58.392 | 733.77 | 41.83 |
| 11-04-03 17:44:00.392 | 712.65 | 40.91 |
| 11-04-03 17:44:02.392 | 688.03 | 40.29 |
| 11-04-03 17:44:04.392 | 671.42 | 40.01 |
| 11-04-03 17:44:06.392 | 669.47 | 40.09 |
| 11-04-03 17:44:08.392 | 681.36 | 40.52 |
| 11-04-03 17:44:10.392 | 700.00 | 41.27 |

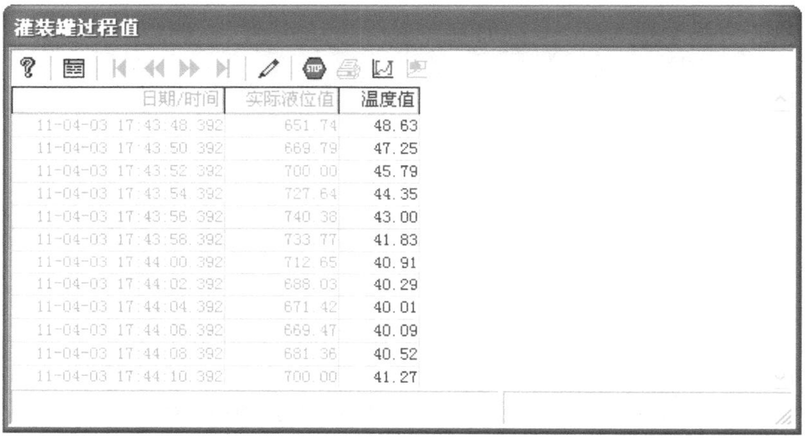

图 7-113　过程数据的表格形式

## 7.6　消息系统

通过消息系统，来自自动化系统的事件或来自 WinCC 的监控功能（操作状态，错误等）以消息报表的形式被显示在消息窗口。为了能够看到过去的记录，消息以短期归档或长期归档的形式被保存在硬盘驱动器上。消息系统给操作员提供了有关操作状态和过程故障状态的信息，通知操作员在生产现场发生的故障和错误，可以及早警告过程控制的临界状态，避免停机或缩短停机时间。

报警系统由组态和运行系统组件组成。

报警记录编辑器是报警系统的组态组件。报警记录用于确定报警应该何时出现以及它们应该具有什么类型和内容。图形编辑器能够处理特定的显示对象，即 WinCC 报警控件，用于显示消息。

报警记录运行系统是消息系统的运行组件。当处于运行期时，报警记录运行系统负责执行已定义的监控任务。它也可对消息输出操作进行控制，并管理这些消息的确认。

## 7.6.1 组态报警系统

### 1. 新建报警变量

为了将自动化过程的故障和错误信息传递给 WinCC 的报警系统，新建"报警变量" MB20，数据类型为无符号 8 位数，其每一位代表发生某个故障或错误的标志位。

### 2. 打开报警记录编辑器

WinCC 使用"报警记录"编辑器来组态报警消息。在报警记录编辑器中，对消息变量、消息类别、消息文本和错误点等进行组态。

单击 WinCC 项目管理器浏览窗口中的"报警记录"组件，并在鼠标右键快捷菜单中选择"打开"命令，打开"报警记录"编辑器，如图 7-114 所示。

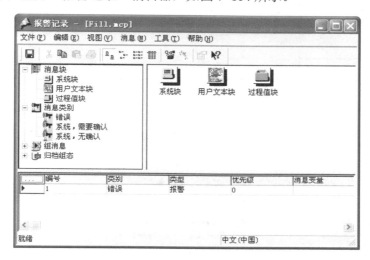

图 7-114 "报警记录"编辑器窗口

### 3. 组态消息块

在运行系统时，消息的状态改变将显示在消息行中。组态消息块就是定义要在消息行中显示的信息。消息块分为 3 个区域：

① 系统块。由报警记录提供的系统数据。单击报警记录浏览窗口中的系统块，在右侧数据窗口可以看到默认的系统块信息包括日期、时间和编号。右键单击报警记录浏览窗口中的系统块，在快捷菜单中选择"添加/删除"命令，打开"添加系统块"对话框，如图 7-115 所示。在可用的系统块列表中选择所需的消息块，单击 → 按钮将这些消息块添加到所选的系统块列表中。

② 用户文本块。用户定义的将在消息行中显示的文本内容。报警记录默认的用户文本块信息包括消息文本和错误点，如图 7-116 所示。用户也可以添加其他的文本块。

③ 过程值块。通过使用过程值块，可在消息行中显示变量值。用户可以添加与过程值块相关的变量。

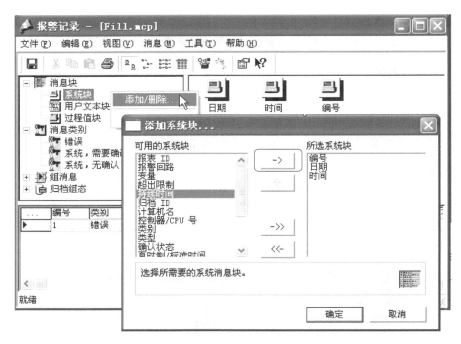

图 7-115　组态消息块中的系统块

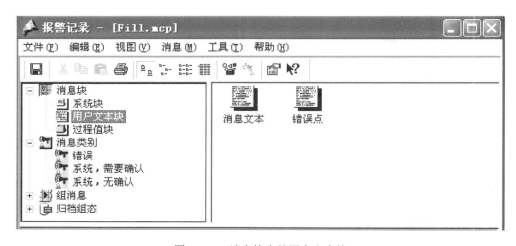

图 7-116　消息块中的用户文本块

可在消息块的属性对话框中显示和修改消息块的属性。右键单击报警记录浏览窗口中的消息块，在快捷菜单中选择"消息块…"，打开"组态消息块"对话框，如图 7-117 所示。在树形视图中，选择要修改的消息块，点击"属性"按钮，打开消息块对话框，可以显示和修改消息块的属性。图 7-118 所示为"日期"消息块的属性设置窗口，可以修改日期显示的位数和年月日的顺序。图 7-119 所示为"时间"消息块的属性设置窗口，可以设置时间显示的格式。图 7-120 所示为用户文本块的"消息文本"和"错误点"消息块的属性设置窗口，可以设置允许消息文本的长度，一个汉字占两个字符。

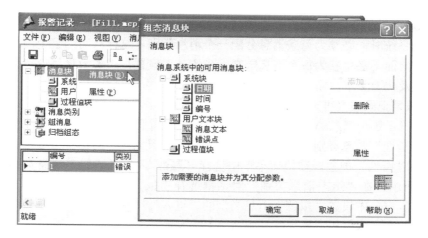

图 7-117　修改消息块的属性

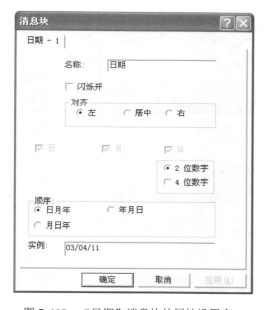

图 7-118　"日期"消息块的属性设置窗口

图 7-119　"时间"消息块的属性设置窗口

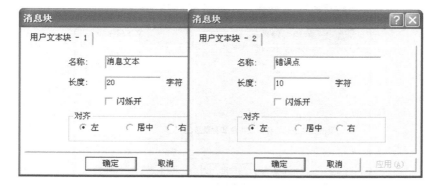

图 7-120　"消息文本"和"错误点"消息块的属性设置窗口

#### 4．组态消息类别

组态消息系统时，必须为每条消息分配一个消息类别。这样只需为整个消息类别定义全局应用的设置，而不必单独为每个消息定义大量的基本设置。组态消息系统包括分配消息类型、确认方式及状态文本、输出声音/光学信号。

WinCC 报警记录最多可定义 16 个消息类别，每个消息类别下还可以定义 16 个消息类型。系统预定义了 3 个消息类别，为"错误"、"系统，需要确认"和"系统，没有确认"。

以组态"错误"消息类别中"报警"类型的基本设置为例，右键单击报警记录浏览窗口中消息类别的"错误"类型，在快捷菜单中选择"属性"，打开"组态消息类别"对话框，如图 7-121 所示。在"组态消息类别"对话框选择"报警"，点击对话框中的"属性"按钮，在"类型"窗口中设置"报警"消息类型的"进入"、"离开"和"已确认" 3 种不同状态下文本信息的文字颜色和背景颜色，如图 7-122 所示。

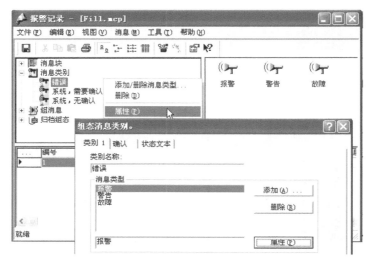

图 7-121 "组态消息类别"对话框

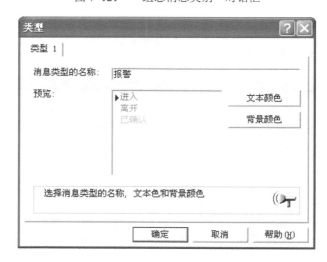

图 7-122 组态"错误"消息类别

**5. 组态报警消息**

在报警记录的表格窗口，右键单击 1 号报警消息，在快捷菜单中选择"属性"，打开
"单个消息"对话框，如图 7-123 所示。

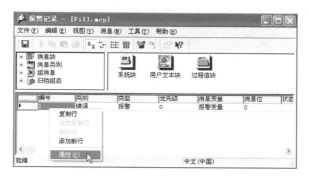

图 7-123　打开"单个消息"对话框

在"参数"选项卡中，点击 ⋯ 按钮，打开变量选择器，指定消息变量为"报警变量"，
在下面的"消息位"中指定第 0 位，如图 7-124 所示。点击 R 按钮可以复位已做的设置。

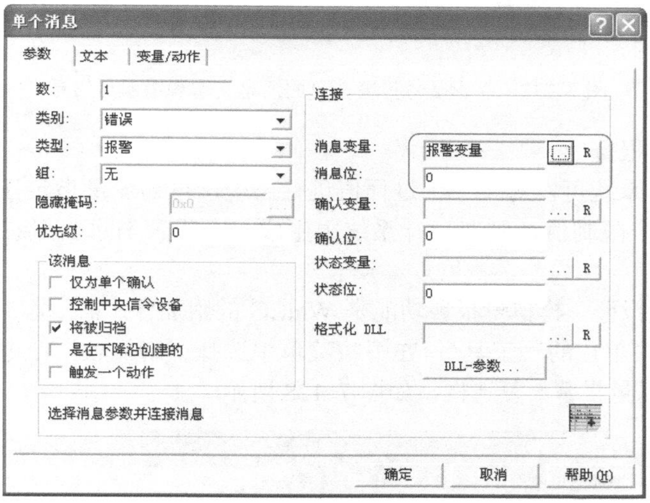

图 7-124　设置消息变量及消息位

在"文本"选项卡中，编辑当 1 号报警事件到来时显示的消息文本和错误点信息，
如图 7-125 所示。

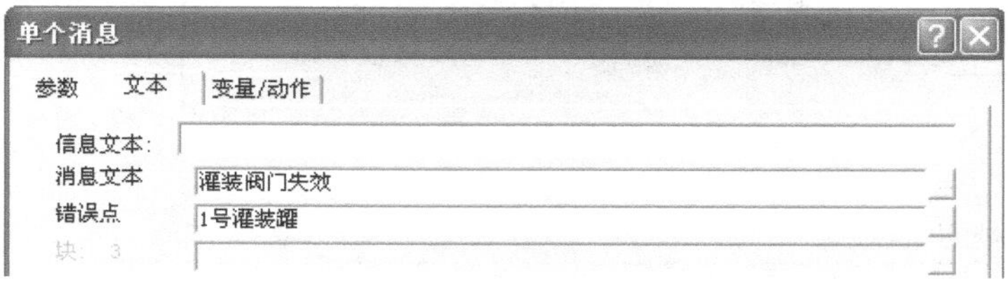

图 7-125　编辑消息文本和错误点信息

右键单击图 7-123 的表格窗口，在快捷菜单中，选择"添加新行"，插入新的报警消息。打开 2 号报警消息的"单个消息"对话框，在"参数"选项卡中，指定消息变量为"报警变量"，消息位为第 1 位，如图 7-126 所示。在"文本"选项卡中，编辑当 2 号报警事件到来时显示的消息文本和错误点信息，如图 7-127 所示。

图 7-126　设置 2 号报警消息的消息变量及消息位

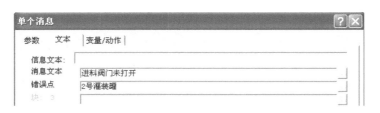

图 7-127　编辑 2 号报警消息的消息文本和错误点信息

### 6. 组态模拟量报警

WinCC 的报警系统可以对某一个过程值进行监视，可为变量指定任意多个限制值。如果过程值超过了某个限制值，则在运行系统中生成一个报警消息。组态模拟量报警的步骤如下：

1）添加模拟量报警。模拟量报警功能是 WinCC 的附加件，需要添加到消息系统中。单击报警记录编辑器菜单栏的"工具"，在下拉菜单中选择"附加项"命令，打开"附加项"对话框，激活"模拟量报警"复选框，如图 7-128 所示。

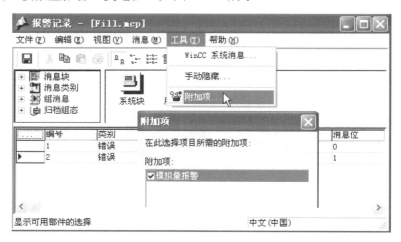

图 7-128　添加"模拟量报警"功能

2）创建模拟量报警变量。右键单击浏览窗口中的"模拟量报警"，在快捷菜单中选择"新建"命令，打开模拟量"属性"对话框，点击┄┄按钮选择需要监视的过程值变量，如"实际液位值"，设置对事件做出反应的延时时间（消息只有在限制值超出范围达到整个延迟时间后触发，可以抗干扰），如图 7-129 所示。

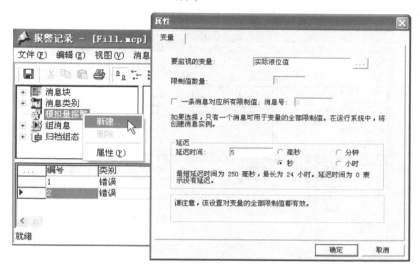

图 7-129　创建模拟量报警变量

3）组态变量的限制值和编号。右键点击模拟量报警变量，在快捷菜单中选择"新建"命令，打开"属性"设置对话框，如图 7-130 所示。组态 4 个限制值，分别为下限制值 150、消息编号为 3，下限制值 200、消息编号为 4，上限制值 800、消息编号为 5，上限制值 850、消息编号为 6。注意编号不要与已经设置的消息重复。点击报警编辑器工具栏上的"保存"🖫按钮，退出报警编辑器。

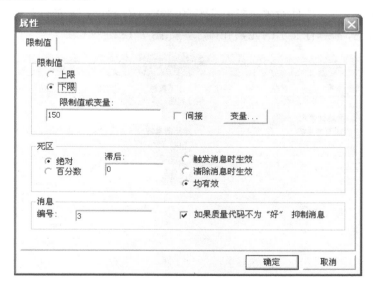

图 7-130　设置模拟量报警变量的限制值和编号

4）编辑"消息文本"和"错误点"消息。重新打开报警编辑器，在表格窗口中可以看到已经组态的模拟量的编号。右键单击每条消息，在快捷菜单中选择"属性"，打开"单个消息"对话框，在"文本"选项卡中，分别编辑当 3～6 号模拟量报警事件到来时显示的消息文本和错误点信息。

5）存盘退出。已经组态好的报警记录如图 7-131 所示。保存设置，退出报警编辑器。

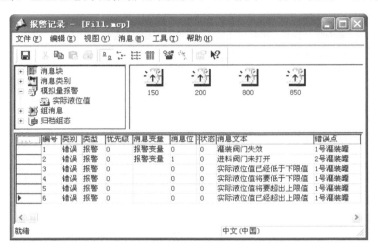

图 7-131　组态的报警记录

## 7.6.2　报警显示

### 1. 组态 WinCC 报警控件

在报警画面中，选择"对象选项板"→"控件"→"WinCC Alarm Control"，将 WinCC 报警控件拖放到画面的绘图区，拖动到满意的尺寸后释放。关闭自动弹出的属性对话框。双击 WinCC Alarm Control 控件对象，打开完整的"WinCC 报警控制属性"对话框。在"消息列表"选项卡中选择消息行显示的元素并排序，如图 7-132 所示。

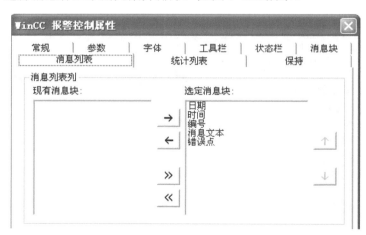

图 7-132　选择消息行显示的元素并排序

## 2. 添加测试对象

为了对报警系统进行测试，在报警画面中放置一个“复选框”和一个“滚动条”。

打开复选框的“对象属性”对话框，如图 7-133 所示。在“属性”选项卡中选择“几何”，在右侧窗口中设置“框数量”为 2。选择“字体”属性，在右侧窗口中设置“索引”和“文本”的对应关系，索引 1 的文本为“灌装阀门”，索引 2 的文本为“进料阀门”。选择“输入/输出”属性，右键单击“选择框”属性“动态”列上的白色灯泡，在快捷菜单中选择“变量...”命令，在弹出的“变量-项目”窗口中选择连接的变量“报警变量”。

灌装阀门
进料阀门
对象属性
复选框
复选框1
属性
事件
复选框
几何
颜色
样式
字体
闪烁
其它
填充
输出/输入
属性
静态
动态
更新周期
选择框
0x0
报警变量
有变化时

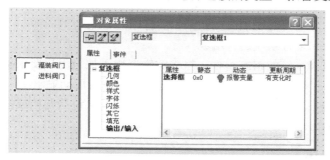

图 7-133　组态“复选框”

打开滚动条的“对象属性”对话框，在弹出的“滚动条组态”对话框中选择连接的变量“实际液位值”，设置滚动条的最大值为 1000，最小值为 0。

## 3. 显示报警记录

在计算机属性的“启动”选项卡中，激活“报警记录运行系统”，如图 7-134 所示。

计算机属性
常规
启动
参数
图形运行系统
运行系统
WinCC 运行时的启动顺序 (O)
文本库运行系统
全局脚本运行系统
报警记录运行系统
变量记录运行系统
报表运行系统
图形运行系统
编辑 (T)...

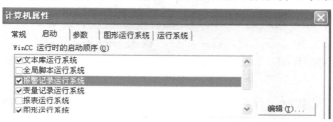

图 7-134　激活“报警记录运行系统”

点击 WinCC 项目管理器工具栏中的“激活” ▶ 按钮，运行项目，同时在 SIMATIC STEP7 中打开 PLC 仿真器，在图 7-135 所示的报警画面中，改变复选框的选项，拖动滚动条，观察报警记录显示消息的变化情况。

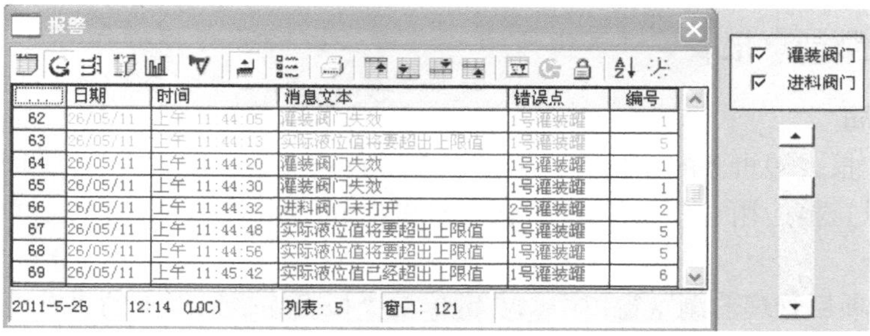

报警
日期
时间
消息文本
错误点
编号
62 26/05/11 上午 11:44:05 灌装阀门失效 1号灌装罐 1
63 26/05/11 上午 11:44:13 实际液位值将要超出上限值 1号灌装罐 5
64 26/05/11 上午 11:44:20 灌装阀门失效 1号灌装罐 1
65 26/05/11 上午 11:44:30 灌装阀门失效 1号灌装罐 1
66 26/05/11 上午 11:44:32 进料阀门未打开 2号灌装罐 2
67 26/05/11 上午 11:44:48 实际液位值将要超出上限值 1号灌装罐 5
68 26/05/11 上午 11:44:56 实际液位值将要超出上限值 1号灌装罐 5
69 26/05/11 上午 11:45:42 实际液位值已经超出上限值 1号灌装罐 6
2011-5-26
12:14 (LOC)
列表: 5
窗口: 121
灌装阀门
进料阀门

图 7-135　报警画面显示的消息状态

## 任务 18　编辑监控系统报警消息

编辑物料灌装自动生产线监控系统的报警消息，当系统中出现错误时及时显示报警信息。

## 7.7　报表系统

操作员通过组态软件可实现项目文档报表的打印。

报表系统由组态和运行系统组件组成。

报表编辑器是报表系统的组态组件。报表编辑器用于按照用户要求采用预定义的默认布局或创建新的布局。报表编辑器还可用于创建打印作业以便启动输出。

报表运行系统是报表系统的运行系统组件。报表运行系统从归档或控件中取得数据用于打印，并控制打印输出。

### 7.7.1　报表系统概述

#### 1．报表编辑器

WinCC 的报表编辑器提供了创建报表布局和打印输出报表的功能。报表编辑器完成两项任务——布局和打印作业。

#### 2．布局

在布局中组态输出外观和数据源。WinCC 提供了预定义的布局（这些文件都是以字符@开头的），用户可以直接使用，也可以组态自己的布局。

布局分为静态部分和动态部分，在菜单栏"视图"的下拉菜单中选择。静态部分可以组态页眉和页脚，如日期/时间、项目名、页码等信息。动态部分组态输出数据的动态对象。

#### 3．打印作业

用户通过打印作业控制运行系统文档报表打印。组态打印作业的目的是确定以下内容：

① 是否打印报表以及何时打印报表。

② 打印所要使用的布局。

③ 将在哪台打印机上打印以及打印输出什么文件。

打印作业必须与布局相关联，WinCC 提供了预定义的打印作业（这些文件都是以字符@开头的），方便用户调用。用户也可以组态自己的打印作业。

### 7.7.2　组态报警消息报表

#### 1．组态布局

在 WinCC 报表编辑器的布局文件夹中，应用系统预定义了一些与打印报警消息有关的布局，用户可以直接应用这些布局，如@CCAlgRtOnlineMessageNew.RPL，用户也可以创建自己的布局。

在 WinCC 项目管理器浏览窗口中，右键单击"报表编辑器"下的"布局"，在快捷菜单中选择"新建页面布局"命令，新建的页面布局 NewRPL0.RPL 在布局文件夹的最下面。右键单击新布局"NewRPL0.RPL"，在快捷菜单中选择"重命名页面布局"，输入布局名称"报警报表布局"。

双击"报警报表布局"，打开"报表布局编辑器"窗口，页面布局分为静态层和动态层。静态层可以定义页面布局的页眉和页脚，用于输出项目名称、公司名称、公司标志、日期/时间和页码等信息。动态层包括输出组态和运行系统数据的动态对象。

在报警布局编辑器菜单栏中选择"视图"→"静态部分"，编辑页面的静态层，如图 7-136 所示。只有对象选项板"标准对象"选项卡中的"静态对象"和"系统对象"才能放入到静态层。选择对象选项板"系统对象"中的"项目名称"放入页眉区，"页码"和"日期/时间"放入页脚区。选择对象选项板"标准对象"中的"静态文本"放入页眉区。打开"对象属性"窗口，修改页眉和页脚中这些对象的"几何"、"颜色"和"字体"的属性。

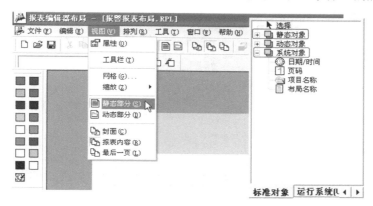

图 7-136　激活页面布局的静态层

在报警布局编辑器菜单栏中选择"视图"→"动态部分"，编辑页面的动态层。对象选项板"标准对象"选项卡中的"系统对象"不能放入动态层。在对象选项板"运行系统"选项卡中选择"报警记录运行系统"→"消息报表"放置到动态画面区。双击消息报表打开"对象属性"设置窗口，在"连接"选项卡中选择"报警记录运行系统"→"消息报表"，在右侧窗口中选中"选择"，点击"编辑"按钮，弹出"报警变量运行系统：报表-表格列选择"对话框，如图 7-137 所示。设置"报警报表"输出的数据及列顺序。选中某个消息块，点击"属性"按钮，可以对每个消息块的显示格式、列宽度等属性做设置。

右键单击表格外的空白处，打开布局的"对象属性"对话框。选择"属性"选项卡的"几何"属性，设置"纸张大小"的静态属性为"A4 纸"，选择"属性"选项卡的"其他"属性，设置"封面"的静态属性为"否"。

保存组态的"报警报表布局"，退出报表布局编辑器。

## 2. 组态打印作业

在 WinCC 报表编辑器的打印作业文件夹中，应用系统预定义了一些与打印报警消息有关的打印作业，用户可以直接应用这些打印作业，如@Report Alarm Logging RT OnlineMessages New，用户也可以创建自己的打印作业。

在 WinCC 项目管理器浏览窗口中，右键单击"报表编辑器"下的"打印作业"，在快捷菜单中选择"新建打印作业"命令，新建的打印作业 PrintJob001 在打印作业文件夹的最下面。右键单击"PrintJob001"，在快捷菜单中选择"属性"，弹出"打印作业属性"对话框。在"常规"选项卡中，输入打印作业的名称"打印报警记录"，选择布局为刚才组态的"报警记录布局"，如图 7-138 所示。在"打印机设置"选项卡中选择打印机，为了能够看到打印输出的效果，选择打印机为"Adobe PDF"。在"选择"选项卡中设置打印的范围。

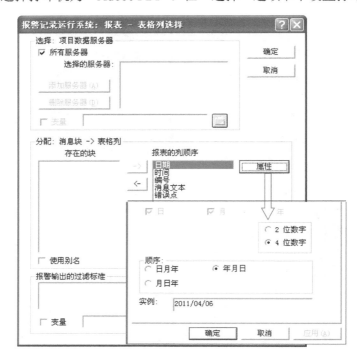

图 7-137　组态"报警报表"输出的数据及列顺序

图 7-138　组态"打印报警记录"的打印作业

点击"确定"按钮，退出"打印作业属性"窗口。

### 3．报警控件连接打印作业

在报警画面中，双击报警控件对象，打开完整的"WinCC 报警控制属性"对话框。在"常规"选项卡中，点击"选择"按钮，选择打印作业为"打印报警记录"。

### 4．启动运行系统

在计算机属性的"启动"选项卡中，激活"报表运行系统"，如图 7-139 所示。

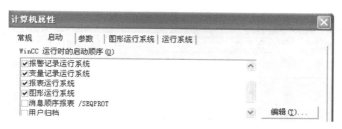

图 7-139　激活"报表运行系统"

点击 WinCC 项目管理器工具栏中的"激活"▶按钮，运行项目，同时在 SIMATIC STEP7 中打开 PLC 仿真器，在图 7-135 所示的报警画面中，点击工具栏上的"打印"🖨按钮，打印输出报警消息报表。

## 7.7.3　组态过程值表格报表

### 1．组态布局

在线表格控件的输出布局直接应用系统预定义的布局，用户可以按照项目的要求做一些修改。

单击 WinCC 项目管理器浏览窗口中的"报表编辑器"→"布局"，在右侧数据窗口中找到应用系统预定义的在线表格控件布局@CCOnlineTableCtrl-CP.RPL，右键单击该布局，在快捷菜单中选择"打开页面布局"命令，如图 7-140 所示。

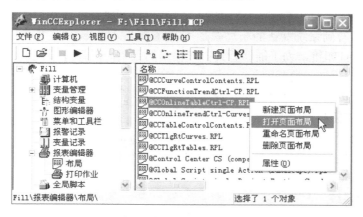

图 7-140　打开在线表格控件布局@CCOnlineTableCtrl-CP.RPL

在报表编辑器布局画面中，系统已经组态了静态层的显示信息和动态层的"WinCC 在线表格控件 表格"，双击该表格打开"对象属性"对话框，如图 7-141 所示。在"连接"选项卡中，选中"分配参数"，点击"编辑"按钮，打开"WinCC 在线表格控件的属性"对话框，这里已经连接了在趋势视图画面中"WinCC 在线表格控件"组态的过程值变量"实际液位值"和"温度值"。在左侧"列"选项卡中修改"列名称"和"颜色"属性。在"常规"选项卡中激活"公共时间列"，这里可以看到系统默认的打印作业为@Report OnlineTable Control-CP。在右侧"列"选项卡中设置打印输出数据的时间范围。点击"确定"按钮，保存所做的修改。

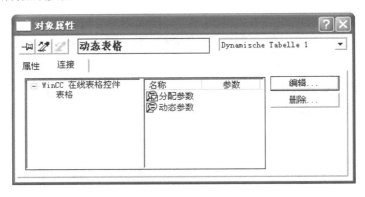

图 7-141　"WinCC 在线表格控件 表格"的"对象属性"对话框

右键单击表格外的空白处，打开布局的"对象属性"对话框。选择"属性"选项卡的"几何"属性，设置"纸张大小"的静态属性为"A4 纸"，在"其他"属性中设置"封面"的静态属性为"否"。

保存修改的"@CCOnlineTableCtrl-CP.RPL"布局，退出报表布局编辑器。

### 2. 组态打印作业

对应"@CCOnlineTableCtrl-CP.RPL"布局，在 WinCC 报表编辑器的打印作业文件夹中已经预定义了打印作业"@Report OnlineTableControl-CP"，用户可以按照项目的要求做一些修改。

双击打印作业@Report OnlineTableControl-CP，打开"打印作业属性"对话框。在"常规"选项卡中可以看到系统默认的布局就是"@CCOnlineTableCtrl-CP.RPL"。在"打印机设置"选项卡中选择打印机，为了能够看到打印输出的效果，选择打印机为"Adobe PDF"。在"选择"选项卡中设置打印的范围。

点击"确定"按钮，退出"打印作业属性"窗口。

### 3. 趋势控件连接打印作业

在趋势视图画面中，双击 WinCC Online Table Control 控件对象，打开完整的"WinCC 在线表格控件的属性"对话框，在"常规"选项卡中看到系统默认的打印作业正是@Report OnlineTableControl-CP。

### 4. 启动运行系统

在计算机属性的"启动"选项卡中，激活"报表运行系统"，如图 7-139 所示。

点击 WinCC 项目管理器工具栏中的"激活"▶按钮，运行项目，同时在 SIMATIC STEP7 中打开 PLC 仿真器，在图 7-113 所示的过程数据的表格形式画面中，点击工具栏上的"停止"按钮，然后点击"打印"按钮，打印输出过程值报表。

### 7.7.4 组态过程值趋势图报表

#### 1. 组态布局

在线趋势控件的输出布局直接应用系统预定义的布局，用户可以按照项目的要求做一些修改。

单击 WinCC 项目管理器浏览窗口中的"报表编辑器"→"布局"，在右侧数据窗口中找到应用系统预定义的在线趋势控件布局@CCOnlineTrendCtrl-Curves-CP.RPL，右键单击该布局，在快捷菜单中选择"打开页面布局"命令，如图 7-142 所示。

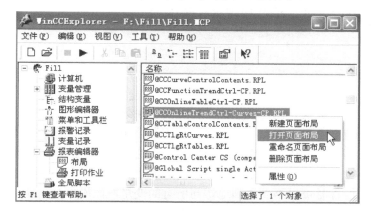

图 7-142  打开在线趋势控件布局@CCOnlineTrendCtrl-Curves-CP.RPL

在报表编辑器布局画面中，系统已经组态了静态层的显示信息和动态层的"WinCC 在线趋势控件画面"，双击该表格，打开"对象属性"对话框。在"连接"选项卡中，选中"分配参数"，点击"编辑"按钮，打开"WinCC 在线趋势控件的属性"对话框。在"常规"选项卡中可以看到系统默认的打印作业为@Report OnlineTrendControl-Curves-CP。对话框中所有选项卡的设置可以参考 7.5.2 节的组态 WinCC 在线趋势控件。点击"确定"按钮，保存所做的组态。

右键单击表格外的空白处，打开布局的"对象属性"对话框。选择"属性"选项卡的"几何"属性，设置"纸张大小"的静态属性为"A4 纸"，在"其他"属性中设置"封面"的静态属性为"否"。

保存修改的"@CCOnlineTrendCtrl-Curves-CP.RPL"布局，退出报表布局编辑器。

#### 2. 组态打印作业

对应"@CCOnlineTrendCtrl-Curves-CP.RPL"布局，在 WinCC 报表编辑器的打印作业文件夹中已经预定义了打印作业"@Report OnlineTrendControl-Curves-CP"，用户可以按照项目的要求做一些修改。

双击打印作业@Report OnlineTrendControl-Curves-CP，打开"打印作业属性"对话框。在"常规"选项卡中可以看到系统默认的布局就是"@CCOnlineTrendCtrl-Curves-CP.RPL"。在"打印机设置"选项卡中选择打印机，为了能够看到打印输出的效果，选择打印机为"Adobe PDF"。在"选择"选项卡中设置打印的范围。

点击"确定"按钮，退出"打印作业属性"窗口。

### 3．趋势控件连接打印作业

在趋势视图画面中，双击 WinCC Online Trend Control 控件对象，打开完整的"WinCC 在线趋势控件的属性"对话框，在"常规"选项卡中可以看到系统默认的打印作业正是 @Report OnlineTrendControl-Curves-CP。

### 4．启动运行系统

在计算机属性的"启动"选项卡中，激活"报表运行系统"，如图 7-139 所示。

点击 WinCC 项目管理器工具栏中的"激活"▶按钮，运行项目，同时在 SIMATIC STEP7 中打开 PLC 仿真器，启动 CPU 运行。在图 7-112 所示的过程数据的趋势曲线画面中，点击工具栏上的"停止"⬛按钮，然后点击"打印"⬛按钮，打印输出过程值趋势图画面。

## 7.8 用户管理

在系统运行时，可能需要创建或修改某些重要的参数，例如修改温度设定值，修改设备运行时间，修改 PID 控制器的参数，创建新的配方数据记录，或者修改已有的数据记录中的条目等。对设备或系统的不适当操作将可能导致严重的后果。因此，这些重要的操作只能允许经过授权的操作员来完成，从而防止未经授权的人员对这些重要数据的访问和操作。例如，调试工程师在运行时可以不受限制地访问所有的变量，而操作员只能访问指定的输入域和功能键。

WinCC 可以通过给用户分配不同的权限来控制 WinCC 系统的访问，即每个过程操作、档案操作以及 WinCC 系统操作都会对未经授权的访问加以限制，保护不被未经授权访问的操作。不同的用户具有不同的访问级别，以组态一个分层的访问保护。

### 1．用户管理器

WinCC 的"用户管理器"组件可以对 WinCC 功能和 WinCC 用户的访问权限进行设置和维护。当用户登录到系统时，用户管理器将检查该用户是否已注册。如果用户没有注册，将不会为其赋予任何授权。也就是说，用户既不能调用或查看数据，也不能执行控制操作。如果已注册的用户调用一个受访问权限保护的功能，则用户管理器将检查用户是否具有允许其操作的相应权限。如果此用户没有相应权限，用户管理器将拒绝用户访问所期望的功能。

单击 WinCC 项目管理器浏览窗口中的"用户管理器"组件，并在右键快捷菜单中选择"打开"命令，打开用户管理编辑器"User Administrator"，如图 7-143 所示。"用户管理器"窗口由左侧的浏览窗口和右侧的表格窗口组成。

在浏览窗口中，显示所组态的用户组及其注册的用户。可以添加用户组以及注册组内的用户。

在表格窗口中，显示已经为用户组和用户分配的授权。可以对用户组和用户进行授权管理。

"只通过芯片卡登录"复选框用于安装了 WinCC"芯片卡"选项的计算机。

"Web 浏览器"复选框用于通过 Web 连接到 WinCC 项目的计算机。

"自动注销"区可以设置用户登录后授权的有效时间，避免未授权的人员对系统的非法访问。如果输入"0"，则该功能不起作用，即某个用户登录后的授权一直有效，直到另一个用户登录或系统关机。

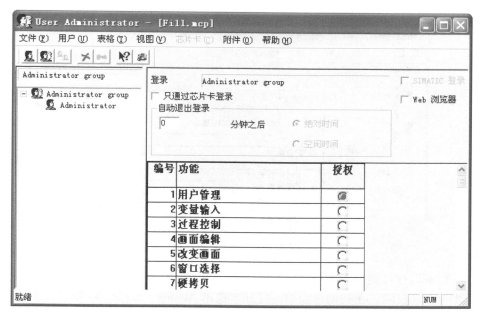

图 7-143　用户管理器

表格窗口的下半部分显示系统预定义的授权列表，每行包含一个授权。双击"功能"列中预定义的授权名称，用户可以修改授权功能的描述文本。使用"表格"菜单可以增加或删除用户授权。编号 1000～1099 的授权是系统授权，其不能被用户设置、修改或删除。默认状态下，在"Administrator group"组中已经激活了编号 1"用户管理"授权，该授权不能删除。每个授权都是独立分配的，相互之间没有优先级的关系。

### 2．组态用户管理

单击用户管理器工具栏中的"新建组"按钮，或在菜单栏中选择"用户"→"添加组"，可以新建用户组，如图 7-144所示，输入用户组的名称。在右侧授权列表中为该组用户分配授权，用户组的授权可以复制给此后在该组中注册的用户，这样可以省去为每个用户手动分配授权。因此，应该将具有相同授权的用户放在一个用户组中。每一个用户也可以单独授权。

右键单击浏览窗口中的用户组，在快捷菜单中选择"添加用户"命令，在"添加新用户"对话框中设置用户登录名称和密码。如果想要分配给用户的授权与该用户组的授权相同，则只需激活"同时复制组设置"复选框，用户组的授权会自动传递给用户，如图 7-145 所示。

图 7-144　新建用户组

本例中，工程师组的用户分配"变量输入"、"过程控制"和"退出系统运行"授权，操作员组分配"变量输入"和"过程控制"授权。

用户管理器组态的数据不需存储立即生效。

### 3．应用授权

在图形编辑器中，对需要授权的对象设置允许操作的授权。

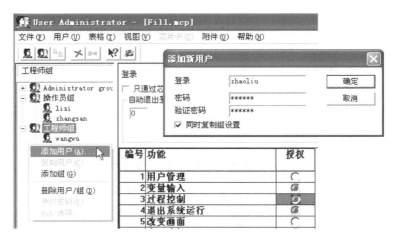

图 7-145 添加新用户

例如，设备运行过程中，操作员负责监控系统的运行，不能随意退出 WinCC 运行，只有工程师才具有此权限。在初始画面中，打开"退出 WinCC 运行"按钮的"对象属性"对话框，在"属性"选项卡的"其他"选项中双击"授权"，在弹出的"授权"窗口中，按编号顺序显示所有授权，如图 7-146 所示。将"退出系统运行"的授权分配给该按钮，则在运行系统中，只有具有该授权的工程师组的成员登录后才能操作"退出 WinCC 运行"按钮，而其他没有该授权的用户点击"退出 WinCC 运行"按钮则无效。

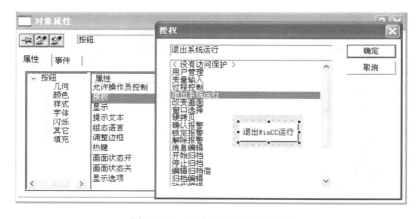

图 7-146 组态对象的授权属性

同样的方法，在运行画面中，将"过程控制"的授权分配给"启动"和"停止"按钮。这样，操作员组和工程师组的成员登录后都可以控制设备的运行。此外，还可以对参数设置分配授权。

为了在运行系统中调用登录对话框，用户必须在"项目属性"的"热键"选项卡中定义登录和退出的快捷键，如图 7-147 所示。例如，在动作窗口中选中"登录"，在右侧输入框中按快捷键〈F1〉，点击"分配"按钮。用同样的方法将快捷键〈F2〉分配给"退出"。这样，在 WinCC 系统运行过程中，按快捷键〈F1〉将弹出登录窗口，按快捷键〈F2〉将退出当前的授权。

用户也可以通过 C 动作组态两个"登录"和"退出"按钮，调用登录对话框和退出授权有效，详见 7.4.3 节中的 C 动作应用举例。

点击 WinCC 项目管理器工具栏中的"激活"▶按钮，运行项目，在初始画面中点击"退出 WinCC 运行"按钮会弹出如图 7-148 所示的提示框，告知没有许可权。按快捷键〈F1〉，在弹出的对话框中输入登录名称和口令，如图 7-149 所示。用户名和密码正确，登录成功，点击"退出 WinCC 运行"按钮有效，否则，禁止此项操作。

图 7-147　分配快捷键

图 7-148　提示"没有许可权"

图 7-149　输入登录名称和密码

## 任务 19　组态用户管理系统

组态物料灌装自动生产线的用户管理系统，设置操作人员的权限。

## 7.9　基于 OPC 的数据访问

随着过程自动化的发展，自动化系统集成商希望能够使用不同厂家的硬件设备和软件产品，实现各厂家设备之间的相互操作。在过去，为了存取现场设备的数据信息，每一个应用软件开发商都需要编写专用的接口函数。由于现场设备的种类繁多，且产品的不断升级，往往给用户和软件开发商带来了巨大的工作负担。即使这样也不能满足工作的实际需要，系统集成商和开发商急切需要一种具有高效性、可靠性、开放性、可互操作性的即插即用的设备驱动程序。在这种情况下，OPC 标准应运而生。

### 7.9.1　OPC 的概念

OPC 是 OLE for Process Control 的缩写，它是微软公司的对象链接和嵌入技术（OLE）在过程控制方面的应用。OPC 是由世界上领先的自动化公司和软硬件供应商合作开发的工业标准，它以微软的 COM（组件对象模型）和 DCOM（分布式组件对象模型）技术为基础，定义了一个与制造商无关的适用于过程控制和自动化应用领域的标准接口，使不同应用程序、控制器能相互交换数据，支持过程数据访问、报警、事件与历史数据访问等功能。

OPC 把开发访问接口的任务放在硬件生产厂家或第三方厂家，以 OPC 服务器的形式提供给用户，解决了软、硬件厂商的矛盾，完成了系统的集成，提高了系统的开放性和可互操作性。

OPC 具有以下优点：

- 与制造商无关，几乎所有的硬件和软件制造商执行 OPC 接口标准。
- 多种不同的软件和硬件可以组合在一起。
- 不同制造商的不同设备之间可以交换数据。
- 所有不同的设备可以使用相同的方式编程。
- 很容易通过 C++、Visual Basic、VBA 编制自己的应用程序。
- 可以在网络上使用（基于 DCOM）。

OPC 技术采用客户机（Client）/服务器（Server）模式。OPC 服务器是数据的提供方，完成的工作就是收集现场设备的数据信息，然后通过标准的 OPC 接口传送给 OPC 客户机应用。OPC 客户机是数据的应用方，通过标准的 OPC 接口接收 OPC 服务器提供的数据信息。WinCC 既可以用做 OPC 服务器，也可以用做 OPC 客户机。

许多制造商都提供 OPC 服务器，每个 OPC 服务器都有一个自身的名称（ProgID）以便区分，OPC 客户机必须用这个名称来访问 OPC 服务器。对于西门子的 SIMATIC 软件产品，OPC DA 服务器的名称如下：

WinCC—— OPCServer. WinCC

WinAC—— OPCServer. WinAC

SIMATIC NET—— OPC. SimaticNET

Protool—— OPC. SimaticHMI. PTPro

PC Access（S7-200 PLC 的 OPC 服务器软件）—— S7200. OPCServer

其他公司 OPC 服务器的名称可以从公司的信息中查到。

OPC 数据访问服务器在结构上由 OPC Server 服务器、OPC Group 组和 OPC Item 条目三级对象组成。OPC Server 对象提供了一种访问数据的方法，拥有服务器的所有信息，同时也是 Group 的父对象；OPC Group 对象提供了客户组织数据的一种方法，每个组中都可以定义一个或多个 OPC Item；OPC Item 是读写数据的最小逻辑单位，一个 Item 与一个具体的过程值相连，每个 Item 虽然代表了与服务器中的某个数据的连接，但它并不是数据源，而仅仅是与数据源的连接。OPC Item 并不提供对外接口，客户不能直接对其进行操作，所有操作都是通过 Group 对象进行的。

## 7.9.2 WinCC 支持的 OPC 服务器规范

WinCC 支持的 OPC 服务器遵循以下规范：

### 1. OPC DA

OPC 数据访问（OPC DA）是管理实时数据的规范，WinCC V6.x 及以上版本的 WinCC OPC DA 服务器符合 OPC Data Access 2.0 和 1.0a 规范。

## 2. OPC HAD

OPC 历史数据访问（OPC HAD）是访问归档数据的规范。该规范是 OPC 数据访问规范的扩充。WinCC V6.x 及以上版本的 WinCC OPC HDA 服务器符合 OPC Historical Data Access 1.1 规范。

## 3. OPC A&E

OPC 报警和事件（OPC A&E）是访问过程报警和事件的规范。WinCC V 6.x 及以上版本的 WinCC OPC A&E 服务器符合 OPC Alarm & Events 1.0 规范。

在 WinCC 的安装期间，OPC 通信驱动程序（OPC DA 客户机）和 OPC 条目管理器组件是自动安装的，可选择下列 WinCC OPC 服务器进行安装：

- WinCC OPC DA 服务器。
- WinCC OPC HDA 服务器。
- WinCC OPC A&E 服务器。

## 7.9.3 WinCC 作为 OPC DA 服务器

WinCC 作为 OPC DA 服务器，外部应用程序可以访问 WinCC 项目中的所有数据。这些应用程序可以和 WinCC 运行在同一台计算机上，也可以运行在网络中的另外一台计算机上。例如，通过 OPC DA，可以在 Microsoft Excel 表中访问 WinCC 中的变量。

在本实例中，作为 WinCC OPC DA 服务器的 WinCC 项目，组态名称为"温度值" MW70 和"温度设定值" MW80 的过程变量，且数据类型为"浮点数 32 位数"。组态名称为"成品数" MW32 和"产量设定值" MW38 的过程变量，且数据类型为"有符号 16 位数"。在画面的输入/输出域内显示这些变量的值。新建 Excel 表 fill. xls，在 Microsoft Excel 中使用 Visual Basic 编辑器创建一个 OPC DA 客户机。OPC DA 客户机读取 WinCC OPC DA 服务器的 WinCC 变量，并将值读入 Excel 单元格中。如果在 Excel 单元格中输入一个设定值，该值将会传送给 WinCC OPC DA 服务器的 WinCC 变量，如图 7-150 所示。

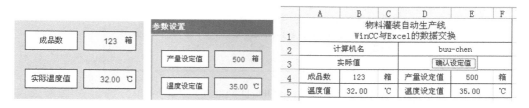

图 7-150　WinCC 通过 OPC 与 Microsoft Excel 连接

## 1. 在 Microsoft Excel 中创建 OPC DA 客户机

要将 Microsoft Excel 用做 OPC DA 客户机，必须在 Microsoft Excel 的 Visual Basic 编辑器中创建特殊的脚本。步骤如下：

1）打开 Visual Basic 编辑器。在 Microsoft Excel 菜单栏中选择"工具"→"宏"→"Visual Basic 编辑器"，打开 Microsoft Excel 的 Visual Basic 编辑器，如图 7-151 所示。

2）引用 Siemens OPC DAAutomation 2.0 规范。在 Visual Basic 编辑器菜单栏中选择"工具"→"引用..."，打开"引用 — VBAProject"对话框。在可使用的引用列表中找到条目"Siemens OPC DAAutomation 2.0",选中相应的复选框,单击"确定"按钮,如图 7-152 所示。

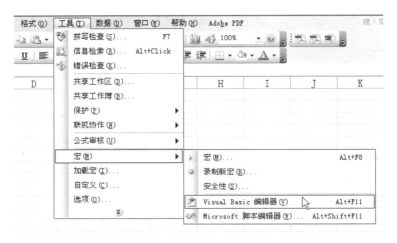

图 7-151 打开 Visual Basic 编辑器

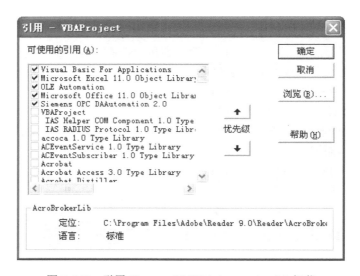

图 7-152 引用 Siemens OPC DAAutomation 2.0 规范

3)创建 OPC DA 客户机脚本。双击 Visual Basic 编辑器项目窗口中的"Sheet1",在右侧新的代码窗口中写入以下脚本,如图 7-153 所示。

脚本:

```
Option Explicit
Option Base 1
Const ServerName = "OPCServer.WinCC"
Dim WithEvents MyOPCServer As OPCServer
Dim WithEvents MyOPCGroup As OPCGroup
```

图 7-153　编写 Visual Basic 脚本

```vb
Dim MyOPCGroupColl As OPCGroups
Dim MyOPCItemColl As OPCItems
Dim MyOPCItems As OPCItems
Dim MyOPCItem As OPCItem
Dim ClientHandles(4) As Long
Dim ServerHandles() As Long
Dim Values(4) As Variant
Dim Errors() As Long
Dim ItemIDs(4) As String
Dim GroupName As String
Dim NodeName As String
Dim CellName_R(4) As String
Dim i As Integer


'-------------------------------------------------------------------------
' Sub StartClient()
' 目的：连接到 OPC_server，创建组 Group 并添加条目 Item
'-------------------------------------------------------------------------
Sub StartClient()
    ClientHandles(1) = 1
    ClientHandles(2) = 2
    GroupName = "MyGroup"
    NodeName = Range("C2").Value
    ItemIDs(1) = Range("A4").Value
    ItemIDs(2) = Range("A5").Value
    ItemIDs(3) = Range("D4").Value
    ItemIDs(4) = Range("D5").Value
    Set MyOPCServer = New OPCServer
```

```
        MyOPCServer.Connect ServerName, NodeName
        Set MyOPCGroupColl = MyOPCServer.OPCGroups
        MyOPCGroupColl.DefaultGroupIsActive = True
        Set MyOPCGroup = MyOPCGroupColl.Add(GroupName)
        Set MyOPCItemColl = MyOPCGroup.OPCItems
        MyOPCItemColl.AddItems 4, ItemIDs(), ClientHandles(), ServerHandles(), Errors
        MyOPCGroup.IsSubscribed = True
        Exit Sub
ErrorHandler:    MsgBox "Error: " & Err.Description, vbCritical, "ERROR"
    End Sub


    '----------------------------------------------------------------
    ' Sub StopClient()
    ' 目的: 断开与 OPC 服务器的连接, 释放内存资源
    '----------------------------------------------------------------
    Sub StopClient()
        MyOPCGroupColl.RemoveAll
            MyOPCServer.Disconnect
            Set MyOPCItemColl = Nothing
            Set MyOPCGroup = Nothing
            Set MyOPCGroupColl = Nothing
            Set MyOPCServer = Nothing
    End Sub


    '------------------------------------------------------------------------
    ' Sub MyOPCGroup_DataChange()
    ' 目的: 当 OPC 服务器组对象发生变化时, 将改变了的
    Item 值送到客户机 Excel 中, 并在表格中显示
    '------------------------------------------------------------------------
    '---------- 如果安装了 OPC-DA Automation 2.1, 使用:
    Private Sub MyOPCGroup_DataChange(ByVal TransactionID As Long, ByVal NumItems As Long,
ClientHandles() As Long, ItemValues() As Variant, Qualities() As Long, TimeStamps() As Date)
        For i = 1 To NumItems
        CellName_R(i) = "B" + CStr(ClientHandles(i) + 3)
        Range(CellName_R(i)).Value = ItemValues(i)
        Next i
    End Sub
    '------------------------------------------------------------------------------------
    ' Sub CommandButton1_Click()
    ' 目的: 当点击该按钮时, 将 Excel 表格 E4、E5 的值写入 WinCC
    '------------------------------------------------------------------------------------
    Private Sub CommandButton1_Click()
        For i = 1 To 2
        CellName_R(i) = "E" + CStr(i + 3)
        Values(i + 2) = Range(CellName_R(i)).Value
        Next i
```

MyOPCGroup.SyncWrite 4, ServerHandles, Values, Errors
End Sub

4）保存。在 Visual Basic 编辑器工具栏中点击"保存" ![]按钮，在 Visual Basic 编辑器菜单栏中选择"文件"→"关闭并返回到 Microsoft Excel"。

**2．组态在 Microsoft Excel 中访问 WinCC 变量**

（1）组态 Excel 表

在 Fill.xls 表中设置表格形式如图 7-150 所示，单元格 D2 必须写入 WinCC 项目所在的计算机名。单元格 A4 对应变量"成品数"，单元格 A5 对应变量"温度值"，单元格 D4 对应变量"产量设定值"，单元格 D5 对应变量"温度设定值"。注意，单元格中变量的名称必须与 WinCC 项目中的变量名一致。

（2）运行 WinCC OPC DA 服务器的 WinCC 项目

点击 WinCC 项目管理器工具栏中的"激活" ▶按钮运行项目，同时在 SIMATIC STEP7 中打开 PLC 仿真器，启动 CPU 运行。改变成品数变量 MW32 和温度值变量 MD70 的数值，观察输入/输出域的显示情况。

（3）Excel 访问 WinCC 的变量

在 Microsoft Excel 菜单栏中选择"工具"→"宏"→"宏..."，打开"宏"的对话框。从宏名列表中选择条目"Sheet1.GetValue"，如图 7-154 所示。单击"执行"按钮，获取 WinCC OPC 服务器上的变量值。成品数和实际温度值会分别写入 Excel 表的单元格 B4 和 B5 中。

图 7-154　获取 WinCC OPC 服务器上的变量值

在单元格 E4 中输入新的产量设定值，在单元格 E5 中输入新的温度设定值。单击 Excel 表格中的"确认设定值"按钮，使产量和温度的设定值显示在 WinCC OPC 服务器上的输入/输出域内。

## 7.9.4　WinCC 作为 OPC DA 客户机

当 WinCC 作为 OPC DA 客户机使用时，在组态的 WinCC 工程项目中必须添加 OPC 驱动程序通道 OPC.chn。随后在 OPC 驱动程序下的 OPC Groups 通道单元中，创建针对某个 OPC 服务器的连接。可以建立多个与各种 OPC 服务器的连接。

为简化创建 WinCC OPC 客户机，可以使用 WinCC 提供的 OPC 条目管理器，在 OPC 条目管理器中列出了当前可用的 OPC 服务器名称。

以 WinCC 与 S7-200 系列 PLC 通过 PPI 协议（使用 USB/PPI 或 RS-232/PPI 电缆）进行通信为例，说明 WinCC 作为 OPC DA 客户机的应用。

PPI 协议是西门子 S7-200 系列 PLC 常用通信协议，但是 WinCC 中没有集成该协议，即 WinCC 不能直接监控 S7-200 系列 PLC 组成的控制系统。为此，西门子专门推出了用于 S7-200 PLC 的 OPC 服务器接口软件 PC Access，它向 OPC 客户机提供数据信息，可以与任何标准的 OPC 客户机通信。PC Access 软件自带 OPC 客户测试端，用户可以方便地检测其项目的通信及配置的正确性。

组态 PC Access 软件与 S7-200 PLC 直接通信，然后作为 WinCC 的 OPC 服务器，为 WinCC 提供数据，WinCC 作为 OPC 客户机使用这些数据，间接与 S7-200 PLC 通信，结构形式如图 7-155 所示。

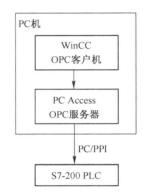

图 7-155　WinCC 与 S7-200 PLC 通过 OPC 的通信

### 1. 应用 PC Access 组态 S7-200 PLC 的 OPC 服务器

（1）设置通信访问通道

双击桌面上的 PC Access 软件图标，打开 S7-200 PC Access 组态窗口。鼠标右键点击 MicroWin（COM1）选择 "PG/PC 接口" 命令，在 "设置 PG/PC 接口" 对话框中设定通信方式，此处选择 "PC/PPI cable"，如图 7-156 所示。

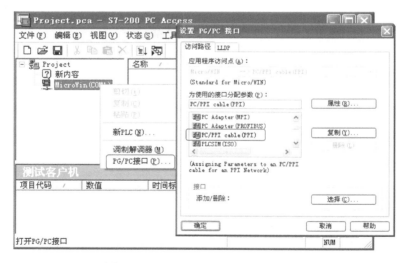

图 7-156　设置 **PC Access** 的通信通道

（2）添加 PLC 的 OPC Group（组）

鼠标右键点击 MicroWin（COM1），在快捷窗口中选择 "新 PLC" 命令，添加一个新的 S7-200 PLC 站，最多可添加 8 个 S7-200 PLC。在图 7-157 所示的 "PLC 属性" 窗口中定义 PLC 的名称，设置 CPU 的网络地址，该地址应该与 PLC 内的地址相同。

图 7-157　添加 S7-200 CPU 站

（3）添加 PLC 的 OPC Item（条目）

鼠标右键点击新建的 S7-200_WinCC 站点，在快捷窗口中选择"新"→"条目"添加 PLC 内存数据的条目并定义内存数据，如图 7-158 所示。

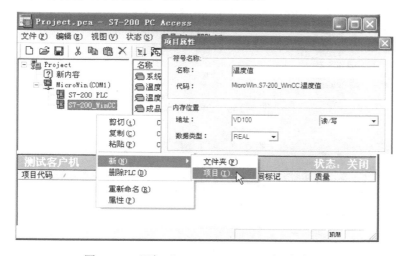

图 7-158　添加"S7-200_WinCC"项目的条目

（4）检测配置及通信的正确性

PC Access 软件带有内置的测试客户机，用户可以方便地使用它检测配置及通信的正确性。将测试的条目拖放到下方测试客户机窗口，点击工具栏上的"测试客户机状态" 🔁 按钮，如果配置及通信正确，会显示数据值，并在"质量"一栏中显示"好"，否则这一栏会显示"坏"。

（5）保存配置

组态完成后必须保存整个配置文件，这样 OPC 客户机软件才能找到 S7-200 OPC Server 的组态。S7-200 PC Access 软件创建的项目的文件扩展名是.pca（PC Access）。

**2．组态 WinCC 客户机与 S7-200 PLC 的 OPC 服务器的连接**

（1）在 WinCC 中添加 OPC 通道

单击 WinCC 项目管理器浏览窗口中的"变量管理"，并在鼠标右键快捷菜单中选择"添加新的驱动程序"命令，打开"添加新的驱动程序"窗口，选择 OPC 的 WinCC 通信驱动程序"OPC.chn"，点击"打开按钮"，会在变量管理器中增加 OPC 驱动通道，其下包括 OPC Groups。

（2）新建驱动连接及添加条目

如图 7-159 所示，鼠标选中"OPC Groups"，在右键快捷菜单中选择"系统参数"命令，打开"OPC 条目管理器"对话框，在窗口中将显示可用于工作站的 OPC DA 服务器的名称，如图 7-160 所示。选择 S7200.OPCServer，点击"浏览服务器"按钮，在弹出的"过滤标准"窗口中点击"下一步"按钮，打开 S7200.OPCServer 窗口。

图 7-159　OPC 驱动通道

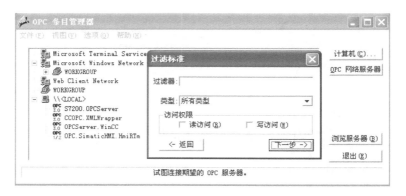

图 7-160　OPC 条目管理器

在图 7-161 所示的 S7200.OPCServer 窗口左侧单击"MicroWin"→"S7-200_WinCC"，在右侧窗口选择需要添加的条目如"温度值"，点击"添加条目"按钮，在弹出的"新连接"窗口中为 PC Access 的 OPC 服务器输入名称，如"S7-200_OPCServer"。点击"确定"按钮后可以在出现的"添加变量"窗口中为"温度值"变量添加前缀，如 S7-200，如图 7-162 所示。点击"完成"按钮后继续添加其他条目，注意选中连接名称"S7-200_OPCServer"。全部条目添加完成后点击 S7200.OPCServer 窗口中的"返回"按钮，然后点击 OPC 条目管理器窗口中的"退出"按钮，在 WinCC 项目管理器浏览窗口中选择"变量管理"→"OPC"服务器→"OPC Groups"→"S7-200_OPCServer"，在右侧数据窗口可以看到与 S7-200 通信的条目。

在画面中引用这些 S7-200 的 OPC 变量，启动 WinCC 系统和 S7-200CPU 运行，即可看到 WinCC 与 S7-200 PLC 通信的结果。

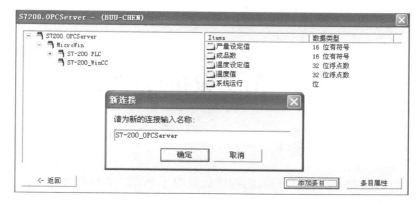

图 7-161　S7200.OPCServer 窗口

图 7-162　添加变量的前缀

# 任务 20　组态 WinCC 与 Microsoft Excel 的连接

组态物料灌装自动生产线的用户管理系统，设置操作人员的权限。

在 Microsoft Excel 的 Visual Basic 编辑器中创建一个 OPC 客户机，访问 WinCC 项目中的变量。

# 附录　任务分析与讨论

## 任务3　设计手动运行程序

直接用点动按钮控制电动机正反转的程序如附图 1 所示。在这段程序中，正向点动按钮 I0.2 的状态赋值给电动机正转输出点 Q8.5=1，反向点动按钮 I0.3 的状态赋值给电动机反转输出点 Q8.6=1，实现对电动机点动正反转的控制。但是当操作人员发生误操作同时按下正向点动按钮 I0.2 和反向点动按钮 I0.3 时，会出现电动机正转接触器 Q8.5 和电动机反转接触器 Q8.6 同时得电的情况，使供电电源短路。

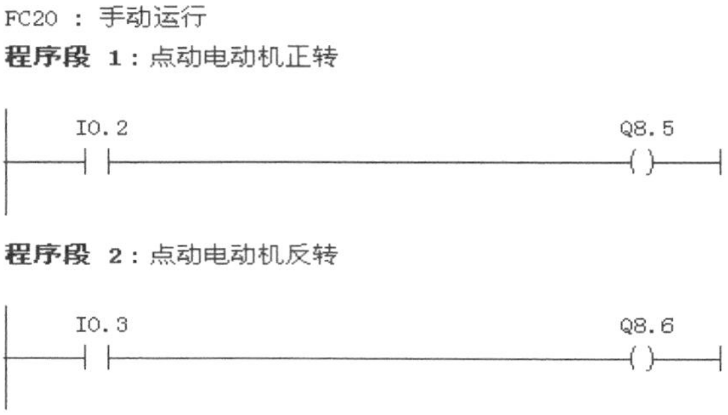

FC20：手动运行
**程序段** 1：点动电动机正转

```
      I0.2                                          Q8.5
───────┤ ├────────────────────────────────────────( )────
```

**程序段** 2：点动电动机反转

```
      I0.3                                          Q8.6
───────┤ ├────────────────────────────────────────( )────
```

附图 1　电动机点动控制程序

为避免故障出现，需要在输入触点中采取互锁的措施，如附图 2 所示。附图 2a 为用对方的输入按钮实现互锁，当同时按下正向点动按钮 I0.2 和反向点动按钮 I0.3 时，电动机正转接触器 Q8.5 和电动机反转接触器 Q8.6 均不得电，电动机不转。附图 2b 为用对方的输出线圈实现互锁，当同时按下正向点动按钮 I0.2 和反向点动按钮 I0.3 时，先接通的有效，电动机会正转反转。

一般为双重保险，还要在输出端用接触器的辅助触点实现硬件互锁。

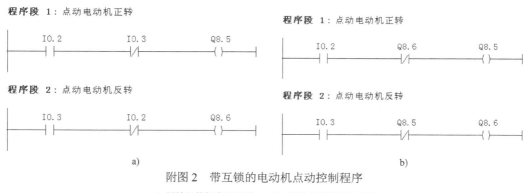

附图 2　带互锁的电动机点动控制程序

a) 用输入按钮实现互锁　　b) 用输出线圈实现互锁

256

## 任务5　设计启动物料灌装生产线运行的程序

### 1. 编写主程序（OB1）

简单的工作模式选择程序如附图3所示。考虑到只有在系统停止运行的情况下才允许进行工作模式的切换，并且系统运行后工作模式应具有保持性，所以应使用置位和复位指令，如附图4所示。

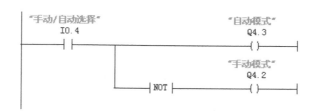

附图3　用赋值指令选择工作模式

子程序调用指令如附图 5 所示。如果没有按下急停按钮，在手动模式下 OB1 调用手动运行程序 FC20；在自动模式下 OB1 调用自动运行程序 FC30。当按下急停按钮时，OB1 无条件调用急停处理程序 FC10。

OB1：循环扫描主程序
**程序段 1**：生产线运行前允许选择工作模式：I0.4=0为手动，使Q4.2=1

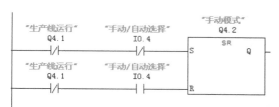

**程序段 2**：生产线运行前允许选择工作模式：I0.4=1为自动，使Q4.3=1

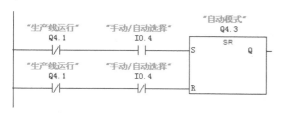

附图4　用置位/复位指令选择工作模式

**程序段 3**：急停按钮没有按下，手动模式时执行手动运行程序

**程序段 4**：急停按钮没有按下，自动模式时执行自动运行程序

**程序段 5**：按下急停按钮，调用急停处理子程序

附图5　OB1 的子程序调用

### 2. 生产线运行控制（FC30）

生产线运行控制的程序如附图 6 所示。附图 6a 是典型的"启、保、停"电路，系统运行时按下启动按钮 I0.0=1，此时停止按钮处于接通状态 I0.1=1，使系统运行 Q4.1 输出 1 信号；停机时，按下停止按钮 I0.1=0，使系统运行 Q4.1 输出 0 信号。所以停止按钮 I0.1 应选用 1 闭合触点符号。附图 6b 是用 SR 触发器指令实现系统的运行控制，按下启动按钮 I0.0=1，使系统运行 Q4.1 置位 1 信号；按下停止按钮 I0.1=0，使系统运行 Q4.1 复位 0 信

号。所以停止按钮 I0.1 应选用 0 闭合触点符号。

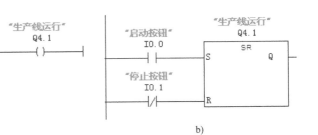

附图 6　生产线运行控制指令

由此可见，输入触点在程序中用什么符号表示不能与触点的接线状态一一对应，即输入触点接线在常开触点上，编程不能就用常开触点符号 "—| |—"，输入触点接线在常闭触点上，编程不能就用常闭触点符号 "—|/|—"，而是要看控制过程需要 1 信号有效还是 0 信号有效。

# 任务 6　设计物料灌装生产线自动运行的程序

### 1. 自动循环灌装程序（FC30）

附图 7 所示为自动循环灌装程序。

第 2 程序段是防止按住反向点动按钮没松手的情况下切换到自动模式，电动机会继续反转而不停止。

第 3 程序段瓶子到达灌装位置时启动脉冲定时器，停止传送带运行，打开灌装阀门开始灌装操作。选用不带保持的脉冲定时器控制灌装时间是为了在瓶子倒了 I8.6 检测不到瓶子时，可以立即关闭灌装阀门。

第 4 程序段利用置位/复位指令控制传送带运行。这样可以方便地将使电动机正转的条件和使电动机停转的条件分别列出，控制思路清晰，易于编写程序。需要注意的是不能直接用停止按钮 I0.1 复位电动机正转，使传送带停止运动。因为如果在手动模式按住正向点动按钮没断开的情况下切换到自动模式，电动机会继续正转而不停止。

附图 8 所示为传送带上没有瓶子时，停止传送带运行的程序。

瓶子从空瓶位置运行到满瓶位置的正常时间不超过 10 秒钟。如果从满瓶位置接近开关 I8.7 检测到瓶子后 20 秒钟空瓶位置接近开关 I8.5 仍然没有检测到瓶子，则认为传送带上已经没有瓶子，传送带停止运行。

第 5 程序段用满瓶位置接近开关 I8.7 启动带保持的接通延时定时器，如果在 20 秒钟内空瓶位置接近开关 I8.5 仍然没有复位定时器，则认为传送带上已经没有瓶子，传送带停止运行。在第 2 程序段中添加停止系统运行的条件。

附图 9 为调用计数统计程序。第 6 程序段在生产线运行时调用计数统计程序。

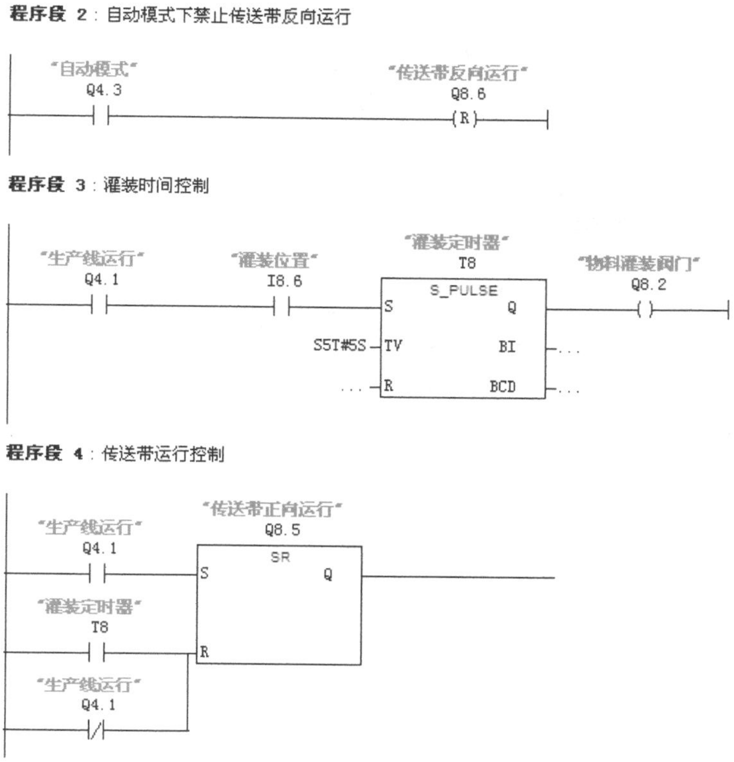

**程序段 2**：自动模式下禁止传送带反向运行

```
 "自动模式"                              "传送带反向运行"
  Q4.3                                    Q8.6
───┤├──────────────────────────────────────(R)──────
```

**程序段 3**：灌装时间控制

```
 "生产线运行"      "灌装位置"          "灌装定时器"        "物料灌装阀门"
  Q4.1             I8.6                  T8                Q8.2
───┤├──────────────┤├───────────┌──────────────┐──────────( )──────
                                S│S_PULSE     Q│
                                 │             │
                        S5T#5S ─┤TV         BI├─ ...
                                 │             │
                           ... ─┤R         BCD├─ ...
                                 └──────────────┘
```

**程序段 4**：传送带运行控制

```
 "生产线运行"        "传送带正向运行"
  Q4.1                Q8.5
───┤├──────────┌──────────────┐──────────────────────
               │     SR        │
              S│             Q│
               │               │
 "灌装定时器"   │               │
  T8           │               │
───┤├─────────R│               │
               └──────────────┘
 "生产线运行"
  Q4.1
───┤/├──────────
```

附图7　自动循环灌装程序

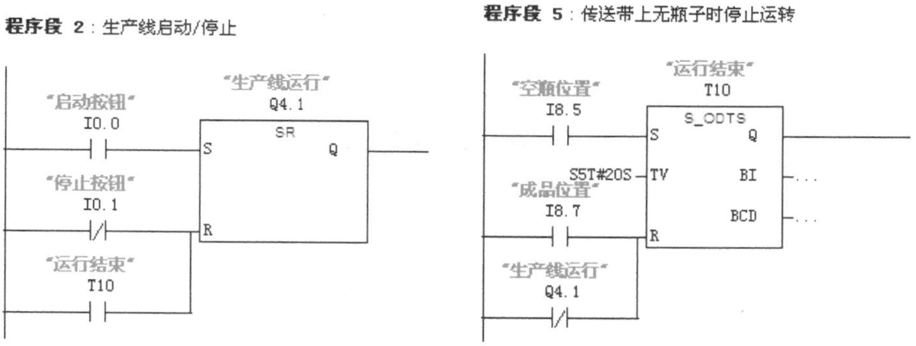

**程序段 2**：生产线启动/停止

```
 "启动按钮"        "生产线运行"
  I0.0             Q4.1
───┤├──────────┌──────────────┐────
               │    SR         │
              S│             Q│
 "停止按钮"     │               │
  I0.1         │               │
───┤├─────────R│               │
               └──────────────┘
 "运行结束"
  T10
───┤├──────────
```

**程序段 5**：传送带上无瓶子时停止运转

```
 "空瓶位置"          "运行结束"
  I8.5                T10
───┤├───────────┌──────────────┐────
                │    S_ODTS     │
               S│             Q│
       S5T#20S ─┤TV         BI├─ ...
 "成品位置"      │               │
  I8.7          │           BCD├─ ...
───┤├──────────R│               │
                └──────────────┘
 "生产线运行"
  Q4.1
───┤/├──────────
```

附图8　无瓶时停止运行程序

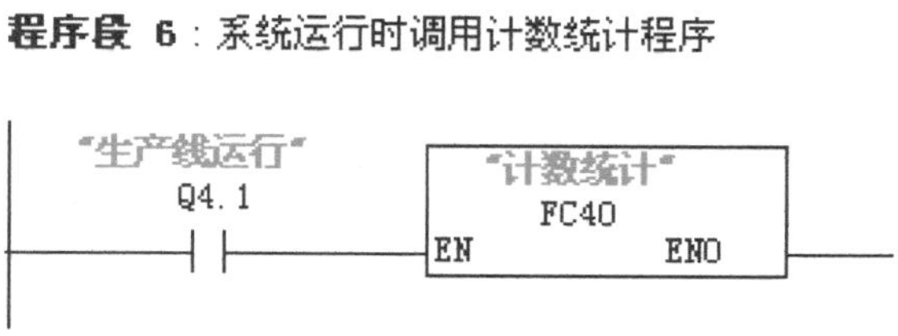

**程序段 6**：系统运行时调用计数统计程序

```
 "生产线运行"      "计数统计"
  Q4.1            FC40
───┤├──────────┤EN        ENO├──────
```

附图9　调用计数统计程序

### 2．瓶子计数统计程序（FC40）

附图 10 所示为瓶子计数统计程序，加脉冲输入端 CU 具有捕捉上升沿的功能，当瓶子经过接近开关时，计数器加 1。从 BCD 码格式输出端 CV_BCD 将当前满瓶数送到操作面板上的数码管显示。

FC41：计数统计

**程序段 1**：统计空瓶数

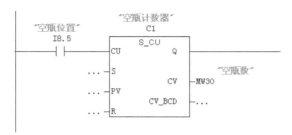

**程序段 2**：统计满瓶数

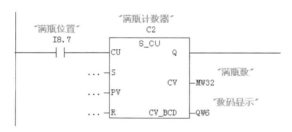

附图 10　瓶子计数统计程序

### 3．完善手动运行程序（FC20）

在 FC20 中修改控制电动机点动的程序，增加电动机正转与反转之间切换时间的限制功能，如附图 11 所示，利用两个关断延时定时器互相进行封锁。

**程序段 1**：点动电动机正转

```
"点动正转"      "电机反转"      "反转封锁"      "电机正转"
  I0.2            Q8.6            T6             Q8.5
 ──┤├──────────┤/├──────────┤/├───────────( )──

                                            "正转封锁"
                                              T5
                                           ─( SF )──
                                           S5T#2S
```

**程序段 2**：点动电动机反转

```
"点动反转"      "电机正转"      "正转封锁"      "电机反转"
  I0.3            Q8.5            T5             Q8.6
 ──┤├──────────┤/├──────────┤/├───────────( )──

                                            "反转封锁"
                                              T6
                                           ─( SF )──
                                           S5T#2S
```

附图 11　限制电动机正转与反转之间切换时间

## 任务 7　生产线数据处理

### 1. 空瓶数和满瓶数计数统计

附图 12 所示为应用加法器实现计数统计的 FC42 程序。

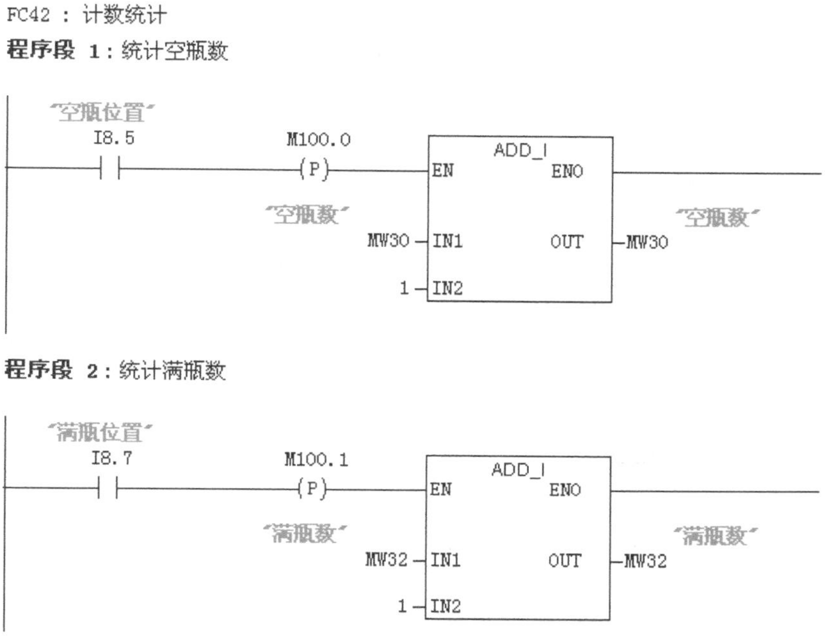

FC42：计数统计

**程序段** 1：统计空瓶数

**程序段** 2：统计满瓶数

附图 12　统计空瓶数和满瓶数的程序

需要注意的是：

① 加法指令不具有取上升沿的功能，只要 EN 端的逻辑操作结果为 1 信号，就会执行加法指令，这样空瓶或满瓶位置接近开关的信号会在多个扫描周期执行加计数。

解决的办法是自己添加取沿的指令，保证空瓶或满瓶位置接近开关的信号只做一次加运算。

② 应用计数器统计空瓶数和满瓶数时，在符号表中空瓶数 MW30 和满瓶数 MW32 的数据类型为 WORD。应用加法器做计数统计时，在符号表中必须将空瓶数 MW30 和满瓶数 MW32 的数据类型定义为 INT（整型），因为 STEP7 软件的数学运行指令不支持 WORD 类型。

### 2. 计算废品率

附图 13 所示为计算废品率的程序。

空瓶数减去满瓶数得到废瓶数，废瓶数除以空瓶数乘以 100 得到百分数的废品率。由于废品率是实数，因此要先将废瓶数和空瓶数转换成实数，再做除法运算。

### 3. 使用临时变量

在附图 13 中看到，计算废品率的过程中需要一些中间变量，这些中间变量的数值没有保留价值，却要占用存储空间。对于这样一些只在本次程序执行过程中有效的数据，可以在

261

程序块的变量声明表中定义为临时变量，将它们存放在 CPU 系统存储器的 L 局域数据区，从而释放 M 存储器区的空间。

**程序段 3**：计算废品数

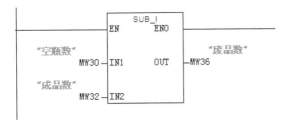

**程序段 4**：将废品整数转换成实数

**程序段 5**：将空瓶整数转换成实数

**程序段 6**：计算废品率

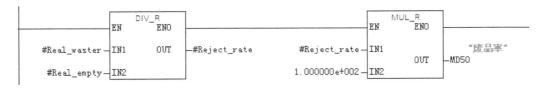

附图 13　计算废品率的程序

　　方法如附图 14 所示，在程序块的变量声明表中选中临时变量 TEMP，定义临时变量名和变量的类型，注意变量的类型一定要与使用的指令相匹配。临时变量保存在 CPU 系统存储区的 L 局域数据区，编写程序时中间结果的地址用临时变量替代，可以用符号访问，也可以用绝对地址访问，如 Real_waster 也可以写成 LD4。

　　在程序编辑器的变量声明表中定义的变量名称叫做局部符号，只在定义的程序块中有效，不能被其他程序块所使用。输入地址时软件会在局部符号前会自动添加井号"#"，以示与全局符号的区别（全局符号是自动添加双引号" "）。

**注意：**

临时变量只在定义的程序块中有效，该程序块执行结束后这些数据将丢失。

262

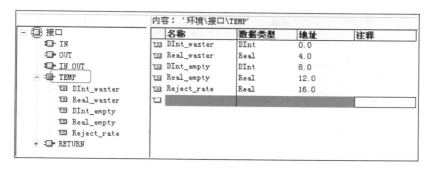

附图 14　使用临时变量

### 4. 废品率超过 10%时报警

附图 15 所示为废品率超过 10%时的报警程序。用比较指令实现废品率超过 10%时传送带终端指示灯闪亮的报警程序。

**程序段 7**：废品率超过10%时，终端指示灯闪亮

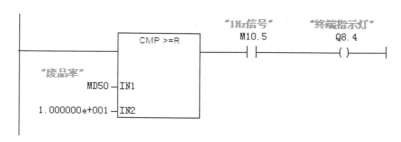

附图15　废品率超过 10%时的报警程序

### 5. 显示包装箱数

附图 16 所示为显示包装箱数的程序。满瓶数除以 24 得到的包装箱数是整数格式，若要在数码管上显示，需要转换成 BCD 码格式。

**程序段 8**：计算包装箱数，显示在数码管上

附图 16　显示包装箱数的程序

### 6. 计数值清零

在手动运行程序块 FC20 中编写计数值清零程序，如附图 17 所示。只需对 MD30 做清零操作即可清空空瓶数 MW30、满瓶数 MW32。

**程序段 3**：计数值清零

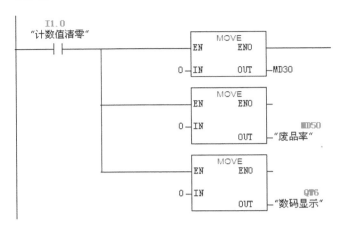

附图 17　计数值清零程序

## 任务 11　日期时间中断组织块的应用

为了能够及时看到中断的结果，将任务中要求的每小时改为每分钟执行一次 OB10。硬件组态中 OB10 参数的定义如附图 18 所示，从 2010 年 10 月 10 日 10 点开始每分钟执行一次 OB10。

附图 18　硬件组态 OB10 的参数

现在的问题是如果将附图 19 所示的蜂鸣器响 5 秒的定时器指令编写在 OB10 中，结果是到整分钟后蜂鸣器会响一分钟，停一分钟。这是因为 CPU 只在整分钟的时刻执行 OB10，启动脉冲定时器 T15 使蜂鸣器 Q8.7 为 1，指令执行完后又回到 OB1 循环执行，需要在下一次整分钟时刻再执行 OB10 停掉蜂鸣器，导致 T15 时间到的信号不能及时停止蜂鸣器响。

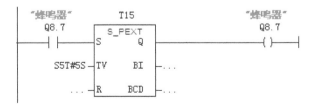

附图 19　蜂鸣器响 5 秒的定时器指令

因此，需要随时读取状态进行控制的指令应该编写在 OB1 中。如附图 20 所示，在 OB10 中触发蜂鸣器响。如附图 21 所示，在 OB1 中用接通延时定时器控制蜂鸣器响 5 秒钟。

OB10 : "Time of Day Interrupt"
**程序段** 1：标题：

附图 20　OB10 每到整分钟使蜂鸣器响

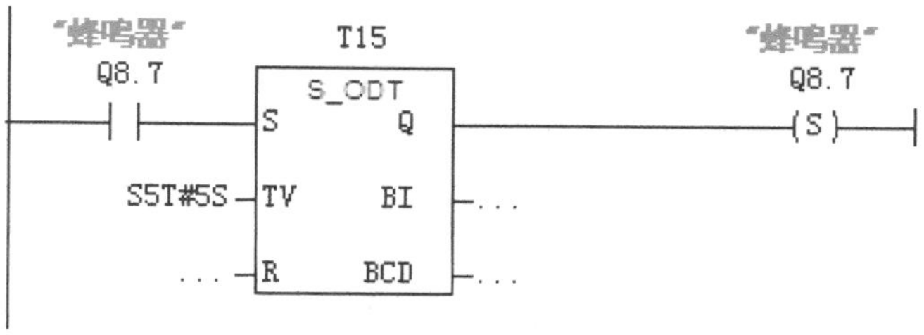

附图 21　OB1 控制蜂鸣器响 5 秒钟后停止

# 任务 12　模拟量液位值的处理

## 1. 定义常"0"和常"1"信号

在 OB100 启动组织块中用语句表编写指令，生成一个常"0"信号 M0.0 和一个常"1"信号 M0.1，以备在调用 FC105 和 FC106 时，选择单极性或双极限时使用，如附图 22 所示。

OB100 : 暖启动
**程序段** 1：标题：

```
    CLR
    =    "0信号"        M0.0
```

**程序段** 2：标题：
```
    SET
    =    "1信号"        M0.1
```

附图 22　OB100 启动组织块

## 2. 组态 OB35 的循环中断时间

在硬件组态中定义 500ms 执行一次循环中断组织块 OB35，如附图 23 所示。

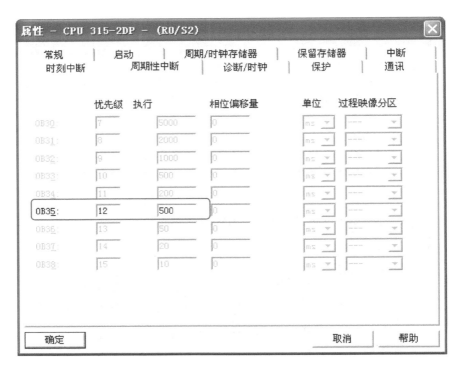

附图 23　组态循环中断组织块 OB35

### 3．OB35 循环采集液位值的程序

在 OB35 中调用 FC105，间隔 500ms 采集一次灌装罐的液位值，如附图 24 所示。

OB35 ： 模拟量采集

**程序段** **1**：应用FC105将模拟量输入通道PIW304的值转换为实际液位值

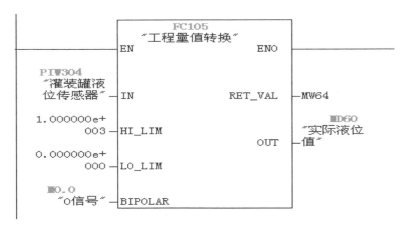

附图 24　将采集到的模拟量转换成实际液位值

### 4．模拟量液位值的处理程序 FC70

在 FC70 中编写模拟量液位值的处理程序，控制进料阀门的打开和关闭，如附图 25 所示。

FC70 ： 模拟量处理

**程序段 1**：实际液位低于下限

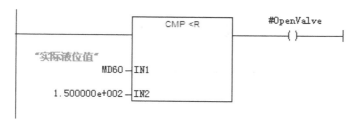

**程序段 2**：实际液位高于上限

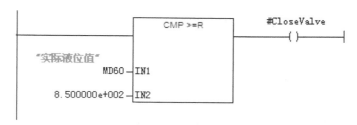

**程序段 3**：控制灌装罐进料阀门打开与关闭

附图 25　模拟量处理程序

267

# 参 考 文 献

[1] 崔坚，赵欣，任术才. 西门子 S7 可编程序控制器——STEP7 编程指南[M]. 2 版. 北京：机械工业出版社，2010.

[2] 崔坚. 西门子工业网络通信指南[M]. 北京：机械工业出版社，2005.

[3] 西门子（中国）有限公司自动化与驱动集团. 深入浅出西门子 WinCC V6[M]. 2 版. 北京：北京航空航天大学出版社，2005.

[4] 陈瑞阳，席巍，宋柏青. 西门子工业自动化项目设计实践[M]. 北京：机械工业出版社，2009.

[5] SIEMENS. S7-300 产品目录. 2010.

[6] SIEMENS. S7-400 产品目录. 2008.

[7] SIEMENS. S7-300 模块数据设备手册. 2007.

[8] SIEMENS. 工业通讯产品目录. 2011.

[9] SIEMENS. SIMATIC HMI WinCC V6.2 ASIA 手册. 2007.

[10] 西门子（中国）工业业务领域工业自动化与驱动技术网址
http://www.ad.siemens.com.cn/Service/Technical_support.asp